思想政治教育视域下

校园社交网络传播圈研究

张瑜◎著

清華大学出版社
北 京

图书在版编目（CIP）数据

思想政治教育视域下校园社交网络传播圈研究 / 张瑜著. — 北京：清华大学出版社，2020.7（2025.1重印）
ISBN 978-7-302-55936-8

Ⅰ. ①思… Ⅱ. ①张… Ⅲ. ①高等学校-校园网-网络传播-研究 Ⅳ. ①TP393.18

中国版本图书馆CIP数据核字（2020）第124164号

责任编辑：宋丹青
封面设计：谢元明
责任校对：宋玉莲
责任印制：刘海龙

出版发行：清华大学出版社
网　　址：https://www.tup.com.cn，https://www.wqxuetang.com
地　　址：北京清华大学学研大厦A座　　**邮　　编：**100084
社 总 机：010-83470000　　**邮　　购：**010-62786544
投稿与读者服务：010-62776969，c-service@tup. tsinghua. edu. cn
质 量 反 馈：010-62772015，zhiliang@tup. tsinghua. edu. cn
印 装 者：天津鑫丰华印务有限公司
经　　销：全国新华书店
开　　本：160mm × 230mm　　**印　　张：**21.25　　**字　　数：**253千字
版　　次：2020年8月第1版　　**印　　次：**2025年1月第5次印刷
定　　价：79.00元

产品编号：082831-01

清华大学亚洲研究中心2016年度项目最终成果

前　言

互联网时代青年成长环境的深刻变化是网络思想政治教育实践产生和发展的根本原因。社交网络时代是网络社会发展的新阶段，对思想政治教育带来新的机遇和挑战。本书基于对大学生社交网络演变和思想政治教育实践发展的长期考察，通过持续的实证观察和理论分析，创新性地提出了“校园社交网络传播圈”的概念，深入分析大学生网络交往行为的发展规律及其所蕴含的思想政治教育价值，较为系统地开展了社交网络环境下思想政治教育的理论、模式与方法创新研究。

本研究提出，校园社交网络传播圈是在网络社会发展条件下，大学生群体在信息获取、人际交往以及休闲娱乐等主要网络行为方面形成对校园社交网络的较大依赖，从而基于信息内容、网络媒介、用户群体三个基本要素之间的相互联系与作用而构建出的具有独特文化特征的网络信息传播系统。这一社交网络表现为大学生的信息传播圈、学习生活圈、人际交往圈、校园舆论圈等形态，具有凝聚性、现实性、发展性、多样性、可控性等基本特性，蕴含着丰富的思想政治教育价值，已经成为社交网络环境下传递思想政治教育信息的载体、连接思想政治教育要素的纽带和发挥主流意识形态导向的阵地。本研究通过2004年至2017年期间多次的问卷调研和实证分析工作，发现了大学生社交网络媒介形式之“变”和网络交往场域之“不变”的规律性，并对网络思想政治教育模式和方法的发展进行了长期的跟踪研究，提出了一些富有创新性的理论观点和实践建议。本书指出，校园社交网络的媒介形式从互联网早期的校园BBS演变到新媒体时代的微信社交平台，媒介的持续变化推进着高校网络思想政治教育载体和平台的不断更新以及方法和手段的发展演进。与此同时，本书系统阐述了一个重要的理论发现：无论网络媒介形态如何变化，但校园社交网络传播圈始终是稳定存在的，这是基于长期的实证观察和理论分析得出的研究结论。究其内在机理，正是在信息内容、网络媒介、用户群体三个基本要素之间的相互联系与作用下，作为信息渠道的媒介选择机制、作为交往平台的社会连接机制、作为文化空间的社群凝聚机制，成为校园社交网络传播圈得以形成和发展的重要根据。而师生关系场域、熟人关系场域和陌生人场域构成了这一社交网络环境的典型交往生态，每一类型场域的内在机制以及场域之间的协同关系为高校网络思想政治教育的方法探索和模式创新提供了规律性的支撑。基于对社交网络的工具性应用，本书归纳了思想政治教育“互联网+”模式，即以教育内容为中心的模式、以网络载体为中心的模式和以教育对象为中心的模式；基于对社交网络交往生态的理解，本书构建了“互联网+”思想政治教育模式，总结和阐述了师生情境、同辈情境和社会情境下的思想政治教育模式与方法。以上这些新现象、新规律、新模式的发现和总结，有助于我们不断推进新时代思想政治教育实践的深入发展，做到因势而谋、应势而动、顺势而为，努力实现思想政治教育与信息技术的高度融合，不断提升思想政治教育的科学化水平。

本书的研究方法注重在比较中发现与反思、在实践中推进和深化、在借鉴中攻关和突破，贯穿着历史与逻辑相统一的研究思路。正如书中所阐述的：思想政治教育对互联网的认识已经经历了从“网络工具论”到“网络社会观”的演变，并将伴随人工智能时代的来临进一步得以深化。这反映了互联网不断变革与发展，逐步进入到社会的各个方面，最终引起整个社会形态发生变化的过程。互联网作为信息社会的基础技术架构，建构了人的新的生存状态、交往空间和发展条件，从而深刻改变了思想政治教育的整体环境，催生出网络思想政治教育这一新的实践形态。因此，从思想政治教育的视角来认识和研究互联网，我们一方面要充分认识到它既是一种作为信息技术的工具性存在，同时也要立足网络社会的宏观角度把互联网看作是一种作为整体环境的社会性存在，在树立“网络社会观”的基础上推进理论与实践创新。

自互联网进入我国以来，网络思想政治教育实践发展已逾二十五年。在新的形势下，习近平在全国高校思想政治工作会议上明确指出，“要运用新媒体新技术使工作活起来,推动思想政治工作传统优势同信息技术高度融合,增强时代感和吸引力。”当前互联网信息技术革命方兴未艾，新媒体、大数据、物联网、人工智能的迅猛发展带来大量未知的前沿问题需要深入探索，对思想政治教育不断提出新的问题和挑战，这使得网络思想政治教育日益成为思想政治教育发展的前沿领域，需要思想政治教育工作者进行持续深入的实践探索和坚持不懈的理论研究。本书的研究写作正是基于这一理念，将学术研究的目标专注于高校网络思想政治教育的发展创新，通过持续性的实践探索和研究积累，系统梳理实践经验和深入挖掘教育规律，进而丰富理论建构和创新实践模式，助力于思想政治教育的时代发展。本书的研究还存在诸多不足和缺憾，还需再接再厉，进一步开展深入细致的研究工作，希望更多同仁加入进来，共同努力，为思想政治教育实践发展和理论建设贡献一份力量。

张　瑜

目　录

导论　高校网络思想政治教育实践与理论研究的发展

第一节　高校网络思想政治教育工作实践的发展

自1994年我国全面接入国际互联网以来，高校网络思想政治教育的工作实践与理论研究经历了不断发展与创新的25年历程，而且一直处在随着实践发展而继续深入探索的过程之中。当前，以基于校园网络的思想政治教育阵地建设的发展变化为线索，我们可以把高校网络思想政治教育工作实践分为四个主要发展阶段：以应对互联网负面影响为特征的初步探索阶段；以各类“红色网站”建设为特征的主动建设阶段；以综合性校园网络的建设与发展为特征的自觉深入阶段；新媒体时代的创新发展阶段。

一、应对互联网的挑战

1994年，我国正式成为连接国际互联网的国家，此事被我国新闻界评为年度“中国十大科技新闻”之一，被国家统计公报列为年度“中国重大科技成就”之一，由此互联网这一新鲜事物开始引起社会的广泛关注。随着1994年10月中国教育和科研计算机网（CERNET）建设的全面启动，我国开始进入到互联网的建设与发展时期。从1994年到1998年的这段时期，我国互联网建设得到了快速发展，高校校园网的建设与应用初步展开，大学生走在使用互联网的前列。在这一阶段，互联网对大学生的强烈吸引以及对大学生思想、道德、心理等方面所造成的负面影响引起了高校思想政治教育者的高度关注，学校网络思想政治教育工作主要采取了以“堵、封、教”为特征的对策。

随着我国互联网建设的展开，高校校园网络基础设施建设快速发展。中国教育和科研计算机网（CERNET）的建设在1995年底顺利完成了第一期工程，此项工程连接了我国400多个教育科研单位，标志着我国第一个教育科研全国网络的建成。许多高校相继建成了以计算机网络实验室、数字化图书馆、办公信息系统等为主体部分的校园网络，一些高校的学生宿舍楼进行了局域网建设。以清华大学为例，从1994年我国网络接入国际因特网到1998年这段时间，清华大学的高速校园网建设初具规模，铺设主干光缆19条，入网计算机4 500台；学校集中建设服务于教学、科研与管理的先进校园公共网络服务体系，先后建成电子化图书馆、大型计算机开放实验室。[①]学校校园网的建设与应用不

① 清华大学简报，1998（1）.

但为大学生在学习、科研方面提供了便利的条件，互联网所具有的快捷、开放、虚拟、交互等新媒介特性更强烈吸引了大学生对网络的积极使用和主动创造。一些学生自发行动起来，争取院系的支持，借助学生科协、学生会的组织力量，建设了一批以宿舍楼（层）为单位的院系局域网。其中比较典型的如清华大学9号楼计算机系学生建立的“酒井网络”，后来成为学生创业网站的16号楼汽车系学生建立的“化云坊”网站以及土木系学生建立的BBS“听涛”站等。1995年8月8日，由一些大学生自发建立的水木清华BBS开通，这是中国大陆第一个Internet上BBS站点，成为最早的一批大学生网民的聚居地。大学生在网络使用上的超前性，不但体现在他们积极使用互联网、主动进行宿舍楼局域网建设上，而且还体现在他们的网络使用意识上。1995年4月，北京大学力学系几个学生利用Internet向世界各地发出求援信，为一位同学所患的奇怪病症进行了确诊。中国大陆首次利用Internet进行的全球医学专家远程会诊由几名大学生协助完成，这一事件在高校乃至社会上产生了巨大的影响。一些研究者认为，网络时代下的大学生在传播媒介的使用、信息意识和国际视野上超出了他们的师长。[①]而与之相伴随的，则是高校教育工作者强烈感受到的互联网对大学生思想政治教育带来的巨大挑战。由于互联网所带来是一个新环境，产生的是新问题，使得高校思想政治教育一时处在被动局面，主要表现在：一是部分高校思想政治教育工作者的信息素质不足，对网络知识和技术了解不多，上网经验少，对学生网络行为和思想心理特点缺乏认识；二是传统的思想政治教育方法不适应新的网络环境。网络信息传播使得学校思想教育工作的信息权威地位和对信息传播的有效控制变得困难起来，面对大学生的注意力向网

① 吴永红，胡钰.信息时代高校德育面临的挑战与对策［J］.思想教育研究，1998（6）：15–18.

络的转移，学校正面的宣传教育缺乏具有吸引力和影响力的网络载体。三是大学生走在使用网络的前列，受到大量负面信息的影响，同时也出现了大量道德失范行为。在这一段时期，高校网络思想政治教育工作采取的主要是“防御”策略，以加强对信息内容和网络行为的管理为主。一些高校针对互联网上危害性较大的网络信息传播和网络言论及行为，采取了对一些网络站点进行关闭和屏蔽、对校园网信息进行过滤管理、对一些网络言论进行及时清除的对策。

总的来看，在这一个阶段，互联网在我国得到快速发展，一部分大学生走在网络使用的前列，同时也不可避免地受到了来自网络的负面影响，这引起了高校思想政治教育工作者的高度关注。由于基于网络的思想政治教育研究和工作实践刚刚起步，虽然高校校园网络的硬件设施建设发展较快，但是在教育软环境开发与建设上尚有待发展，缺乏有效的网络思想政治教育途径，因而面对互联网带来的负面影响，高校思想政治教育工作中突出地表现为以“防、堵、管”为主要特点的防御策略，理论研究的主要内容也侧重分析和探讨互联网负面影响及其应对策略。1999年春，清华大学的“红色网站”正式在校园网上推出，这是全国高校第一个网上思想政治教育阵地。之后，各类宣传教育网站在高校纷纷建立，成为高校思想政治教育的重要网络阵地。与此同时，在这一时期，校园BBS在若干起产生广泛影响的大学生群体事件中扮演了重要角色，使其在大学生中的影响力迅速增强。在这一阶段，高校思想政治教育主动走上网络，思想政治教育网站建设成为理论研究的重点。

二、主动建设网络阵地

随着学校思想政治教育网站的建设和校园BBS影响力的增强，校园网络在大学生中的吸引力和凝聚力不断扩大。

1999年到2000年这段时期，我国互联网建设快速发展，随着中国教育和科研计算机网（CERNET）的高速主干网建设的顺利完成，到2000年底，CERNET连接了800多个教育科研机构，覆盖了全国150个城市，用户超过500万人。[①]在这个基础上，高校信息网络建设快速发展，一些高校实现了包括教学楼、办公楼、图书馆、实验室、教职工宿舍和学生宿舍在内的校园网建设。如清华大学从1998年底着手规划和试点学生宿舍楼接入互联网的工作，到2000年学生宿舍全部接入了互联网；北京大学的研究生宿舍和本科生宿舍也分别在1999年和2000年先后接入互联网。校园网络建设的发展为思想政治教育工作提供了条件，高校思想政治工作队伍主动走上网络，开辟网上思想政治教育的新阵地。1999年4月，清华大学汽车工程系汽71班党课学习小组为解决同学理论学习时间冲突的问题，在一台宿舍楼联网计算机上推出了班级的共产主义理论学习主页，起名为“红色网站”。作为网络条件下学生党建的新生事物，红色网站为互联网上推进学生思想教育工作提供了重要契机，开拓出大学乃至全国思想政治教育工作的新空间。红色网站的建立被认为是全国高校思想政治工作进网络的第一步，在全国高校以及社会范围内引起了强烈反响。[②]1999年党中央下发《中共中央关于加强

① 《中国教育和科研计算机网大事记（2000 ~ 2001）》.中国教育和科研计算机网主页（http://www.edu.cn）.

② 中共北京市委教育工作委员会.互联网对高校师生的影响及对策研究［M］.北京：首都师范大学出版社，2002：127.

和改进思想政治工作的若干意见》和2000年国家教育部印发《关于加强高等学校思想政治教育进网络工作的若干意见》进一步推动了全国各个高校网络思想政治教育工作的开展。在2000年前后，在许多高校的校园网上，一批承担网络思想政治教育工作的“红色网站”先后建立起来。如北京大学“红旗在线”、北京师范大学“学生党建之窗”、北京科技大学“红旗飘飘”、南开大学“觉悟网站”、南京大学“网上青年共产主义学校”、华中科技大学的“党校在线”等纷纷建立，这些红色网站作为高校传播马克思主义的网络阵地，成为高校思想政治教育工作的重要载体。

另外，与各类红色网站在校园网上不断发展壮大的同时，校园BBS也逐渐成为吸引和凝聚大学生群体交往以及信息交流的重要网络空间。在校园BBS上，大学生可以及时获得校园内外的各种新闻信息；可以参加BBS上的各类讨论区，就自己的兴趣爱好与他人进行思想交流、信息共享；可以与同学朋友网上聊天，进行日常联系和交往活动等。作为大学校园中的网上舆论空间，BBS论坛为大学生了解和关注社会热点，发表意见，相互讨论提供了公共平台。在这一时期，由一些社会突发事件所引发的BBS舆论开始显现出其在大学校园中的影响力。具体表现为，在一些突发事件过程中，各种消息通过校园BBS迅速在大学生中快速传播，造成大学生群体的情绪波动，大量意见相互激荡和融合并最终形成校园网络舆论。在这些网络舆论缺乏理性引导的情况下，就会严重影响大学生思想和心理状态的稳定，甚至导致游行、集会等群体性事件。例如，1999年5月10日，浙江大学发生日本留学生殴打中国学生的事件，消息在校园BBS上迅速传播，引发大学生强烈的情绪反应，形成大规模的群体抗议行动。又如，1999年5月，厦门大学BBS上传出不实消息，称学校要处理“5·8游行”

中有过激言行的学生，在网络上迅速激起大量的不良舆论，在学生中造成恶劣影响。2000年5月，北京大学一名女生在返回昌平校区途中遇害后，消息迅速在BBS北大未名站、一塌糊涂站、水木清华站进行传播，由于个别不实消息和言论的传播而造成的大量网络舆论最终引发了北大校园中的游行集会行动。在这些具有较大影响的突发事件中，校园BBS在消息扩散、舆论动员和“网络串联”等方面起到了重要作用。经过这几次影响较大的校园网络舆论事件，校园BBS被更多的学生所关注和使用，成为校园网上的重要网络媒介。

在这一时期，随着校园网络建设的快速发展，校园网络媒介逐渐显示出其在大学生中的吸引力、凝聚力和影响力。红色网站在各个高校得到大力建设，成为高校思想政治教育工作的重要载体；校园BBS通过在若干起产生较大社会影响的学生群体事件中表现出的特殊作用，吸引了越来越多大学生的关注和使用。随着校园网络在高校思想政治教育工作中的作用日益突出，网络思想政治教育的研究进入到一个新阶段，研究者更加关注网络给思想政治教育所带来的机遇和条件，网络思想政治教育阵地的实现形式成为研究的重点。

三、自觉营造网络环境

2001年2月，清华大学“学生清华”网站建立，这个以“新闻传播的新媒介、集体建设的新途径、信息发布的新窗口、事务管理的新平台”为主要功能的校内学生门户网站在5个月时间内访问量达到85万人次，最高日访问量达12 000人次，迅速成为校园网上的强势媒体。[①] 同年，天津大学“天外天”网站建设实现二次飞跃，进入到“以教育为主，以信息服务为载体，兼顾兴趣与娱乐”的网络思想政治教育新阶段，形成了全方位、多层次、综合性的网络结构体系。[②]2001年10月，上海交通大学“交大焦点”网建设进入网络化阶段，成为全国高校第一批融新闻时事报道、思想政治教育、学术文化交流以及校园生活服务于一体的校园门户网站之一。[③]随着这些以“学生清华”“天外天”“交大焦点”为代表的高校校园信息门户网站的建设与发展，高校校园网络建设与应用向着综合性方向发展，网络进入到大学生活的方方面面。

在这一阶段，高校校园网建设与应用朝着综合性方向发展，形成了比较成熟的校园网络信息服务体系。主要表现在：一是网络在高校管理、教学与科研活动中广泛应用，学校办公系统、教务管理系统、网络教学平台、科研信息资源网络平台和管理信息平台等各个方面广泛使用校园网络信息系统；二是网络实现了综合服务功能，新闻信息、后勤服务、就业服务、心理咨询等各项服务通过校园网络进行；三是网络普遍进入学生宿舍，为大学生的课外生活创造出一个新空间，从课外学习、生活服务、人际交往以及休闲娱乐等各个方面拓展了大学生的活动领域，并且成为大学生社会信息获取的重要途径。针对网络发展与应用的新形势，许多高校开始大力建设综合性的校园信息门户网站，[④]通过综合性的网络信息服务满足广大学生的上网需求，以此把大学生们吸引和凝

---

① 洪波.向网上新阵地进军.［M］中共北京市委教育工作委员会编.互联网对高校师生的影响及对策研究.北京：首都师范大学出版社，2001：225-233.

② 谢海光.互联网与思想政治工作案例［M］.上海：复旦大学出版社，2002：33.

③ 谢海光.互联网与思想政治工作案例［M］.上海：复旦大学出版社，2002：370.

④ 门户网站就是有明确目标群体的综合信息服务网站，一般具有网络信息分类导航功能。

聚在校园网上。以清华大学为例，针对以党建内容为主的“红色网站”还不足以产生广泛影响力的问题，学校在经过充分研讨后，成立“清华大学网络信息管理委员会”负责网络宣传教育工作的全局，并做出面向最广泛的学生群体建设学生门户网站的战略安排。在门户网站建设上明确网络工作要发动学生自身的创造力和主动性，把教育和管理融入受学生欢迎的网络服务中，建立网上的亲和力和凝聚力，通过潜移默化的方式实现网络宣传教育的目标。2001年2月，清华大学“学生清华”网站开通，之后短短的8个月内点击量就达到110多万人次，形成了以面向学生的“学生清华”门户网站和面向教师的“清华新闻网”为主导，“红色网站”“藤影荷声”“我们的家园”等特色网站为补充的整体网络思想政治工作格局。复旦大学计算机系学生宿舍楼的“8-net”是上海高校第一个学生宿舍网，在学生工作队伍的不断努力下，陆续建成了海天BBS、学生专题聊天室、共产党员网站，并推出了全方位的网上学习、生活、心理咨询、社会实践、就业辅导等服务，吸引了学生的注意力，赢得了认同感，被学生们称为“网上家园”。[①]天津大学的“天外天”学生网站经过不断建设升级而形成综合性的教育网络体系。在正式开通一年多之后，首页总访问量达到800万人次，日访问量近20万人次，时刻在线人数达1 000人，在全国高校学生网站中名列前茅。在“天外天”内部，既有旗帜鲜明的红色网站，如党委宣传部建设的“佳友网站”、学习邓小平理论研究会创办的“求实网站”、学生党建专题网站“思考网”，以及国防教育网等；又有心理咨询、健康关爱等身心保健网站、就业指导网站以及大批兴趣网站；既有各个学院特色主页、各个学生社团主页、也有班级主页和学生个人主页，涉及学生学习、生活的方

---

① 谢海光.互联网与思想政治工作案例[M].上海：复旦大学出版社，2002：19-23.

方面面，形成了全方位、多层次、综合性的网络结构体系，使得学校通过网络进行的思想政治教育渗透到校园的每一个角落。[①]

2004年10月，中共中央国务院下发《关于进一步加强和改进大学生思想政治教育的意见》，指出“要全面加强校园网的建设，使网络成为弘扬主旋律、开展思想政治教育的重要手段”。2015年1月，教育部、共青团中央发出《关于进一步加强高等学校校园网络管理工作的意见》，进一步制定了校园网络建设和管理的具体内容，推动了全国各高校的网络思想政治教育工作。许多高校在校园网建设和应用逐渐完善的基础上，积极建设综合性的校园信息网站，引导和管理校园BBS的发展，用健康向上的校园网络文化阵地和生活服务平台吸引和凝聚大学生。在学校综合信息网站建设不断发展成熟的基础上，高校校园网络逐渐形成了丰富多样的信息环境，网络进入到大学生日常学习生活的方方面面。

四、迈入新媒体的时代

2005年，中国互联网迎来了博客元年，Web2.0时代开启。人人网、微博、微信等互联网新媒体应用不断推陈出新，纷至沓来，进入大学校园社区。各高校顺应网络技术创新与发展应用趋势，把握大学生网络使用特点和规律，推动以各类新媒体为平台的网络文化阵地建设，是新媒体时代高校加强网络思想政治教育不断深入的工作探索。全国高校校园网站联盟的会员单位超过400家，据统计每个高校平均有200个以

① 谢海光.互联网与思想政治工作案例［M］.上海：复旦大学出版社，2002：30-35.

上的各类校园网络平台，既包括门户网站、主题教育网站、校园BBS，也有许多微博、微信等新媒体平台。这些网络阵地形成了主题鲜明、分工合作的网络思想政治教育平台体系，不少学校相继成立校园网站联盟，大力推动新媒体网络平台的建设和发展。

校园网络新媒体平台已经成为当前高校开展网络思想政治教育的主要阵地。以清华大学的工作实践为例，学校在2014年开展的一项全校范围的调查分析显示，微信逐渐成为大学生进行信息交互、人际交往的主要平台，各类学生组织积极创办微信订阅号、服务号工作平台，以校园新媒体为主要载体的网络文化蓬勃发展。2014年8月的数据统计显示，校园微信号近150家、微博70余家，呈现出平台快速增长、内容多样化、用户分众化等发展趋势。面对新媒体井喷式的发展趋势，有不少高校在全面分析校园网络文化发展特点与规律的基础上，着手进行校园新媒体联盟的建设规划。校园新媒体联盟的建设，可以有效引导校园新媒体平台的建设与发展，促进校园新媒体人才的成长与凝聚，推动校园网络文化产品的创作与传播，弘扬校园网络舆论环境的主旋律。清华大学于2014年9月正式成立校园新媒体联盟，至2015年10月已有100余家新媒体团队参与，各类微信平台超过200个。学校以校园新媒体联盟为工作平台，进一步加强了对校园各新媒体平台的业务指导，增进新媒体团队之间的沟通和交流，促进工作水平和传播能力的提升，从而把握正确舆论导向，实现校园新媒体的“大合唱”。

校园新媒体联盟的建设是网络新媒体发展趋势下开展高校网络思想政治教育工作的有效途径。清华大学针对各类新媒体日益成为大学生信息获取、人际交往、学习生活的主要载体的发展态势，根据“新闻宣传”“理论教育”“学术科研”“校园文化”“功能服务”等不同类型，选出10余家新媒体平台及其团队，设为新媒体联盟常设席位，逐步形成以“清华大学”“藤影荷声”“清华研读间”“小五爷园”“艾生权”“紫荆之声”等平台为主导，布局合理、分工明确的新媒体“联合舰队”；由党委宣传部、学生部、研究生工作部、团委的指导教师组成新媒体联盟工作小组，指导开展新媒体联盟重要活动、事项，管理运营新媒体联盟日常工作。每月发布《新媒体宣传工作要点》，为各新媒体平台提供宣传指导，通过联盟微信群每周发布校园新闻事件预报，为实现校园新媒体的“大合唱”提供信息服务和引导。有计划地开展“新媒体沙龙”活动，促进新媒体团队的互动交流、资源共享、合作发展，并邀请相关领域专家学者开展培训和业务指导。建立“校园微榜单”，运用大数据手段调查分析200余家校园新媒体平台的数据信息，内容包括当月原创网络文化产品的总阅读量、发布条数、平均阅读量、点赞量等，并根据上述参数计算排名，发布月度前20名的校园新媒体榜单，推荐10篇优秀原创网络文化作品并进行精选文章导读等。“校园微榜单”有助于学校把握新媒体的舆论态势，及时了解校园新媒体的发展状况，引导校园文化内容创作方向，提高网络文化产品的生产质量。建立“优秀网络原创作品奖励”机制，通过大数据分析和专家评选相结合，开展“当周热文”和“每月佳作”评选，并把网络评论内容作为重要推选依据。优秀网络原创作品的奖励机制有助于引导优秀网络文化产品的创作，动员激励广大师生共同参与学校网络文化建设。

在新媒体蓬勃发展的推动下，传统校园媒体逐步与网络媒体融合发展，不少高校形成了校园网络文化建设的全媒体格局。以中国传媒大学为例，学校主动打造具有鲜明传媒特色的校园网络平台，“中国传媒大学白杨网”是学校充分发挥传媒特色优势，整合资源、高水平规划和建设的门户网站，具有电脑版、手机版、微博及微信公众号“四位一体”的建设格局，以视音频为突出特色，集新闻宣传、思想教育、信息交流、成果展示、专业实践、服务社会等功能于一体。在内容建设上，一改传统校园网内容偏重新闻资讯、形式以文字图片为主的单一做法，融视频、音频、文字、图片、评论、交互、即时传等多种功能于一体，化枯燥的说教为鲜活的体验，变扁平化的文字新闻为形式多样的原创作品，写出新闻深度，讲好“校园故事”，尤其注重挖掘新闻背后的文化要素，突出新闻的宣传价值和文化的化人功能，真正将“新闻”与“文化”“新闻”与“宣传”统合起来，起到思想教育和文化熏陶“润物无声”的效果。与此同时，学校以白杨网为核心打造校园网络方阵，增强校园网络文化传播与育人合力。白杨网有13个特色频道及栏目，同时汇聚了学校150多个部门网站，1 000多个频道及栏目，形成了一个较具规模、构成多样、功能完善的校园网络方阵，成为学校开展网络文化建设的大平台、主阵地。总体上，学校统筹规划、整合资源，以校内媒体资源为依托，构建网络媒体、平面媒体、广播电视媒体相互融合的全媒体一体化格局。坚持网络媒体精品化、精致化，平面媒体及广播电视媒体网络化，各种校园媒体在相互融合中实现优势互补、形成联动，150多个网站、20多家平面及广电媒体，以及100多个新媒体平台，共同构建起全媒体、立体化、深度融合的校园文化建设平台。[①]

与新媒体相伴而来的是大数据和人工智能时代的到来，思想政治教育面临着新的机遇和挑战。面对巨大的技术变革力量，网络思想政治教育需要把握前沿，主动运用新技术新手段，从宏观和微观两个层面把握网络思想政治教育对象。在宏观层面，大学生的思想状况可以通过分析其网上活动和现实生活中产生的种种数据来进行总体把握，了解群体的思想状况、把握群体的思想规律、精细分析群体思想与各类事件的联

① 中国大学生在线.http：//news.univs.cn/2014/1222/1075939.shtml.

系，从而有效提升教育活动的覆盖面和系统性。在微观层面，教育对象的个体行为通过数字化的持续记录和积累后，可以通过大数据智能分析清晰地展现其思想行为的特点，从而为网络思想政治教育开展个性化、定制化的教育活动提供有力支撑，有效提升教育活动的针对性和实效性。基于大数据和人工智能分析的群体思想政治教育与个体思想政治教育的结合，是网络思想政治教育发展创新的两个重要着力点。面对人工智能的快速发展应用，思想政治教育要注重工具理性与价值理性相统一，在发挥人工智能积极效用的同时主动防范可能出现的各类风险和挑战。

第二节　网络思想政治教育理论研究的发展

信息网络时代的到来对于思想政治教育学科带来了新的挑战和机遇。作为重要的学科分支领域，网络思想政治教育的研究发展经历了20余年的历程。在新的形势下，深入开展网络思想政治教育的基础理论与实践研究，是建设与发展具有中国特色的思想政治教育学科的必然要求。

一、网络思想政治教育研究的发展历程

1994年至1999年是网络思想政治教育研究的发生期。1994年，我

国正式成为接入国际互联网的国家。与我国互联网建设与发展的实践相同步，网络思想政治教育实践与研究应运而生。在这一时期，互联网在我国得到初步发展和应用，思想政治教育遭遇到互联网技术革命所带来的新挑战，实践中的突出问题引发了对理论研究的强烈诉求。这一阶段的实践特点是：青年大学生对互联网的使用走在社会前列，他们在思想、道德、心理等方面受到网络技术带来的多重影响；面对突如其来的网络冲击与挑战，思想政治教育者主动应对，开启了认识和探索网络思想政治教育的发展征程。在理论研究层面，互联网发展实践中的重大问题促成了网络思想政治教育研究的发生。对于网络时代思想政治教育新问题的发现，对于网络环境下马克思主义意识形态阵地建设的迫切需要，成为网络思想政治教育研究产生的基础和发展动力。这一时期的研究文献为数不多，但其重要意义在于揭示了现象、提出了问题、启发了思考、推动了实践。2000年到2004年是思想政治教育进网络的实践探索和网络思想政治教育研究的全面启动期。2000年，根据《中共中央关于加强和改进思想政治工作的若干意见》，教育部制定下发了《关于加强高等学校思想政治教育进网络工作的若干意见》。教育部《意见》作为国家层面的顶层设计，强有力地促进了网络思想政治教育实践的发展，推动了网络思想政治教育理论研究方向的确立。关于思想政治教育进网络的研究成果陆续在专业学术刊物上大量出现，围绕网络思想政治教育的论著也开始出版。在这一阶段，新形势下国家意识形态工作的新要求推动了思想政治教育进网络的全面展开，实践的深入发展极大地促进了网络思想政治教育理论研究的科学化进程。对于网络特点与发展趋势的分析、网络思想政治教育阵地建设的规律和方法、网络环境下青年学生思想和行为发展新特点等是这一时期理论研究的主要内容，研究方法的科学性得到进一步加强。总体而言，国家意识形态建设的要求确立了网络思想政治教育理论研究的方向，大量的实践研究成果积累了丰富的基础性材料，为网络思想政治教育学科化的发展创造了条件。2005年以来是网络思想政治教育研究的学科化建设时期。在这一时期，以“网络思想政治教育”为主题的核心期刊论文的年度发表数量上升到百位数量级；以“网络思想政治教育”为主题的硕士学位论文数量在2007年突破了百位数量级；而博士学位论文在2010年之后突破个位数量级，2011年度则达到24篇；正式出版的学术著作累计达20余部。2014年教育部思想政治工作司组织编写出版的《思想政治教育学科30年发展研究报告》中专门列出一章论述网络思想政治教育发展研究。在这一阶段，“网络社会观”成为思想政治教育者对网络发展阶段的基本认识，网络思想政治教育立足于网络社会崛起的时代背景呈现出宏观的研究视野和体系化的发展趋势，在学科建构方面的理论探索不断深入，对重大实践问题的有效解决不断突破。总体而言，十年来，网络思想政治教育研究逐渐把握住了较为明确的研究对象，积累了一定的规律性认识；构建出反映自身特殊性的学术话语体系，形成了具备一定理论边界的研究场域；凝聚起了一支具有归属感的研究队伍，呈现出富有生命力的发展态势。展望其发展趋势，我国建设网络强国的战略目标指出了网络思想政治教育研究发展的明确方向，国家意识形态安全和网络安全对网络思想政治教育实践发展提出了更紧迫的任务，大数据时代的科技变革为网络思想政治教育创新发展提供了更强大的动力。网络思想政治教育研究进入到更为系统而深入的基本原理和方法理论研究阶段，力争实现以学科体系化建设为目标的基础理论研究和以解决重大实践问题为目标的实践研究的有效突破。

二、网络思想政治教育研究的重要理论与实践问题

对于网络思想政治教育研究发展状况的梳理，本书以网络思想政治教育的根源性、本质性、实践性问题研究为主线，围绕网络思想政治教育为什么会产生、存在和发展，网络思想政治教育是什么，如何做好网络思想政治教育这些基本问题，对于网络环境、虚拟实践、网络主客体的基础理论问题和网络社区、网络舆论、网络民主、网络管理、网络心理、网络话语等重要实践问题开展系统的阐述。

（1）网络思想政治教育何以产生，其深刻原因在于网络环境改变了人活动的环境。这种新的网络环境的实质是人的新的生存状态、交往空间和发展条件。在这个意义上，对于网络环境的研究是网络思想政治教育理论研究的起点。这一观点已成为许多理论研究者的共识。教育部首批哲学社会科学重大课题攻关项目“网络思想教育研究”，正是以网络社会的崛起作为立论基点，以思想政治教育环境变迁的解析为主线，针对网络思想政治教育的基础理论问题而展开。该研究认为，在网络社会条件下，技术环境作为思想政治教育环境要素的基础性地位和作用第一次被人们所认识。信息技术的不断创新促进了社会交往的变革，各种人际互动模式在网络社会环境中获得了前所未有的发展可能性，不同形态的社会交往场域取得了平等的地位，主要典型场域包括公社型交往场域、科层型交往场域和广场型交往场域。[①]网络环境改变了人的成长与发展条件，育人环境的深刻变化是思想政治教育创新发展的根本性要求。当前互联网发展进入到一个新的阶段，进一步的研究将更加需要注重比较研究、逻辑分析、实证分析的方法，以新媒体、大数据环境为重点，

① 张再兴，等.网络思想政治教育研究［M］.北京：经济科学出版社，2009：42.

深入把握网络环境的独特特性、内在机制和发展趋势。

（2）网络思想政治教育在何处存在和发展，其基础在于人的虚拟实践。虚拟实践是网络环境下人的活动方式，是人的思想意识发展的重要基础。有研究者以人的网络实践活动进程的分析来回答“网络思想政治教育在何处发生”的理论追问，并以之作为网络思想政治教育的逻辑出发点和理论进路。在实践的形式上，网民的网络实践进程可以分为“人—器物”互动、“人—界面”互动、“人—网络空间”互动、“人—网络生活世界”互动四个阶段。继而形成网络思想政治教育的四个层次：器物层的网络思想政治教育、界面层的网络思想政治教育、网络空间层的网络思想政治教育、网络生活层的网络思想政治教育。[①]对于虚拟实践这一基本范畴的理论把握是深入展开网络思想政治教育基本原理研究的必然要求。虚拟是现实的延伸，它具有与现实不同的本质特性。进一步的研究工作要注重把握虚拟与现实的关系，以人的虚拟实践活动的进程作为逻辑进路，系统梳理和分析虚拟实践进程中各个阶段的思想政治教育问题和方法。

（3）网络思想政治教育如何运行，其重要理论基础在于对网络主客体关系的认识与把握。当前理论界关于网络思想政治教育主客体关系的观点较为多样。比较突出的有“情境论”和“取代论”两种主要观点。“情境论”认为网络环境下的思想政治教育主客体关系，是教育者和受教育者所共同建构的交互主体，在具体情境中发生的主动–被动、能动–受动之关系。网络思想政治教育的主客体关系具有必然的客观存在性，同时又呈现出建构性、流变性和情境性的新特点。[②]“取代论”认为

① 谢玉进，胡树祥．网络实践活动的基本进程与网络思想政治教育的切入点［J］．高校理论战线，2009（12）．

② 张瑜．试论网络环境下德育主客体关系的新发展［J］．思想理论教育，2007（10）．

在网络思想政治教育中，传统思想政治教育的主客体之分已经不存在。人们能领悟到的就是主体与主体之间的复杂互动关系，这就是网络思想政治教育的主体间性，即网络生存空间思想政治教育主体内部或外部之间的相互运动而形成的复杂关系。具体分为网络人机互动关系、网络人际互动关系和网络自我互动关系。[①]当前关于网络思想政治教育主客体问题的研究，尤其是主体间性的研究是一个重要的研究热点，尚需进一步深入而系统地展开。

（4）网络社区问题是网络思想政治教育实践研究的一个基本问题。网络从最初的信息工具逐渐发展成为一种交往方式和生活环境，形成了以“网络社区”为形态的新型实践空间，催生出以网络社区为核心的网络思想政治教育实践研究课题。网络社区研究可以说是网络思想政治教育基本理论建构最为重要的实践认识来源。在实践意义上，主动建设网络社区、深入走进网络社区是网络思想政治教育的一个重要突破点。高校校园网络文化的建设与发展，基于“中国大学生在线”“易班”的大学生网络社区平台建设，基于微博、微信等社交网络平台的大学生新媒体社区的快速发展，基于“慕课”等在线教育平台的大学生课程学习网络社区的创新扩张，都亟待进一步深入开展网络互动社区的理论与实践研究，特别是针对新媒体、移动网络平台的思想政治教育社区建设研究。

（5）作为社会意识形态的重要载体，网络舆论在思想政治教育实践研究中的地位和价值显得尤为重要。“谁在说、说什么、在哪说”反映当前舆论环境的现状与特征，“谁来说、说什么、如何说”则是实现思想政治教育话语权要解决的基本问题。关于网络舆论及其引导的研

① 丁科，胡树祥. 网络思想政治教育的主体间性新论［J］. 毛泽东思想研究，2013（7）.

究，进一步的规律性探索尚须伴随工作实践的深入展开而发展。其中，科学建构网络舆论的描述指标体系和测量方法，有效运用大数据工具和新媒体传播方式，是把握网络舆论规律、有效实现思想政治教育和舆论引导工作的基础。尤其对于高校而言，基于校园网络舆情把握及其相关的危机管理是网络思想政治教育实践研究的重点和难点问题。[①] 网络舆论环境下思想政治教育的话语权问题是当前实践研究亟待突破的重要方面。

（6）网络心理问题的研究当前主要聚焦在网络心理障碍的研究和网络心理发展的研究。网络心理障碍的研究主要针对大学生网络依赖、网络成瘾等问题；网络心理发展的研究主要以网络受众的心理机制和信息接受问题为重点。在研究发展的过程中，关于网络依赖与成瘾问题的研究开始较早，出现于“网络危害论”的认识时期；关于网络接受心理的研究后来居上，在网络思想政治教育研究进入到“网络社会观”的认识阶段后得到了深入的发展。随着网络环境下受教育者主体性的增强，关于互联网思维、网络心理及其规律的研究与把握成为提高思想政治教育有效性的关键，是网络思想政治教育实践研究亟待深入的重要问题。尤其是当前MOOC课程的兴起对于网络主体的认知心理机制与规律的研究提出了更为紧迫的要求。

（7）网络话语不同于网络语言，是一种政治、经济、社会、文化的综合建构。网络思想政治教育对网络话语的研究，从网络语言的分析发展到具有社会文化整体性的网络话语研究，反映了思想政治教育实践研究的不断深入。网络话语权是网络话语研究的关键问题。有研究指出，把握大学生思想政治教育的网络文化话语权，要熟识网络领域的文

① 张再兴，等.网络思想政治教育研究［M］.北京：经济科学出版社，2009：205.

化话语，分析网络领域的文化话语，创新、传播和调控网络领域的文化话语。大学生思想政治教育网络文化话语权的提升路径在于：加强网络信息技术建设、增强网络文化话语设置自觉、促进网络文化话语广泛传播、主动参与网络文化话语交锋、提高网络思想政治教育话语能力。[①]进一步的研究重点是网络话语权的实现机制，其中包括网络意见领袖的特点、形成规律及其培育和建设方法等问题。

（8）由于大学生民主参与实践的不断发展，使得网络民主问题成为网络思想政治教育实践研究中的突出问题。从当前研究发展的现状而言，大多数研究吸收借鉴了政治学的政治参与概念，在政治参与的范畴体系中探讨大学生的网络政治参与。也有研究以“民主”“网络民主”和“大学生网络民主”为分析进路，对大学生网络民主参与发展进行研究。无论是在狭义的范围内研究大学生网络政治参与，还是在广义的范围内探讨大学生的网络民主，当前的研究工作得出了一定的规律性认识，尤其是在大学生的“群体极化”效应分析、基于“校园网络亚传播圈”模式的民主参与机制以及校园群体性事件危机应对和网络治理方面取得了积极的成果。随着我国政治文明建设的发展，这一实践问题的研究必将继续深入下去。

（9）对于网络社会治理问题的研究是网络思想政治教育实践研究的重要内容。网络思想政治教育的管理研究伴随着网络技术与网络文化的不断创新发展而逐渐深入，当前的研究在网络信息管理，网站建设管理、网络行为管理、网络社群管理以及危机管理、管理队伍建设等方面都产生了一些成果，对于虚拟社会治理的研究也在借鉴相关学科研究成果的基础上逐渐深入。有学者认为，时代深刻变革论、网络文化建设

① 骆郁廷，魏强.论大学生思想政治教育的网络文化话语权［J］.教学与研究，2012（10）.

管理论、网络文化资源共享论和网络文化主旋律论等，是中国共产党党的十六大以来网络文化建设和管理思想的主要内容，反映出国家互联网建设与管理战略部署的发展变化。[①]网络管理的研究进程有着清晰的发展路线，网络技术的创新是网络管理实践与研究发展的牵引力，国家互联网文化建设与管理战略部署是网络管理实践与研究发展的推动力。进一步的研究要紧紧把握建设我国网络强国的发展战略，面向国家意识形态安全和文化安全的现实需要，针对当前互联网技术创新发展的新特点和趋势，研究分析网络管理实践中的突出问题，提出网络社会治理的理念、对策与方法。

对于人工智能时代思想政治教育发展的前瞻研究。随着移动互联网、社交网以及物联网等的深入发展，人类社会产生的数据量呈现海量增长趋势，社会信息化进程不断加速。大数据资源与深度学习、超级计算等技术相结合引发了人工智能发展的第三次浪潮，深刻改变着人们的生产方式和生活环境。网络社会正在进入到机器智能大发展的新阶段，一个日益智能化的社会环境成为思想政治教育面临的新境域，思想政治教育的环境要素、实践方式以及主客体关系进一步得以丰富和发展。大数据成为思想政治教育环境的重要组成部分，智能机器改变了社会的主体结构和交往模式，思想政治教育的实践方式发生延展，人机交互的主体际性在教育活动过程中凸显出来。智能社会环境的出现及实践发展必然导致人的思想和行为方式的变化，进而促进思想政治教育的理念、过程和方式产生与之相应的变化，这要求进一步的研究要深入到人与智能机器的交互关系和实践特性，在把握规律的基础上改变和提升主体的思维方式，从而推进思想政治教育的创新发展。

---

① 孙兰英．网络文化建设与管理思想与高校思想政治教育的创新［J］．思想理论教育导刊，2012（2）．

三、网络思想政治教育研究的发展特点

（一）在比较中发现与反思

网络思想政治教育是思想政治教育在网络环境下的新发展。网络社会的崛起使得思想政治教育从传统的现实世界延伸到了崭新的网络世界。正是在从现实社会向虚拟社会深入的过程中，思想政治教育的目标、内容、对象和方法都具有了新的内涵，从而产生出网络思想政治教育的新范畴。可以说，虚拟与现实的对立统一关系始终作用于网络思想政治教育的矛盾运动。在网络思想政治教育理论研究中发现，网络思想政治教育存在两个层次不同的基本矛盾：一是网络世界内部虚拟性与现实性的矛盾；二是网络世界与现实世界的矛盾。同时，这两个层次之间的矛盾存在着联系：正是由于存在着网络世界与现实世界的交互作用，网络世界才不仅仅具有虚拟性，而且也具有现实性，从而存在着虚拟性与现实性之间的矛盾。同理，也正是由于现实世界与网络世界之间存在交互作用，现实世界也必然是受网络世界影响的现实世界；这种受网络世界影响的现实世界与网络世界产生之前的现实世界又是不相同的。这两个不同层次的基本矛盾贯穿在网络思想政治教育实践的方方面面，深刻影响着网络思想政治教育理论的发展。正是基于这样的认识，网络思想政治教育研究无论在理论体系的建构还是实践问题的破解，都离不开与传统的现实思想政治教育进行比较。作为方法，比较是网络思想政治教育研究的重要特点。通过网络思想政治教育与传统思想政治教育的比较，可以发现新问题、探索新规律；通过网上思想政治教育与网下思想政治教育的比较，可以发现特殊性、把握独特性。尤其是在网络思想政

治教育理论体系的构建中，需要在思想政治教育理论体系基础上进行系统思考、充分比较，确立反映自身特殊规律的范畴和理论。与此同时，比较的过程不仅是创新的过程，还是反思的过程。通过系统的比较，深入思考新变化、新发展背后的深层次原因，透过现象看本质，改进已有的认识模式，发展既有的思维方式，在认识和改造客观世界的同时实现主观世界的提升和发展。

（二）在实践中推进与深化

实践是网络思想政治教育研究形成、发展与深化的基础。作为人类社会进入到信息时代的产物之一，网络思想政治教育成为思想政治教育发展的新形态和新领域。而新技术革命的发展与人类网络实践的深入不断产生出新的实践问题亟待解决，网络思想政治教育研究需要不断追踪和把握人的生存方式变革而进行持续创新。伴随着互联网波澜壮阔的创新浪潮，网络经济、政治和文化的发展日益广泛和深入，实践对于网络思想政治教育研究提出了大量现实问题需要得到理论回应。作为现代思想政治教育学新兴的学科分支领域，网络思想政治教育的应用性特点更加显著，对当前思想政治教育工作实践的发展具有很强的指导意义。只有全面深入地研究和把握网络实践的特点和规律，有力回答社会信息化、网络化发展所提出的时代问题，才能使理论体系的基本范畴更加科学和准确，才能使理论有效地解释现实和指导工作实践。因此，网络思想政治教育工作创新，要从世界眼光、中国情怀、时代特征三个维度把握工作前沿，找到工作生长点，提升网络思想政治教育的科学化水平。[①]网络思想政治教育的研究发展，要坚持以实践中的问题为导向，深

① 冯刚.对网络思想政治教育的几点思考［J］.学校党建与思想教育，2014（5）.

入实践，直面问题，把握规律，指导工作，实现理论性与应用性的高度统一。

（三）在借鉴中攻关与突破

网络思想政治教育研究具有显著的综合性。作为现代思想政治教育学的分支领域，网络思想政治教育的理论基础是马克思主义，坚持以马克思主义科学体系为根本指导思想，是网络思想政治教育学科体系建设健康发展的根本条件，也是实现网络思想政治教育科学化的根本保证。与此同时，网络思想政治教育研究要积极借鉴、吸收相关学科的理论和方法，综合运用多学科知识进行理论问题和实践问题的研究。譬如在网络社会问题的研究中，在马克思主义理论的基础上，社会学的学科理论和方法发挥出重要的借鉴作用；在虚拟实践问题、主客体关系问题的研究中，哲学、教育学等学科的基本理论及其现代发展给予网络思想政治教育研究重要的启示；在诸如网络民主、网络心理、网络社区、网络舆论、网络管理等实践问题的研究中，政治学、伦理学、心理学、传播学、管理学以及信息科学的理论和方法对于实践问题的分析和破解产生重要的价值。从更深的层面而言，以互联网为代表的新科技革命从根本上改变了人的生存方式和社会形态，这一革命性变化方兴未艾。网络思想政治教育研究作为这一历史发展阶段的认识实践活动，必须以整个社会历史发展为背景，及时吸收和借鉴各个学科在信息时代背景下的新认识和新成果，在融合各领域学术成果的基础上综合性地开展研究工作，实现理论的突破与创新。

网络思想政治教育研究经历了25年的发展历程，发生于信息时代所伴生的现实问题，发展于思想政治教育进网络的实践要求，进入到学科化建设和理论体系的建构过程中。在网络思想政治教育研究的发展中，在基础理论体系研究、理论与实践问题研究、应用平台建设研究等方面凝聚起具有归属感的研究队伍，产生了卓有成效的研究成果，形成了初具理论架构的学科话语。新的形势下，国家意识形态建设的需要对网络思想政治教育研究提出了更紧迫的任务，信息时代科技创新与应用的实践发展对网络思想政治教育研究提出了更广泛的需求，现代思想政治教育学科建设的深入发展对网络思想政治教育研究提出了更高的要求。当前研究工作的成绩固然可喜，但差距依然可见，网络思想政治教育研究尚在路上。作为思想政治教育新兴的分支学科，网络思想政治教育研究工作任重道远，需要研究者努力探索，不断积累，在理论的道路上不断攀登开创新的成绩。

第一章　校园社交网络传播圈：理论与实证

在导论中，我们对高校网络思想政治教育工作实践与理论研究的发展历程进行了较为详细的梳理和分析。伴随着高校校园网络建设的日趋完善以及大学生互联网使用的不断广泛和深入，网络进入到大学生日常生活的方方面面，形成了一个较为完善和成熟的校园网络信息传播体系。正是在这一基础之上，基于大学生用户群体、校园社交网络媒介及其所传播的信息内容这三个基本要素之间的相互联系与相互作用而形成了一个独特的信息传播系统，我们可以称之为“校园社交网络传播圈”。[①]二十余年来，这个校园社交网络传播圈的网络媒介形态从校园BBS逐渐发展至今天的微信社交网络。在本章中，我们将从理论与实证

① 注：校园社交网络传播圈可以称之为网络传播环境中的一个“亚”传播圈：首先，因为相对于整个互联网信息系统而言，校园网络信息系统只是其中一个局部子系统；其次，使用校园社交网络进行信息传受活动的人群是特定的社会群体，主要是在大学校园内学习生活的师生群体；再次，校园社交网络的信息内容主要反映了校园社区群体的需求，具有较为显著的校园文化特征。

的角度对校园社交网络传播圈进行具体的分析和阐述，探讨校园社交网络传播圈的成因，并进而阐述其对于高校思想政治教育工作的意义。

第一节　校园社交网络传播圈的基本概念

一、校园社交网络传播圈的定义

校园社交网络传播圈指的是：在整个互联网信息环境中，大学生的信息获取、人际交往和休闲娱乐等主要网络行为对校园社交网络形成一定的依赖，从而基于信息内容、网络媒介、用户群体三个基本要素之间的相互联系与相互作用而构建出的具有独特文化特征的网络信息传播系统。

对于校园社交网络传播圈的定义，需要做出以下几方面的说明。

一是校园社交网络传播圈得以形成的基本条件。当校园网络基础设施建设覆盖到大学全部区域，网络广泛应用于高校教学、科研、管理、服务工作并深入大学生日常生活的方方面面，完善的网络建设与应用为校园社交网络传播圈的形成奠定了基本条件。

二是校园社交网络传播圈的形成标志。大学生的主要网络行为对校园社交网络形成依赖是校园社交网络传播圈得以形成的主要标志。网络行为所指的内容非常宽泛，本研究把“大学生的主要网络行为”界定为：大学生利用网络传递和获取信息的行为、通过网络进行人际交往的行为、使用网络进行休闲娱乐活动的行为。那么大学生的主要网络行为对校园社交网络形成依赖则主要指的是：

（1）大学生在信息获取上对校园社交网络的依赖要超过传统大众传播媒体甚至是大型门户网站，也就是说，大学生不但通过校园社交网络获取和传递各类校园信息，而且通过校园社交网络来获取校外的各类信息内容；

（2）大学生的网络人际交往活动以校园社交网络为主要活动空间；

（3）大学生使用校园社交网络进行各种休闲娱乐活动。

三是校园社交网络传播圈的基本要素。作为一个信息传播系统，内容、媒介、包括传播者和受传者在内的主体是其主要的结构要素。在校园社交网络传播圈中，校园社交网络是信息传播的媒介；而作为校园社交网络的主要使用者，大学生既通过校园社交网络发布信息，又使用校园社交网络来获取信息，他们是校园社交网络信息的传受主体。本书把信息内容、校园社交网络和大学生群体作为校园社交网络传播圈的三个基本要素进行研究。

四是校园社交网络传播圈的成因。系统是由各个要素之间的相互联系和相互作用而形成的有机整体。校园社交网络传播圈的形成，正是大学生用户群体、社交网络媒介、信息内容这三个基本要素之间相互联系、相互作用的产物。

五是校园社交网络传播圈的特殊性质。校园社交网络传播圈作为整个互联网信息传播系统中的一个子系统，具有特殊的自身性质。这些特殊性质正是校园社交网络传播圈区别于互联网信息传播系统其他部分的根据所在。本研究认为，凝聚性、现实性、发展性、多样性、可控性是校园社交网络传播圈的基本特性。本书对校园社交网络传播圈的具体表现进行阐述之后，将对其基本特性作出具体分析。

二、校园社交网络传播圈的表现

在第一节定义中，我们对校园社交网络传播圈这一特殊的信息传播系统进行了抽象、简练的概括。下面，我们对校园社交网络传播圈的表现形态作出具体阐述。

第一，校园社交网络传播圈是大学生的“信息传播圈”。

在校园网络基础设施建设和网络应用比较完善的条件下，校园社交网络成为大学生们传递和接受信息的主要途径。他们不但通过校园社交网络来获取各类校内信息，而且对于校外事情的了解也依赖于校园社交网络。因此，校园社交网络传播圈首先是一个基于校园网络互动社区的信息传播圈，它的影响力超越了报纸、广播、电视等传统大众媒体和大型信息门户网站，成为大学生们获取信息的主要途径。校园社交网络传播圈的媒介形式具有多样性，从其发展演变的历程进行梳理可以分为WWW网站、校园BBS、Email、FTP、论坛、SNS、微博、微信等。其中，学校门户网站是学校教学、管理和生活服务信息的发布渠道，大学生主要从这里获得学校的各种正式信息。学生网站、微博和微信公众号等是由学校共青团、学生会等组织进行建设管理的校园文化网络空间，大学生从这里可以获得各种学习生活信息、校园文化信息，并可以参与各类网上集体活动。学校新闻宣传网站和官博官微是大学生获取各类学校新闻信息的主要途径。Email是大学生个人之间人际联系和信息传递的重要方式，各种学生组织的通知也通过电子邮件群发功能来进行。FTP曾是大容量的网络资源库，大学生个人和学生组织都可以开设，用来提供各种电子书籍、影视、软件的上传和下载服务，现今已发展成为云储存空间。校园BBS是公共信息的集散地，学校里面最新最快的消息都能够在BBS上看到，而来自校外的各种社会热点和重大新闻也会很快成为BBS上的十大热门话题。微博、微信作为新媒体应用，已经在校园网络社区成为重要的网络媒介，应用于大学生学习生活和交往活动的方方面面。微信应用突出关系核心和私密性，微博的传播和媒体属性更强，而微信黏性更强。总的来看，校园网络社区的信息内容和网络媒介形式比较丰富多样，大学生对信息的获取依赖于校园社交网络，这是校园社交网络传播圈的具体表现之一。

第二，校园社交网络传播圈是大学生的“学习生活圈”。

校园网络基础设施建设的完善，使得网络广泛应用于高校教学、科研、管理、服务等各个方面并进入到大学生日常生活中。在学习方面，大学生在课程学习上对网络和计算机多媒体技术的利用日趋广泛，许多课程的教学PPT、参考资料都放在网上，学生们可以随时查阅和学习，网络学堂成为大学生课程学习的重要空间，学生和教师之间的学术讨论和学习答疑可以通过网络学堂等教学网络平台得以实现，一些高校正在试点应用的“雨课堂”建设使得互联网对教学过程的支持更加完善；而随着近年来在线教育的兴起，大学生的课程学习、课前预习、课后阅读、作业提交甚至是期末考试都可以通过网络平台进行，“慕课”等在线教学平台的建设发展方兴未艾，展现了高等教育改革的新趋势；大学生们还可以通过校园网络获取学校教学管理的各种信息、查询学术研究的各类资料、参加学校在网上进行的各种教育活动等。在日常生活方面，校园网络平台成为大学生必不可少的生活条件。大学生们不但通过校园网络平台获取学校的各种信息服务，如行政办公、后勤服务、医疗保健、勤工助学、心理咨询等，而且在课余生活中把校园社交网络作为休闲娱乐的主要场所。2015年CNNIC的统计报告显示，大学生登录社交网络达到每周29.3小时。在社交网络上，他们进行聊天交友、网络游戏、观看在线影视、欣赏音乐、浏览图片、阅读网络文学作品等。由于智能手机的高普及率，社交网络已经成为覆盖大学生网络生活的主要平台。由此社交网络进入到大学生学习生活的方方面面，以校园网络互动社区为平台形成了一个综合性的“学习生活圈”。

第三，校园社交网络传播圈是大学生的“人际交往圈”。

校园社交网络是大学生进行网络交往活动的主要空间。大学生基于校园社交网络形成和发展了多种多样的网络群体，首先是各种以兴趣爱好为纽带的学生群体广泛存在。这些群体自发形成，具有一定的稳定性，并从网上的对话交流等活动走下来，在现实世界开展聚会、交流等活动。其次是大学生的现实集体走上网络。在一些院校，班集体、团支部、党组织、社团协会等学生组织在校园网络社区建立了自己的集体空间，把班会、主题团日、党支部讨论、社团协会活动等在网上开展。随着高校“易班”网络平台建设推进，大学生“易班”逐渐成为集“思想教育、教学服务、生活服务、文化娱乐”四位一体的网络阵地，依托易班平台的校园网络文化建设，增强了大学生的网络文化素养和创新实践能力。再次是大学生中的一些特殊群体在校园网络互动社区找到了自己的活动空间。如校园BBS社区就聚集了一大批正在准备出国、考研、找工作的大学生群体，他们在网上建立联系、收集信息、交流讨论，还不定期的组织版聚活动。成为一批批具有共同目标的大学生的网上家园。总的来看，大学生把校园社交网络作为网上人际交往的重要场所，他们交往的对象主要是班团集体等各类学生组织中的同学以及兴趣相近的网友，从而基于校园社交网络形成了以大学生为主体的“人际交往圈”。微信是基于强关系的社交网络，通过将手机通信录、QQ好友列表打通，将人们的强关系沉淀到微信上，但微信并不局限于强关系，而是对弹性社交也进行了一定程度的开发。

第四，校园社交网络传播圈是大学生参与学校公共事务的“校园舆论圈”。

在大学校园中，青年学生对学校公共事务参与的广度和深度不断发展，围绕着学校管理、校园事务以及政治生活，大学生们从自己身边的事情做起，积极地参与各项公共事务。在这当中，校园社交网络发挥了极其重要的作用。在许多高校，大学生利用网络所提供的便利条件，及时了解和主动参与校园公共事务，基于校园社交网络形成了一个平等参与的舆论场。正是在这种情况下，校园社交网络传播圈成为大学生的校园舆论圈，成为他们进行公共参与和民主实践的一个重要方式。在舆论反映的内容上，这个“校园舆论圈”的舆论热点涉及学校教学、管理、后勤服务以及校园生活的方方面面。在舆论反映的方式上，校园公共论坛的热门话题、微信朋友圈的“刷屏”文章是主要表现形式。当校园内出现一些突发事件或者热点问题时，大学生们就会在校园社交网络上传递消息、展开讨论、提出建议与意见，形成校园热门话题。这些校园热点不但是大多数学生注意力聚焦的焦点，而且高校教育管理者也十分关注，以此作为了解学生思想动态的重要窗口，许多学生管理中的突发问题都是从校园社交网络的热议话题中发现并及时加以处理的。从校园BBS社区的热门话题讨论到“微博问政”，校园社交网络始终发挥着校园“晴雨表”的作用，其舆情反映以及议题设置等机制使其在高校民主管理中的作用日益突出，发挥着校园舆论场的重要功能。

三、校园社交网络传播圈的特性

事物的基本特性是该事物特有的性质，是其区别于其他事物的特殊之处。毛泽东在《矛盾论》中说："尤其重要的，成为我们认识事物的基础的东西，则是必须注意它的特殊点，就是说，注意它和其他运动形式的质的区别。只有注意了这一点，才有可能区别事物。"①我们认识事物，总是要先了解它的特性，才能真正认识它，利用它为我们服务。校园社交网络传播圈的特性，是它区别于互联网信息系统中其他部分而独立存在的根据，可以分为以下五个方面。

（一）凝聚性

凝聚性指的是校园社交网络传播圈对于处在开放的互联网环境中的大学生具有吸引和凝聚作用。开放性是互联网一个基本的技术理念。②由于互联网的开放性，大学生的认识视野和网络行为的范围可以无所限制地扩展到全球，他们可以从互联网上任何国家和地区的网站上来浏览新闻信息，可以到互联网上任何一个网络社区进行人际交往和休闲娱乐活动。由此，大学生的认识活动和交往活动的时空范围变得极为广阔，他们的信息注意力也变得极度分散化，这是互联网信息环境对高校德育工作带来的一个重大问题。对此有研究者提出网络德育是个伪命题，认为在互联网上无法实现教育者和教育对象的共场和互动。然而实际上，我

① 《毛泽东选集》第一卷［M］.北京：人民出版社，1991：308.

② 贝瑞·M.雷纳，等.互联网简史［M］.熊澄宇编选.新媒介与创新思维.北京：清华大学出版社，2001.

们通过大量的调查研究发现，尽管互联网提供了信息的开放空间和交往的无限可能，但是大学生们在互联网上仍然会聚集在一起而形成校园交往共同体，从而形成校园社交网络传播圈。我们观察校园社交网络传播圈的建构，正是以大学生的信息获取、人际交往、休闲娱乐等主要网络行为对校园社交网络形成依赖作为主要标志的。校园社交网络传播圈现象说明，处在开放的互联网信息环境中的人们依然可以围绕某种力量凝聚起来。换言之，网络不仅仅是一个信息传播的工具，更是一个以互联网为中介的社会交往平台，被一些学者称之为"互动式社会"。[①]有研究者对这种以互联网为中介的沟通对于实质（现实）亲密关系和社会交往的影响进行分析后认为，人们在现实中的社会交往与他们在互联网上的社会交往之间不是"零和的游戏"，人们经常使用互联网会导致出现更多的社会交往纽带，同时也加强了人们现实中已有的社会交往纽带。[②]一些对网络社区的经验研究也发现，在一些地方的网络虚拟社群中，其大多数成员都是当地居民，他们不但在网上聚会，还定期举办面对面的聚会。[③]这些已有的研究说明，对于现实中的社会交往群体而言，网上的交往社区不仅仅可以使其成员的人际交往纽带增多并扩展到群体之外，而且对这个现实群体内的人际交往能够产生强化效果。由此，我们可以认为，就高校而言，网络不但使大学生与外界的人际交往得以增加，与此同时也增强了大学生群体内的互动作用和交往关系。从目前的情况来看，不但现实中的学生组织纷纷利用网络开展活动，从而形成网上学生

① 曼纽尔·卡斯特.网络社会的崛起［M］.北京：社会科学文献出版社，2003：441.

② Barry Wellman，Milena Gulia. Virtual communities as communities：Netsurfers don't ride alone，in March A.Smith and Peter Kollock，eds［J］. Communities in Cyberspace,（London：Routledge）1999：167–195.

③ Howard Reheingold. The Virtual Community，http：//www.rheingold.com/vc/book/9.html.

集体，而且基于网络还产生了新的大学生交往群体。而所有这些网上学生群体的形成和发展正是通过校园网络得以实现的。可以说，校园网络为大学生的群体交往活动提供了有效载体和基本场所，从而承载和强化了大学生群体内的人际交往网络。高校德育工作者可以通过主动加强校园网络互动社区的建设，把大学生吸引和凝聚到校园网络文化空间。一是不断加强和完善校园网络建设和应用开发，通过良好的校园网络技术条件和贴近学生实际生活的服务功能，吸引大学生加大校园社交网络的使用；二是根据青年大学生群体的同质性特点和同辈交往群体的需要，加强校园网络互动社区在大学生日常学习、人际交往等活动中的服务平台和联系纽带的作用；三是开展内容丰富、形式多样的校园网络文化建设，以校园文化吸引和满足大学生在网络空间的归属感需求。通过这些主动的工作，教育者可以把大学生吸引和凝聚到校园社交网络之中，从而实现教育者与受教育者之间的有效沟通。

（二）现实性

现实性表现在校园社交网络传播圈中的交往群体与学校现实生活中的交往群体具有较强的一致性。我们提出校园社交网络传播圈的现实性，是与人们一般所认识的网络社区的虚拟性相比较而言的。一般看来，互联网是一个虚拟空间，互联网上的交往主体隐匿了现实社会身份，由于共同的兴趣、爱好、目标等纽带联系在一起，聚集形成网络虚拟社区。对于互联网文化的形象比喻曾经有一幅脍炙人口的漫画："在互联网上，没人知道你是条狗"。这是1993年美国著名杂志《纽约客》的漫画家彼得·施泰纳所画，虽然当时互联网还远远没有普及，但是这句漫画配词一直受到广泛的引述，用以表述匿名性作为互联网文化的一个基本特性。当时人们普遍认为，网络交往的匿名性生成了一个完全不同于现实的虚拟空间。正如一些研究者所认为：互联网不仅进一步疏远了现实社区中人们之间的交往和联系，还构建出了一个完全脱离于现实社区之外的虚拟社会空间。[①]然而，随着互联网广泛进入到社会的方方面面，人们逐渐发现，虚拟空间与现实世界发生着日益密切的联系与互动，网络的现实性日益显现出来。尤其是在校园社交网络传播圈中，网络交往的现实性体现得更为充分，这一交往空间中主体真实性、信息对称性使其显示出突出的现实性。校园网络的用户主体是大学生群体，他们基于校园社交网络形成了电子班级、网上社团等，基本上与现实中的学生班集体和社团协会等学生组织是相对应的。因此，校园社交网络空间的交往群体基本上是与校园现实生活中的交往群体相一致，不同于那些具有显著“脱域化”特征的网络虚拟社区，校园社交网络传播圈不但包括大学校园中的各类学生集体，学生们通过电子校园、班级主页、校园BBS的院系/班级/学生社团协会讨论区、班级微信群、QQ群等开展信息交流和集体活动，而且还有大量通过网络结成的学生社群，例如校园BBS上各个主题版面所形成的网友群体，他们从网上的交流走到现实中，通过报告讲座、文体活动、公益活动、集体聚餐、交流沙龙等方式开展现实交往活动。一言以蔽之，校园社交网络传播圈的交往群体是以大学校园社区为基础形成的，与大学生的现实交往群体有着较为显著的一致性。这些现象说明，现实中的社会结构力量并没有因为网络的虚拟性而消解，而是依然在网络空间发挥着强大的社会建构作用。正如有学者所言：“互联网绝不是脱离真实世界之外而构建的全新王国。相反，互联网空间与现实世界是不可分割的部分。”[②]因此，在高校网络思想政

① 刘瑛，杨伯溆.互联网与虚拟社区.社会学研究［J］.2003（5）：1-7.

② 丹·希勒.数字资本主义［M］.南昌：江西人民出版社，2001：289.

治教育工作中，网上群体的建设及其教育作用的发挥与网下的集体建设有着密切的关系。网下的集体建设做得好，就能把学生的归属感和认同感转化为网上互动社区的凝聚力，网上社区的良好互动反过来能够加强现实集体的建设，网上与网下的集体建设相辅相成有利于促进教育有效性的实现。网络虚拟的根源在于现实，对校园社交网络现实性的充分认识和主动把握，实质上是自觉地以现实中的社会力量作用于网络虚拟社会的良性发展，充分利用和发挥主体力量和现实资源，积极推动网上世界与网下世界之间的和谐互动。

（三）发展性

发展性指的是校园社交网络传播圈的主要媒介及其信息环境处于不断发展创新的过程。互联网带来的不仅仅是载体、工具、手段、途径的变化，更影响到主体的思维方式、话语体系、交往环境、信息方式。以往我们把高校思想政治教育环境看作是一种校园生活环境、一种学校制度环境、一种精神文化环境，而从来没有在信息媒介这一视角上给予过多的关注。互联网在社会生活各个领域的颠覆效应全方位凸显，也使得媒介要素在高校思想政治教育工作中日益显示出其重要的地位和作用。面对青年学生在信息接受上的网络依赖、新闻生产的大数据云计算技术驱动、大学课程教学的MOOC（慕课）浪潮等新形势新挑战，如果我们把今天的思想政治教育环境称作是一种信息媒介环境，这一点也不为过。这种环境在一定意义上是各类网络媒介不断创新、演化、积淀和发展所形成的网络信息和思想文化环境。自互联网进入中国二十多年来，高校校园网络建设经历了WWW网站、校园BBS、QQ、人人网、博客、微博、微信等各类网络媒介不断发展与变迁的挑战。每一种新的网络媒介形式出现就会带来新的传播手段和交流场域，它们在信息传播特性、话语表现形式、思想意识影响等方面产生出新的特点与方式。从“80后”“90后”到“95后”“00后”，在校大学生的代际变化也体现在其网媒使用和信息方式的更新。当前社交网络应用更是引发了信息流动模式、社会话语形态、价值传播方式的巨大变化。只有真正掌握、娴熟使用，才能把握高校网络文化发展的主导权。我国许多高校在此方面做出了主动探索，例如易班网络平台在推进校园网络文化建设、服务学生成长成才方面发挥了重要作用。高校以“通过平台聚起来，通过服务拢起来，通过内容带起来，通过研究抓起来”为建设思路，推动“易班”逐渐成为集“思想教育、教学服务、生活服务、文化娱乐”四位一体的网络阵地，并依托易班平台深入推进校园网络文化建设，着力培养学生的网络文化素养和创新实践能力，切实提升高校网络思想政治教育的实效性。[①]面对互联网不断发展创新带来的挑战，高校要树立起走在前列的意识，重视学习、善于学习、勤于学习，在学习和实践中把握网络媒体创新发展的趋势和规律，始终走在互联网新媒体新技术应用的社会前列，牢牢掌握大学生思想政治教育工作的主动权。

（四）多样性

多样性指的是校园社交网络传播圈的不同要素之间在相互作用下而呈现出多样化的信息流动方式、主体交往场域以及教育作用模式。校园社交网络传播圈是以信息内容、网络媒介、大学生用户群体这三个基本要素通过相互作用关系构成的系统整体。这三个要素本身具有一定的结

① 北京化工大学全国大学生思想政治教育发展研究中心.中国大学生思想政治教育年度质量报告（2016）[M].北京：人民日报出版社，2018.

构，即每一个要素都包含有不同的类型，如信息可以分为事实类、评论类、理论类信息，网络媒介的形式包括WWW网站、BBS、微博、微信等多种类型，大学生用户群体也具有按照性别、年级、政治面貌、学科专业等因素而划分的不同类型。因此，对于不同的信息内容、各类网络媒介形式以及差异化的大学生群体类型，各个要素之间的相互联系与作用关系呈现出多样化的状态。以信息的流动方式而言，一定的信息内容与相应的网络媒介形式以及大学生群体类型具有显著的互动关系。例如在新闻信息的传播上，社会时政、体育、娱乐、科技、财经、社会新闻等不同类型的信息内容在校园网络上的传播效果就有所差异，大学生基于校园社交网络传递和获取时事新闻类、体育娱乐类信息比较多，而财经、社会新闻类的信息则不然，这与青年大学生的思想兴奋点和兴趣点有着密切关系。理论学习类信息内容主要依赖于专门网站和专业讨论区，评论类信息则基于微信朋友圈的传递更为深入有效。由于网络主体之间互动关系的多样性，校园社交网络环境形成了多样化的交往场域。其中，科层关系场域、熟人关系场域、陌生人关系场域是三种主要的主体交往场域类型。在科层关系场域中，主体之间存在明显的社会地位和角色差异，互动关系建立在具有明确的规章和程序要求的科层结构之上，这一场域的典型体现是校园网络空间中的师生交往场所。熟人关系场域指的是主体之间主要以朋友、熟人等关系进行互动的网络场域，大学生的微信朋友圈是此类交往场域的典型体现。陌生人关系场域指的是主体间互不熟识、不存在稳定交往关系的陌生人互动模式，微博公共空间、新闻客户端的网友评论区都是此类场域的典型空间。以教育作用模式来看，内容中心模式、媒介中心模式、用户中心模式是基于校园社交网络信息环境三要素结构关系的变化而构建的不同教育模式。内容中心模式中，思想政治教育的内容处于中心地位，教育内容是选择教育对象、设计和制定教育方法的出发点。思想政治教育的内容确定之后，网络媒介的形式和传播对象的范围和类型都是由内容的特点和要求来决定。媒介中心模式中，校园社交网络的媒介处于中心地位，它的特点、类型和功能决定了相应的思想政治教育内容和对象。用户中心模式中，不同类型学生群体在媒介使用、信息内容获取、网络人际交往等方面的特殊性和差异性，决定了思想政治教育内容和方式的选择。总而言之，校园社交网络传播圈的信息内容、网络媒介、大学生用户群体这三个要素之间相互联系与作用的关系具有一定的变化规律，教育者在使用校园社交网络开展思想政治教育的过程中，只有符合这一规律，才能达到良好的效果。

（五）可控性

可控性指的是教育者对于校园社交网络传播圈的信息舆论传播和网络文化建设等具有较强的主导能力。可控性首先表现在学校教育管理者对校园网络的建设和管理方面。校园社交网络传播圈是基于校园网络而形成的信息传播系统，学校不但在网络基础设施的建设和管理上具有主导权，而且可以通过各级网络管理部门对网络信息和网络用户行为进行实时的管理。学校能够针对校园网络的使用制定和完善规章制度和管理办法，规范网络使用行为，采取必要的技术、行政、法律等手段阻止不良信息进入校园信息环境，对有害的网络行为采取相应的管理措施。其次，校园社交网络传播圈的可控性表现在学校能够积极推动和引导校园网络文化的建设。学校可以通过资金、技术、人才等方面的优势开展校园网络建设，利用各类校园网络平台开展教学、管理和服务工作，主动把现实中的资源优势、组织优势、文化优势转化为校园网络空间中的信息优势，打造校园网络文化的凝聚力，发挥学校主流网络阵地的权威性，把大学生的注意力和归属感吸引到校园网络空间，并通过校园社交网络传播主流声音、开展正面的思想教育和舆论引导工作。再次，校园社交网络传播圈的可控性表现在校园社交网络空间中的交往主体与现实交往主体的一致性，使得这一网络交往空间产生相对明显的边界性，学校能够创设和营造出相对稳定的网络思想政治教育环境开展育人工作。当前新的形势下，高校网络思想政治教育工作面对的是我国媒体格局、社会舆论格局的重大变化。自媒体化的信息生产、社交网络的裂变式传播深刻改变了信息传播格局，形成了多样化的思想文化场域和社会舆论生态。面对互联网信息宏观环境的挑战，学校教育要主动作为，创新工作实践。正如马克思所指出的，“环境的改变和人的活动或自我改变的一致，只能被看作并合理地理解为革命的实践”①。教育者要依据校园社交网络环境的主要特点和内在机制，因势利导去营造校园网络育人环境，通过创造性的教育实践努力把握学生思想发展的主导权。要把网络思想政治教育看作是一项涉及全员、全过程的系统教育工程，统筹规划，协调推进，建立起一整套的统筹学校育人环节、统筹相关职能部门、统筹课内课外教育资源、统筹网上网下工作衔接的工作体制机制，形成全方位的网络育人环境。

① 中共中央马克思恩格斯列宁斯大林著作编译局.马克思恩格斯文集：第1卷［M］.北京：人民出版社，2009：500.

第二节　校园社交网络传播圈的存在性

校园社交网络传播圈的形成是以大学生的主要网络行为依赖于校园社交网络为标志，具体表现为大学生在信息获取上对校园社交网络的使用超过传统大众传播媒体甚至是校外各类网络媒体，大学生的网络人际交往行为以校园社交网络作为主要场所，大学生使用校园社交网络开展各种休闲娱乐活动等。本研究所依据的第一次的实证调研工作开展于2003年，以清华大学校园网络建设与使用情况作为分析案例，在清华大学学生中进行了两次问卷调查分析，调查样本共计2 100份；第二次的实证调研工作在2013年进行，针对北京市高校校园网络的建设与应用，在北京市15所高校进行了问卷调研，调研样本共计3 000份。这两次调查研究工作前后相距十年，分析结果支持了较为一致的结论。

一、基于校园BBS平台的实证分析

（一）调查方法

2003年，本研究针对清华大学学生的主要网络行为进行了两次问

卷调查，先后考察了校园社交网络传播圈在突发事件信息传播过程中和一般情况下的存在状况。第一次问卷调查于2003年5月在清华大学进行，采取分层抽样的方法，在全校本科生四个年级中选取了1 200名大学生作为调查对象，回收有效问卷1 104份，回收有效率为92%。第二次问卷调查于2003年12月在清华大学进行，采取分层抽样的方法，分别在本科生四个年级和研究生中抽取调查样本，一共选取900名学生作为调查对象，回收有效问卷788份，有效回收率为87.6%。①下面列出了所调查学生样本的性别、年级分布情况，以及使用网络的具体情况（表1-1~表1-3）。

表1-1　所调查大学生的性别比例

	男生	女生
第一次调查	71.4%	28.6%
第二次调查	76.1%	23.9%

表1-2　所调查大学生的年级分布

	一年级	二年级	三年级	四年级	研究生
第一次调查	24.8%	24.9%	25.6%	24.7%	0
第二次调查	18.4%	23.0%	20.2%	22.5%	15.9%

① 本研究在问卷调查过程中采用分层抽样的方法，其具体的过程是：（1）以清华大学的学生为调查总体，首先按照工科、理科、文科三类不同专业选取院系，保证各个专业都具有相应的调查样本数量；（2）研究者请所选中院系的学生工作负责人担任问卷发放人，通过会议方式和发放问卷调查说明的方式向发放人详细说明班级选取和问卷发放方式：在本院系各个年级中随机选取一个班级作为样本，把调查问卷发放给所选中班级的全部学生，并在发放过程中向班级负责人强调问卷回收的时间和保证高回收率；（3）在两周内回收问卷，调查结果应用大型社会统计软件SPSS进行统计处理和分析。

表1-3　大学生每天上网时间的情况

	0.5小时以下	0.5～1小时	1～2小时	2～3小时	3小时以上
第一次调查	12.2%	20.7%	27.7%	18.2%	21.2%
第二次调查	16.9%	27.2%	23.3%	13.1%	19.5%

第一次调查是主要针对社会突发事件条件下校园网络信息传播状况进行的。在问卷设计中把大学生对非典型肺炎疫情情况的信息来源作为考察变量，来分析校园社交网络传播圈的存在性。对本次问卷调查有如下说明：一、非典型肺炎疫情的爆发是社会重大突发事件，疫情信息是大学生们普遍关注的热点信息，因此选择疫情信息的传播途径作为调查变量，在定义上比较明确，测量操作性强；二、本次问卷调查的对象是在社会突发事件过程中大学生的信息接受途径，具有一定的特殊性。为了保证调查的信度，本研究在本次调查的基础上于7个月后进行了第二次调查，并把两次调查结果进行比较；三、非典型肺炎疫情信息内容可以分为校内和校外两大类，便于我们在调查分析中对校内信息与校外信息的获取途径进行比较。

第二次问卷调查针对一般情况下大学生的信息获取、人际交往等网络行为的状况进行。对于本次调查，我们作出如下说明：一、大学生的信息获取途径是我们最主要的调查对象。在问题设计上，以大学生获取“学校以外的事情”的信息来源途径作为考察变量，分析通常情况下校园网络亚传播圈的存在性。在该变量的设计过程中考虑了以下方面：（1）在问题设计上，明确要求调查对象回答“对于学校以外事情的了解”的信息渠道，从而严格区分校内和校外两类信息，保证测量结果的效度；（2）为了保证测量的信度，在上一个问题之后，又设计了一个关于校外信息来源途径的问题，在这个问题中把变量“学校以外的事情”

分解为“日常的社会新闻”“国内外的社会热点事件”以及“对于热点事件的评论与分析”等三类内容的变量进行测量，并通过与上一个问题进行比较来保证测量的信度。二、在调查大学生网上人际交往的问题设计上，我们主要考察的是大学生在网上的主要交往群体，以及大学生使用校园网络进行人际交流的频率。大学生网上休闲娱乐活动的内容非常广泛，在问题设计上，我们以“网络聊天”这种比较典型的网络娱乐方式作为主要考察对象。

（二）调查结果分析

1.对大学生信息获取途径的分析

1）校园网络是非典期间疫情信息传播的主要途径。首先，校园网络是校内疫情信息传播的主要途径。在校内非典型肺炎疫情信息的传播途径上，有74.6%的大学生以校园网络作为自己首选的信息来源，这些校园网络媒介形式包括水木清华BBS、清华大学综合信息网站、“学生清华”网站、清华新闻网。以宣传单、校园闭路电视等途径获取信息的大学生只有8.5%，还有13.9%的大学生是以人际传播途径作为首选的信息来源。校内信息传播方式的网络化说明走在信息化建设与发展前列的高校已经形成了一个基于网络的信息传播平台，这个信息网络平台的成熟发展为社会突发事件在大学校园中的信息传播机制变革提供了条件。

其次，校园网络成为大学生了解校外疫情信息的重要途径，在高年级学生中，校园网络的作用已经超过校外网站。数据显示，对于校外疫情信息，选择报纸、电视、广播等传统媒体作为第一位信息来源的学生比例分别只有16.5%、9.0%、4.8%，网络成为主要的信息传播途径。其中，37%的学生是从校外网站获得信息，从校园网络获取非典疫情信息的学生比例则达到32.0%，见表1-4。而且，这个比例随着年级升高和上网时间的增加而不断增大，在三年级和四年级的学生中，把校园网络当作第一位信息来源的学生比例分别达到38.7%和42.5%，超过了包括校外网站在内的其他媒介，见表1-5；从上网时间的影响来看，每天平均上网时间在2小时以上的学生，他们对校外疫情信息的了解也是以校园网络作为第一位的信息渠道，见表1-6。

表1-4　大学生了解国内外非典疫情信息的途径

排序	信息途径	人数比例
1	校外网站	37.0%
2	校园网络	32.0%
3	电 视	16.5%
4	报 纸	9.0%
5	广播	4.8%

表1-5　年级与信息途径的选择

	报纸	广播	电视	校外网站	校园网络
一年级	18.4%	9.4%	15.6%	41.4%	14.8%
二年级	8.3%	6.1%	17.0%	37.5%	30.3%
三年级	5.3%	2.5%	17.6%	34.9%	38.7%
四年级	4.9%	1.9%	15.4%	35.0%	42.5%

表1-6　上网时间与信息途径的选择

每天上网时间	报纸	广播	电视	校外网站	校园网络
0.5小时以下	25.2%	13.0%	23.6%	20.3%	17.1%
0.5～1小时	11.9%	8.2%	24.7%	34.2%	21.0%
1～2小时	6.3%	3.0%	16.8%	41.4%	31.6%
2～3小时	5.6%	2.0%	11.1%	37.9%	42.4%
3小时以上	4.4%	1.8%	8.8%	41.9%	42.7%

2）通常情况下，校园网络仍然是大学生获取信息的主要途径。在高年级学生中，校园网络已经成为他们了解学校以外事情的主要信息途径。通过表1-7的数据，我们看到在二年级以上的大学生中，50%以上的人同意“校园网络媒介是大学生获取信息的主要来源渠道”这一观点，这一比例在四年级以上学生中超过70%。对大学生获取校外信息的途径进行分析，从平均情况看，校外网站是大学生接受校外信息第一位的传播渠道，占全部学生总数的44.3%。校园网络紧跟其后，占35.2%的比例，而报纸、广播、电视等传统媒体则只有17.9%的比例（表1-8）。随着年级的升高，依赖校园网络来获取校外信息的学生比例不断增大。在四年级的本科生中，51.1%的学生是以校园网络作为了解学校以外事情的第一位信息渠道，而在研究生中（本次调查选取本科在清华大学就读的学生为有效样本），这个比例达到了53.5%，大大超出了校外网站和报纸、广播、电视等媒体所占的比例，如表1-9所示。此外，数据分析表明，与第一次调查结果相同，在每天平均上网时间在2小时以上的学生中，以校园网络作为了解学校以外事情的信息渠道的人数比例超过了校外网站和传统媒体，占到50.6%，在每天平均上网时间超过3小时的学生中，这个比例达到59.7%，如表1-10所示。

表1-7　大学生对校园网络媒介在信息传播上作用的看法

	校园网络媒介是大学生获取信息的主要来源渠道				
	根本不符合	不太符合	一般	比较符合	完全符合
一年级	16.4%	20.7%	41.4%	18.1%	3.4%
二年级	8.2%	13.7%	24.6%	33.6%	19.9%
三年级	5.5%	11.7%	25.8%	32.8%	24.2%
四年级	1.4%	7.0%	18.8%	41.3%	31.5%
研究生	1.0%	2.0%	22.7%	41.6%	32.7%

表1-8　大学生了解“学校以外事情”的信息渠道

排序	信息途径	人数比例
1	校外网站	44.3%
2	校园网络	35.2%
3	校外传统媒体	17.9%

表1-9　年级与信息途径的选择

	传统媒介	校外网站	校园网络
一年级	43.4%	48.7%	4.40%
二年级	18.8%	47.2%	27.1%
三年级	10.2%	50.0%	39.8%
四年级	8.50%	39.7%	51.1%
研究生	10.9%	34.8%	53.5%

表1-10　上网时间与信息途径的选择

	传统媒介	校外网站	校园网络
0.5小时以下	46.1%	43.1%	8.80%
0.5～1小时	17.4%	50.6%	28.5%
1～2小时	13.7%	50.7%	32.2%
2～3小时	9.6%	39.8%	50.6%
3小时以上	5.6%	32.3%	59.7%

2. 对大学生其他网络行为的分析

首先，随着年级升高，大学生在网上的交往对象逐渐以大学院系班集体的同学为主，说明他们在网络人际交往上对校园网络的依赖性逐渐增大。数据分析显示，在三年级以上的学生中，大学生在网上的主要交往对象已经由中学时代的校友和老乡转变为院系班集体同学、社团协会同学等大学中的同学和朋友。尤其是在四年级以上的学生中，班集体同学成为他们网上人际交往的主要对象，其比例达到49.3%，这个比例在研究生中则进一步上升到65%，见表1-11。由于校园网络是班集体、社团协会等学生组织的网络活动场所，因而可以说，随着年级的升高，大学生的网络人际交往活动逐渐以校园网络为主要场所。

其次，校园网络媒介在大学生的休闲娱乐活动方面具有非常显著的作用。调查发现，平均有62.2%的大学生认为校园网络媒介在“帮助自己从紧张学习中得到放松”方面的作用较大或者很大，而且这个比例随着年级的升高也逐渐增大，如表1-12所示。对于日常的娱乐活动而言，平均有48.5%的大学生认为校园网络媒介在自己日常娱乐活动中的作用较大或者很大，随着年级的升高，校园网络媒介在休闲娱乐方面的作用越来越突出，见表1-13。当前，上网聊天已经逐渐成为大学生日常休闲娱乐活动中比较常见的方式，本研究具体调查了大学生进行网上聊天时的主要场所，数据分析显示，多数大学生主要是在校园网上进行聊天活动。如表1-14所示，在三年级以上的学生中，57.4%以上的学生表示更喜欢在校园BBS上进行聊天活动。

表1-11　大学生在网上的主要交往对象

	院系班集体的同学	社团协会组织中的同学	校园BBS上的网友	中学校友或者老乡	其他
一年级	19.0%	4.8%	2.9%	68.6%	4.7%
二年级	32.8%	9.7%	6.0%	48.5%	3.0%
三年级	33.6%	9.6%	11.2%	43.2%	2.4%
四年级	49.3%	5.2%	12.7%	30.6%	2.2%
研究生	65.0%	8.0%	16.0%	10.0%	1.0%

表1-12　校园网络媒介在休闲娱乐方面的作用

	校园网络媒介在“从紧张的学习中放松自己”方面的作用			
	没有作用	有点作用	作用较大	作用很大
一年级	13.6%	35.5%	36.4%	14.5%
二年级	9.9%	35.2%	37.3%	17.6%
三年级	9.6%	24.0%	45.6%	20.8%
四年级	7.1%	26.2%	39.7%	27.0%
研究生	4.0%	24.0%	39.0%	33.0%

表1-13　校园网络媒介在休闲娱乐方面的作用

	校园网络媒介在日常娱乐活动中的作用			
	没有作用	有点作用	作用较大	作用很大
一年级	19.1%	47.3%	23.6%	10.0%
二年级	11.3%	41.1%	34.0%	13.5%
三年级	11.2%	39.6%	30.0%	19.2%
四年级	7.1%	37.1%	36.4%	19.3%
研究生	6.1%	37.4%	33.3%	23.2%

表1-14　大学生在网上聊天时的主要场所

	"相对于社会网站上的聊天室，我更喜欢到校园BBS上聊天"符合自己实际情况的程度				
	根本不符合	不太符合	一般	比较符合	完全符合
一年级	34.8%	18.3%	23.5%	13.0%	10.4%
二年级	17.5%	13.3%	21.7%	20.3%	27.3%
三年级	17.3%	13.4%	11.8%	22.0%	35.4%
四年级	13.3%	4.2%	15.4%	22.4%	44.8%
研究生	12.9%	6.9%	20.8%	12.9%	46.5%

2003年的两次调查数据分析表明，在清华大学这样的校园网络建设比较完善的高校，大学生在信息获取、网络人际交往以及休闲娱乐等主要网络行为上已经形成了对校园网络的依赖。在信息获取方面，大学生不但通过校园网络来获取校内信息，而且他们对于校外信息的获取在较大程度上也依赖于校园网络。尤其是对于高年级学生而言，校园网络媒介的作用已经超过报纸、广播、电视等传统大众传播媒介和校外网站，成为他们了解学校以外事情的主要途径。在网络人际交往方面，随

着年级的升高，大学生在网上的人际交往逐渐以大学班集体同学以及其他学生组织的同学为主，校园网络逐渐成为他们网上人际交往活动的主要场所。而在大学生的休闲娱乐活动方面，校园网络媒介的作用也非常显著。综合这些实证分析的结果，我们认为校园社交网络传播圈在校园网络建设比较完善的高校是存在的。

二、基于微信社交网络的实证分析

（一）调查方法

本研究针对新媒体环境下大学生在网络信息获取方面的行为状况，以北京市15所高校的大学生问卷调查数据作为分析基础。这15所高校包括清华大学、北京大学、中国人民大学、北京师范大学、北京工业大学、北京航空航天大学、北京交通大学、北京科技大学、北京理工大学、北京联合大学、对外经济贸易大学、首都医科大学、中国传媒大学、中国农业大学、中央民族大学。调查对象涵盖了大学本科生、硕士研究生和博士研究生三类学生群体，调查内容以大学生的网络行为为主题，设置了针对大学生网络使用行为、社交网络状况、信息获取方式等不同方面的问题。共发放调查问卷3 000份，回收有效问卷2 767份，问卷有效率达92.23%。调查对象中男生为1 368人，女生为1 384人，缺失案例数值15份。本科学生人数为1 871人，占总人数的68%，硕士学生人数为691人，占总人数的25%，博士学生人数为191人，占总人数的7%。调查对象中人文社会类专业学生人数占比为40.7%，理工农医类专业学生人数占比为48.5%，艺术体育类专业学生人数占比为

6.4%，其他类专业学生人数占比为4.4%。

（二）基本状况分析

1.互联网是大学生信息获取的主要渠道

本研究从大学生接触网络的年限、每天上网的频率、每天上网的时长、浏览网站的类型、上网的目的、社交网络的使用情况六个方面对大学生网络使用情况进行了调查分析。研究得出，大学生在日常生活中表现出明显的“网络依赖”特点，以互联网作为主要的信息获取渠道。

首先，大学生对互联网的使用依赖情况分析。调查显示，网络已经融入大学生学习生活的方方面面，大学生对于网络的依赖比较严重，具体体现在以下三个方面：

1）多数大学生网络接触年限较长。大学生网络接触年限的状况如表1-15所示。数据分析显示，网龄不到1年的人数百分比只有2.5%，网龄1~2年的人数百分比为4.6%，网龄2~4年的人数百分比为15.3%，网龄4~6年的人数百分比为28.1%，网龄6年以上的人数百分比为49.4%。结果表明，当前多数大学生（77.5%）接触网络年限超过了4年，接近一半的大学生有着6年或者更长时间的网络接触年限。

表1-15　大学生上网年限百分比

	1年以下	1~2年	2~4年	4~6年	6年以上
上网年限	2.5%	4.6%	15.3%	28.1%	49.4%

2）超过半数大学生每天上网频率不低于4次。数据分析显示，大

学生每天上网的频率较高，如表1-16所示，大学生每天上网次数为1次或更少的大学生人数百分比为9.1%，每天上网次数在4次以上的大学生人数百分比为51.8%，即超过半数的大学生每天上网次数不低于4次。

表1-16　大学生每天上网频率人数百分比

每天上网频率	1次以下	2~3次	4~6次	6次以上
频率百分比	9.1%	39.1%	19.9%	31.9%

3）大学生每天上网时间较长，超过三分之一的大学生每天上网4小时以上。大学生对于网络的依赖程度主要体现在每天的上网时间。如表1-17所示，大学生每天上网时长不超过1小时的人数百分比只有9%，每天上网时长在1~4个小时的人数百分比为55.4%，每天上网时长在4~8个小时的人数百分比为26.9%，调查显示有8.7%的大学生每天上网时间超过8小时。

表1-17　大学生每天上网时长人数百分比

	1小时以下	1~4小时	4~8小时	8小时以上
每天上网频率	9%	55.4%	26.9%	8.7%

其次，大学生获取信息的渠道以网络为主，传统媒介为辅。调查结果显示，互联网远远超过报纸、广播、电视等传统媒介，成为大学生获取信息的主要渠道。为了细化分析，本研究把信息内容分为校园热点和国内外重大事件、评论类信息和理论类信息等不同类型，对各类信息的传播渠道进行具体考察。数据分析表明，对于校园热点信息的获取，大学生选择网络渠道的百分比为55.98%，而传统媒体被选择的百分比为

11.97%；对于国内外重大事件和社会热点而言，大学生选择网络渠道的百分比为74.13%，选择传统媒体的百分比为23.2%；对于评论类信息，大学生选择网络渠道的百分比为75.79%，选择传统媒体的百分比为20.27%；对于理论类信息，大学生选择网络渠道的百分比为58.64%，选择传统媒体的百分比为21.27%。

总体而言，无论是校园热点、国内外重大事件，还是评论类信息或理论类信息，大学生获取信息都显著地表现出对于网络渠道的偏好。但同时值得关注的是，被视为传统媒体的报纸、广播和电视对于大学生的影响力也占有一定的比例。如表1-18所示，除了校园热点信息外，传统媒体在大学生信息获取渠道上的占有率都在20%以上，这个数据与2003年清华大学的调研结果相比，我们看到传统媒体的影响力是有所增加的。2003年调查数据显示，传统媒体在大学生了解“校园以外事情”的渠道选择中的比例为17.9%。这项数据的变化在一定程度上显示出当前传统媒体在网络环境下不断创新与变革的效果。

表1-18　大学生各类信息获取途径分析

	校园热点	国内外重大事件	评论类信息	理论类信息
网络渠道	55.98%	74.13%	75.79%	58.64%
传统媒体	11.97%	23.2%	20.27%	21.27%
其他渠道	32.05%	2.67%	3.94%	20.09%

2.社交网络在大学生的各类网络信息渠道中占据重要位置

尽管互联网已经毋庸置疑地成为大学生信息获取的主要平台，但是网络本身也包括了多样化的信息渠道。随着网络媒介应用的不断创新发展，当前以微信、微博等为代表的新型社交媒介引发了信息流动模式、社会话语形态、价值传播方式的新变化。尤其是在当前大学生的网络使用中，各类新型社交网络日益占据重要位置。为了具体考察社交网络在大学生信息行为中的作用，本研究对大学生信息获取的各种网络渠道进行了细化分类，分为学校新闻信息网站、校园BBS、主流媒体新闻网站（人民网、新华网）、大型商业门户网站（搜狐、新浪、凤凰网等）、人人网、微博、微信等不同渠道，并针对不同类型信息内容调查分析大学生信息获取的渠道状况。

首先，校园热点信息内容的渠道传播状况分析。

我们首先对于校园热点的信息传播渠道状况进行分析，比较了三类校园信息渠道的差异。这三类渠道分别是：（1）学校新闻信息网站；（2）大学生社交网络，包括人人网、微博、微信和BBS；（3）大学生面对面的交流和组织传播，包括口头交流和组织通知。数据结果显示，社交网络被选择的频次为3 431，占总选择频数的41.42%；而选择以社交网络作为第一位的信息获取渠道的百分比达到45.64%。这些数据说明社交网络已经成为校园热点信息传播的主要渠道，具体如表1-19所示。

表1-19　大学生获取校园内热点时前三位渠道选择频数百分比

	第一位	第二位	第三位	总体
学校信息网站	27.9%	23.74%	28.22%	26.68%
社交网络	45.64%	42.82%	35.52%	41.42%
口头交流	25.4%	31.4%	32.23%	29.74%
缺失值	1.06%	2.04%	4.03%	2.16%

其次，“学校以外事情”新闻信息的渠道传播状况分析。

我们进而分析大学生获取“学校以外事情”的网络渠道选择，把信息内容具体分为国内外重要事件、社会热点以及相关评论类信息，针对不同类型的信息渠道进行具体分析。数据结果如表1-20所示，总体而言，对于国内外重要事件和社会热点的信息内容，社交网络被选择的频次为2 786，占总选择频数的33.56%；其次为大型商业门户网站，但与之相差11个百分点。这说明社交网络对于大学生知晓社会重大事件的影响是十分显著的。与此同时我们也注意到，在第一位信息获取渠道的选择上，大型商业门户网站占到28.04%，位居第一名，这说明在重大新闻事件过程中，大型商业门户网站对于大学生群体有着相当重要的影响，其议题设置的作用不可小觑。

表1-20　国内外重大事件和社会热点的前三位渠道

	第一位	第二位	第三位	总频数
传统媒体	27.03%	18.17%	24.39%	23.2%
主流媒体新闻网站	17.49%	23.45%	13.15%	18.3%
大型商业门户网站	28.04%	20.81%	18.75%	22.53%
社交网络	26.20%	34.95%	39.53%	33.56%
缺失值	1.24%	2.62%	4.17%	2.41%

再次，社会热点评论类信息内容的渠道传播状况分析。

在国内外重大事件和社会热点事件过程中，围绕事件的网络观点和意见是社会舆论场的重要组成部分，也是青年大学生形成价值判断和立场观点的重要舆论基础。那么，哪些网络媒介在影响大学生的价值观念？此次调查结果显示，在评论类信息渠道的选择上，首先社交网络被选择的次数为2 615次，占总选择频数的32.50%，在大学生获取评论类信息的各类网络渠道中的比例最高；其次是大型商业门户网站，占

23.42%。可以看出，社交网络已经成为大学生获取评论性信息内容的首要来源，如表1-21所示。同时数据分析也显示出，传统媒体在意见传播中的影响力毫不逊色，在重大事件的舆论传播过程中，以报纸、广播和电视为主的传统媒体是大学生获取评论观点和意见的第一位来源渠道。这说明传统媒体的权威性和公信力有着比较广泛的社会基础，这也是当前我们做好新媒体时代新闻宣传工作的有利条件。

表1-21　对于国内外重大事件和社会热点的评论和意见

	第一位	第二位	第三位	总频数
传统媒体	27.68%	15.37%	19.56%	20.92%
主流媒体新闻网站	18.34%	24.76%	14.02%	19.11%
大型商业门户网站	26.14%	22.91%	21.06%	23.42%
社交网络	26.18%	33.07%	38.58%	32.50%
其他	0.1%	0.18%	0.65%	0.33%
缺失	1.45%	3.69%	6.12%	3.71%

3.微信逐渐超越微博、人人网，成为大学生获取信息的首选社交网络

首先，微信成为大学生使用最多的社交网络平台。数据分析显示，大学生广泛使用的社交网络主要是人人网、微博、微信三大平台。其中，微信成为当前大学生使用率最高的社交网络平台。如表1-22的数据分析，从使用率来看，从不使用微信的大学生人数比例为16.8%，从不使用人人网的大学生人数比例为22.6%，从不使用微博的大学生人数比例为29.8%；从使用强度来看，53.1%的大学生经常或总是使用微信，

32.3%的大学生经常或总是使用人人网，29%的大学生经常或总是使用微博。结果表明，对于当前的三类主要社交网络平台而言，大学生使用最多的是微信，其次是人人网，再次是微博。

表2-22　大学生社交网络使用情况

	从不使用	偶尔使用	有时使用	经常使用	总是使用
人人网	22.6%	30.4%	13.4%	23.3%	9.0%
微博	29.8%	26.8%	12.2%	20.1%	8.9%
微信	16.8%	16.0%	12.7%	31.6%	21.5%

其次，不同类型社交网络在信息聚合和用户群体上的差异性分析。

1）各类社交网络平台对不同信息内容的聚合差异性。本研究将信息内容分为事实类信息、评论类信息和理论类信息，比较大学生在获取各类信息内容时对微信、微博和人人网的选择状况。数据分析的结果如图1-1所示：人人网在校园热点的信息内容传播中占据优势位置，这与人人网从校内网发展而来，其定位侧重于高校学生网络社区有关。而微博平台则在国内外重大事件和社会热点的评论类信息传播中具有优势位置，这与微博的媒体属性和大众传播功能有着密切关系。而微信在各类信息传播中都没有表现出明显的优势，本研究认为，微信传播主要是以人际传播为主要特征，具有私密性、保密性、隐蔽性，其社会交往的功能要重于大众传播。但正是由于微信传播以熟人交往关系为基础，其信息传播的影响效果会更大。

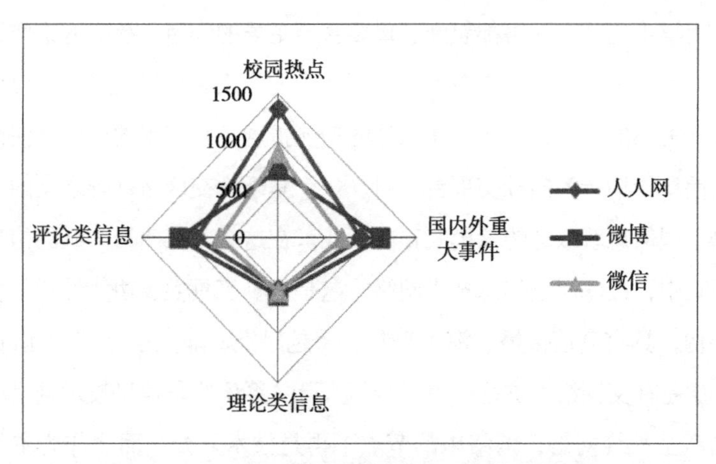

图1-1　大学生使用社交网络获取各类信息的差别

2）各类社交网络使用与大学生社会属性的相关关系。通过对大学生的社会属性与其社交网络使用的相关分析，我们发现年级越低的大学生越倾向于使用社交网络获取信息；年级越高的学生则越倾向于使用传统媒体和门户网站获取信息。对于各类社交网络平台而言，年级越低的学生越倾向于使用微信获取信息，而年级越高的学生越倾向于使用微博和人人网获取信息。研究也发现，生活消费支出越多的学生，越倾向于使用人人网和微信，即越倾向于使用私密性的圈子获取信息，对大众媒体的关注就越少。

（三）结论："三明治"型信息传播结构的呈现

通过对大学生信息获取渠道的递进式分析，我们认为当前大学生信息获取的结构已经发生了变化。大学生的信息获取从大众传播渠道转变为以社交平台为渠道的线上人际传播。针对不同类型信息内容的细化分析进一步证实：无论是对于事实类信息、评论类信息还是理论类信息，大学生的社交网络都起到了重要甚至主导的作用。社交网络作为一种新型信息传播平台，它在大学生群体中的作用和功能已经不仅仅局限于人际关系的加强，其作为新媒体的功能扩展及其使用的广泛性使得大学生信息传播行为向社交平台倾斜，一个基于社交网络基础之上的“三明治”型信息获取与传播模式正在形成。在这个“三明治”型的信息传播模式中，最底层是信息技术网络。这是一种工具性、功能性的信息技术架构，具有高速传播、海量复制、跨越时空、非人格化等传播特性。中间层是社交网络。这是一种融合了人际关系网络与信息技术网络而形成的新型社会网络，网络中的节点不再是技术媒介，而是作为主体的人；网络本身也因此不再是工具性的，而成为人与人互动的场域。正如曼纽尔所说：“网络是一套互相联结的编码。它其实是一种非常古老的人类实践形式，但当它变成信息网络由互联网支撑时，它就在我们的时代焕发出了新生机。”[①]最上层是复杂多样的信息流层。由于人与人交往关系的普遍性，人们的信息需求的多样性，以及新型信息媒介的不断涌现，因而信息流层的结构是复杂多样的，而且呈现出持续创新的形态。在这个“三明治”型的信息传播模式下，信息网络层建构了大学生信息行为的技术架构；社交网络层则发展和丰富着大学生的社会交往、信息交互的场域；信息流层则呈现出大学生群体的信息生产与传播的内容形态。

① 曼纽尔·卡斯特.网络星河——对互联网、商业和社会的反思［M］.北京：社会科学文献出版社，2007：1.

第三节　校园社交网络传播圈的成因

互联网为大学生们的认识活动和交往活动提供了一个无限的虚拟空间，他们的活动领域可以得到极大扩展。然而，在这种情况下，大学生们的信息注意力和网络交往行为却依然集中在校园互动社区，在信息获取、人际交往、休闲娱乐等主要网络活动上形成了对校园社交网络的依赖。尽管校园社交网络的媒介形式经历着不断发展创新的过程，从20世纪90年代的校园BBS演变为今天微博微信等自媒体社交网络，但是历经十余年的经验观察和实证分析的结论，让我们看到了“变化中的不变”，这就是校园社交网络传播圈这一现象的稳定存在。探究其内在机理，校园社交网络传播圈的形成，正是大学生群体、校园社区网络媒介以及信息内容这三个基本要素之间相互联系、相互作用的产物。具体而言，我们从以下三个方面进行展开分析。

一、作为信息渠道的媒介选择机制

作为信息时代的媒介形式之一，校园社交网络为大学生提供了一种不同于报纸、广播、电视以及新闻门户网站的信息途径。从媒介选择和使用的角度分析，大学生在信息获取上选择校园社交网络作为主要途径，说明校园社交网络相比于其他各种媒介形式具有信息传播上的优越性，能够对大学生的信息注意力和媒介使用行为产生更大的吸引效果。在相关的媒介选择研究中，社会呈现理论、媒介丰富度理论等都说明了媒介特性是影响人们媒介选择行为的重要原因。[①]对于大学生群体而言，校园社交网络媒介的优越性具体体现在以下方面：

一是媒介的便利性。校园社交网络媒介为大学生获取新闻信息提供了极大便利，体现于大学生在信息接触、浏览新闻、获取观点等方面的快速和及时。在校园网络建设发展之初的校园BBS时代，大学生习惯于登录校园网络获取信息，因为校园网络中的学校新闻网站和校园BBS在使用上比较方便，登录速度比较快，而访问校外的专业新闻网站和综合门户网站不但需要通过校园网用户登录系统，而且访问速度也相对要慢一些。在浏览新闻方面，各个高校的校园BBS上都开设有新闻版，其文本阅读界面使得读者在阅读过程中能够快速翻阅各条新闻，阅读效率较高；在了解时事热点方面，大学生通过校园BBS的进站版面“本日十大热门话题”就可以非常快捷地了解到当天的热点事件和重要新闻，获取“最新最快的消息”，而且还可以通过版面的各种评论性信息内容得到多种不同观点。时至今日，智能手机成为信息世界的主要终端，手机微信无时无处不在连接着大学生们，随时随地给他们带来新的信息。而且，基于微信朋友圈的社交网络传播能够形成一种强大的信息过滤机制，交往主体之间的彼此分享、评价、转发、推荐等信息行为，帮助大学生们在“信息超载”的网络空间找到了一种有效的信息选择与过滤方式，便于他们快速地了解自己周围的热点事件和新鲜信息。可以说，移动新媒体与社交网络建构了一个全方位的信息传播网络，覆盖着大学生几乎所

---

① Andrew J, Flanagin, Miriam J. Metzer：Internet Use in the Contemporary Media Environment. Human Communication Research，2001，27（1）:153-181.

有的活动领域，并为他们提供了有效的信息过滤和采纳渠道。

二是媒介的人际性。校园社交网络媒介形成了大学生人际连接的纽带，在信息网络与人际网络互动融合的作用下，促使大学生人际交往、群体的信息共享和互动交流。校园社交网络媒介的交互特性使得大学生之间可以实时地进行讨论和交流，实现信息共享，并可以通过网上问答直接获取其他同学的信息帮助。在校园论坛中，无论是社会信息类版面还是学术科技类版面，经常可以看到这样的现象：一些大学生在网上提出自己困惑的问题或者希望了解的信息后，很快就能够得到其他同学的热心帮助，对问题提出见解并把相关的资料发布在网上，一些有争议的问题还会引来更多网友的关注和充分的讨论和交流，形成一种良好的相互讨论、信息共享和合作学习的网上交流氛围。随着年级的升高，这种基于校园社交网络的信息互助和共享机制在大学生的学习科研活动以及日常生活中的作用逐渐加大，形成了一个信息支持和情感共享的人际网络。这是校园社交网络媒介与校外各类媒体比较而言的重要优势。正是校园社交网络融合了人际网络与信息网络，其交互性、共享性等表现得非常突出，如微信群中的问答模式可以及时、快速地帮助网络使用者获取相关信息；与此同时，社交网络以人际纽带作为信息媒介增强了信息的传播力，尤其是微信网络多是基于强关系的私人纽带，这赋予信息交互的信任基础，降低了信息传递过程中的门槛成本，增强了传播效果。

三是校园社交网络在信息内容方面的综合性和多样性能够有效吸引大学生的注意力。首先，校园社交网络能够较为全面地反映校内外的重要信息和热点事件。如校园BBS的热门话题或微信朋友圈中刷屏的“爆款”文章，其内容既包括了校内的各类新闻信息，也有大量校外的热点事件和重大新闻。通过校园社交网络，大学生可以很快获取到校园内外的重要新闻，对自己周围环境中的主要事件有一个基本了解。传播学奠基人之一的拉斯韦尔提出传播活动的功能之一就是监视环境，信息媒介要把社会现实状况及其重要发展准确客观地反映出来，使得人们及时了解周围环境的变化。[①]对于在校园内学习生活的大学生而言，校园社交网络对于校内外重要新闻的全面反映无疑为他们了解周围环境中的重要事件提供了一种及时有效的信息途径。其次，校园社交网络的新闻信息来源具有多样化的特点。校园论坛在新闻信息来源的广泛性上超越了校外的各类新闻网站和综合门户网站。如校园BBS的新闻版采取的是以网友转载张贴为主要方式的新闻发布机制，在不违反版面文章管理办法的条件下，任何网友都可以在新闻版上转载张贴新闻信息。而微信朋友圈转发的文章更是来自各个微信用户订阅的微信公众号，由于每位用户的个人兴趣和关注点的个性化和多样化，微信朋友圈的内容是非常丰富多样的。因此，校园社交网络的信息内容既包括了校园媒体的信息发布，也包括了大量国内外新媒体的新闻内容，使得大学生能够及时方便地获取来自各类新闻媒体的信息内容。

二、作为交往平台的社会连接机制

网络不仅是一个信息传播的工具，更形成了以互联网为中介的社会交往网络。MIT高级研究员David Clark提出：“把互联网看成是电脑之间的连接是不对的。相反，网络把使用电脑的人连接起来了，互联网的最大成功不在于技术层面，而在于对人的影响。电子邮件对于电脑科

① 李彬.传播学引论［M］.北京：新华出版社，1993：135.

学来说也许不是什么重要的进展，然而对于人们的交流来说则是一种全新的方法。互联网的持续发展对我们所有的人都是一个技术上的挑战，可是我们永远不能忘记我们来自哪里，不能忘记我们给更大的电脑群体带来的巨大变化，也不能忘记我们为将来的变化所拥有的潜力。”[①]万维网创始人蒂姆·伯纳斯-李更为明确地说：“万维网与其说是一种技术的创造物，还不如说是一种社会性的创造物。我设计它是为了社会性的目的——帮助人们一起工作——而不仅仅是设计了一种技术玩具。万维网的最终目标是支持并增进世界上的网络化生存。”[②]可以说，网络的重要价值在于促进了人与人之间更加紧密的连接。对于现实中的社会交往群体而言，其映射到网络空间中的虚拟社群反过来对这个群体在现实中的交往关系本身能够产生促进和强化效果。对于大学生群体而言，社交网络不但使大学生与外界的人际交往得以增加，更为重要的是增强了大学生群体内的互动关系和交往活动。当前，大学生不但充分利用校园BBS、微信公众平台等开展校园活动，建设网上集体、营造校园文化；而且基于微博、微信自媒体的弹性社交平台建立了大量多样化的校园交往社群。如微信上的“雷达加好友”“面对面建群”“附近的人”“摇一摇”“漂流瓶”及二维码的“扫一扫”等功能所实现的弹性社交网络，使得大学生社交行为更加及时便捷、活跃广泛，社会关系更加丰富多样。可以说，校园社交网络为大学生群体的交往活动提供了有效载体和基本场所，丰富和强化了大学生群体内的人际交往网络。

首先，现实学生组织的发展与校园社交网络具有良好的互动作用关系。现实学生组织包括了大学校园中的班集体、学生会、共青团组织以

① 郭良.网络创世纪：从阿帕网到互联网［M］.北京：中国人民大学出版社，1998：162-163.

② 蒂姆·伯纳斯-李，等.编织万维网：万维网之父谈万维网的原初设计与最终命运［M］.上海：上海译文出版社，1999：124.

及各类学生社团协会等。一方面，这些现实学生组织把校园网络社区作为组织建设的载体和平台。随着学校教学和管理制度改革创新的不断深入，大学生在学习和生活中的活动场所逐渐分散化，如选课制分散了同一个班级学生的学习场所，“慕课”等在线课程平台的快速发展使得大学生的学习方式更加灵活多样，公寓式住宿也使得原来以院系、班级作为住宿单位的格局发生着根本的改变，随着年级的升高大学生的个性发展越来越广泛多样，个人活动空间和交往对象也变得广阔丰富。因此，大学生的学习场所、生活场所以及社会交往空间的多样化发展使得学生组织开展现实集体活动的成本越来越高，难度越来越大。而利用校园社交网络进行联系与沟通，则节省了大量的组织工作成本，提高了沟通的效率和组织的成效。如易班等电子校园建设促进了组织班级活动的便利性，微信朋友圈增强了日常人际联系的频率，QQ群成为学生社团加强组织沟通的重要手段，基于校园社交网络的组织建设和集体活动成为学生组织的工作常态。另一方面，校园社交网络促进了学生组织的内部沟通，增进了组织成员之间的交往关系。传播学研究认为，以计算机网络为中介的人际沟通由于具有交互性、匿名性等特点，有助于交流中真实充分的意见表达和及时的信息反馈，从而有利于人际关系的发展。[①]通过校园社交网络，大学生可以自由地表达个人意见和观点，平等地参与组织内部事务的讨论，在这样充分沟通的过程中，组织成员相互之间的人际沟通与相互理解得以深入，并增强了对组织的归属感。如高校易班平台中的电子班级社区使得每一位班级成员都可以通过参加班级事务的讨论实现对集体建设的参与，从而增强了班集体的凝聚力；一些辅导员与学生通过网络方式进行思想沟通也是充分利用了网络交流的特性，取得

① 约瑟夫·瓦尔特.以电脑为媒介的传播：非人际性、人际性和超人际性的互动［M］.常昌富编选.大众传播学：影响研究范式.北京：中国社会科学出版社，2000：436.

了良好的工作效果。[①]因此，校园社交网络所产生的对学生组织内人际互动和组织沟通的良好促进作用，使其成为学生组织建设与发展的有利条件，加大了学生组织建设与发展对校园社交网络的依赖性。

其次，大学生网上交往群体的形成和发展依赖于校园社交网络。这个交往群体指的是大学生基于网络的人际交往所形成的网友群体，如校园BBS或校园论坛上的各类网友群体。有学者认为："互联网似乎成为人际传播网络的新选择，在现实的社会关系中无法满足或得不到满足的人在互联网上呼朋唤友，按照自我的趣味和要求，去选择他者的存在，他者就是自我的延长，是自我同类的复制。"[②]"虚拟社会关系是指因特网上陌生人之间建立的人际关系，就是以互联网的隔离功能为前提，再利用网络的联结功能建立起似近实远又似远实近的社会关系。"[③]曼纽尔•卡斯特对此类网上群体的表述是"虚拟社群"，并认为"虚拟社群是人际的社会网络，大部分以弱纽带为基础，极度地多样化且特殊化，但也能够由于持续互动的动态而产生互惠与支持。"[④]我们对于校园社交网络的观察和分析中也得出了相似的结论。如校园BBS上数量不断增长的版面以及各种类型网友聚会活动的频繁出现，显示出校园社交网络承载着大量以不同关系纽带结成的交往群体，如以共同兴趣爱好而形成的交往群体、以相似的生活经历或共同学习生活目标而结成的交往群体（例如课余兼职工作的学生、正在准备出国考试的学生、正在毕业找工作的学生等）、以同乡关系而形成的交往群体以及那些以纯粹交友为目的的网友群体等（例如水木清华BBS上鹊桥征友版、南京大学小百合BBS

---

① "清华大学辅导员利用网络做学生思想工作"，清华大学信息通报（2002）第12期.

② 陈卫星.传播的观念［M］.北京：人民出版社，2004：252.

③ 黄厚铭.网络人际关系的亲疏远近［J］.台湾大学社会学刊，2000（28）.

④ 曼纽尔・卡斯特.网络社会的崛起［M］.北京：社会科学文献出版社，2003：446.

上的百年好合版等）。这些网络群体一般是自发形成的，并具有一定的稳定性。他们的人际交往活动不但在网上进行，并且能够在版主等骨干成员的组织下到现实中开展聚会交流活动。对于大学生而言，随着年级的升高，人际交往的范围不断扩大，对校园网络社区中交往活动的参与度不断增加，而网上的这些人际交往群体可以给他们带来信息、娱乐、情感支持、伙伴关系和归属感，因而逐渐成为他们日常生活中人际交往网络的一个重要部分。由于这些基于校园社交网络的交往群体的形成和发展，校园社交网络在大学生交往活动中的地位和作用因而更加显著，成为大学生保持和发展人际交往关系的重要场所。

总的来看，校园社交网络不仅与现实中各类学生组织的建设与发展具有互动作用的关系，而且催生出大量的多样化的校园虚拟社群。马克思曾强调说："社会不是由个人构成，而是表示这些个人彼此发生的那些联系和关系的总和。"[①]可以说，校园社交网络把校园社区中的各种社会联系和关系进行了增进和强化，它加强了大学生之间的人际交往，增大了他们日常交往的紧密程度，凝聚了校园群体的归属感，形成了一个独特的校园社会场域。而这种在人际交往上对校园社交网络的依赖和不断增强的群体归属感则进一步提高了大学生对校园网络文化的认同，促进了校园社交网络传播圈的形成。

三、作为文化空间的社群凝聚机制

赫舍尔认为，"人的存在从来就不是纯粹的存在；它总是牵涉到意

---

① 中共中央马克思恩格斯列宁斯大林著作编译局.马克思恩格斯全集：第46卷（上）［M］.北京：人民出版社，1979：220.

义。”[①]马克思关于“两个尺度”的论断指出，人区别于一般动物的特殊性就表现在人可以根据自己的尺度去选择、评判外界，并按照美的规律来塑造。网络空间是人类崭新的实践领域，人的自觉性、能动性和自主性在这一空间的建构中发挥着重要的作用。从宏观的层面来看，互联网作为一种连接全球的信息技术，打破了时间、空间对人类认识活动和交往活动的束缚，使得整个世界变成了一个“地球村”。从微观的层面观察，网民们在交往实践中是自主地选择和建构自身的网络社会关系。许多地方性的共同体是借助于信息传播技术来努力整合本区域内的地方认同、保持和突出本国家和地区的文化独特性、维护自身的历史传统、共同利益和发展目标。[②]曼纽尔·卡斯特认为网络社会中文化社区的形成是一种防卫性的反应，正如他所说：“主体的建立是公社/公共/社区抵抗的延长……在网络社会中，如果计划性的认同终究能够发展起来，那么它就是从社区拒斥产生的。”[③]伴随着信息跨国家、跨文化广泛传播的过程，人们为保持地方文化认同的努力也在进行。当网络信息传播使得人们强烈地感受到外来文化冲击的同时，网络信息媒介同样被地方共同体用来重申地方文化和保持地方认同。网络社会的研究者们所阐述的这一规律性发现同样可以用来阐释互联网信息大环境中所形成的校园社交网络传播圈。1994年国际互联网进入我国，清华大学、北京大学等高校最早实现了校园网建设并接入互联网，大学生成为最早使用互联网的社会群体之一。而当时我国互联网上的信息传播是由社会网站所主导，无论是新闻信息内容还是网上社区的讨论话题，都是以社会的大众文化为

---

① 赫舍尔.人是谁［M］.贵阳：贵州人民出版社，1994：46.

② Howley Kevin.People，Places and Communication Technologies：Studies in Community-based Media［M］. Ph.D.diss.，Indiana University，1997.

③ 曼纽尔·卡斯特.认同的力量［M］.北京：社会科学文献出版社，2003：9-75.

主体，反映大学生学习生活和精神文化生活的内容并不多见。可以说，校园网络信息空间被来自于社会网站的信息内容所占领，大学校园文化在网络空间受到社会大众文化的强烈冲击。由于大学生群体是一个同质性很强的特殊社会群体，他们在年龄阶段、心理特点、兴趣爱好、行为方式等方面都比较接近，因而也有着较为一致的文化需求，校园文化正是大学生生存方式和精神生活的典型反映。因此，作为应对社会大众文化冲击、在网络空间保持和发展校园文化的一种“防卫性反应”，大学生们主动行动起来，基于校园网络建设他们自己的精神文化空间。1995年8月，水木清华BBS得以建立，作为我国教育科研网上最早的一个由大学生自发建立的校园BBS，它吸引了一批大学生的积极参与，并产生了最早的一批大学生网友群体，这是高校校园网络建设初期大学生的一块网络文化空间。随着高校校园网络建设的不断发展和完善，以校园BBS、学生门户网站、大学生博客、微博、校园微信公众账号以及学校官网、官微、官博为主要形式的校园网络媒介在各高校逐渐发展起来并得到广泛应用，形成了形式多样、功能完善的校园网络媒介群，成为网络信息空间中校园文化的有效载体。在此基础上，大学生在学习活动、信息获取、人际交往、课余文化生活等各个方面逐渐实现对校园社交网络的充分利用，基于校园社交网络而形成了新的学习方式、交往方式，文化生活方式，由此，校园文化在网络空间积聚起独特的信息场域，凝聚了大学生的群体归属感和文化认同，赋予了校园社交网络的独特价值。大学生的思想观念、个性心理特点在校园社交网络空间得以充分展现，如青年群体所特有的开放思维方式、强烈的创新意识、平等观念和参与意识、丰富而又多变的情感等都在校园网络文化中明显地表现出来，这些思想和观念形态的内容使得校园社交网络空间具有了显著的青年大学生群体的文化特征。正是基于校园社交网络，大学生们在互联网上建构出属于自己的学习生活和交往场所，创造和发展着属于自己的网上精神文化空间。因此，校园社交网络作为校园文化在网络空间得以保持和发展的主要载体，发挥出吸引和凝聚大学生的重要作用。

马克思主义认为空间的本质是实践的。空间是一种社会性存在方式，凝聚着社会关系，体现出社会文化。西美尔在《空间的社会学》一文中指出，空间正是在社会交往的过程中被赋予意义，从而由空洞的变为有意义的。胡塞尔认为："每一个自我－主体和我们所有的人都相互生活在一个共同的世界上，这个世界是我们的世界，它对我们的意识来说是有效存在的，并且是通过这种'共同生活'而明晰地给定着。"[①]校园社交网络传播圈作为整个互联网空间中一个独特的信息场域，在信息内容、信息传受主体及其主要网络行为上都明显地表现出大学校园文化的特征。从这个角度来看，校园社交网络传播圈是校园文化在多样化的互联网信息环境中得以保持和发展的产物。

第四节　校园社交网络传播圈的思想政治教育价值

习近平总书记在高校思想政治工作会议上指出，要运用新媒体新技术使工作活起来，推动思想政治工作传统优势同信息技术高度融合，增强时代感和吸引力。面对高校新媒体应用的发展趋势，思想政治教育工

① 弗莱德·R.多尔迈.主体性的黄昏［M］.上海：上海人民出版社，1992：63.

作要深入研究和把握大学生社交网络的特点和规律，充分发挥社交网络新媒体的思想政治教育功能，做到因事而化、因时而进、因事而新。

一、传递思想政治教育信息的载体

互联网环境的开放性、虚拟性特点使得大学生的网络活动领域得到极大拓展，其行为方式的隐蔽性、不确定性也大为增加。思想政治教育者要对大学生施加有效的教育影响，需要借助于一定的教育载体，支撑起教育者和教育对象之间有效的思想互动过程，实现思想政治教育信息内容的有效传递。对于当前高校思想政治教育工作而言，校园社交网络已经成为十分重要的思想教育载体。一方面，社交网络是作为主观存在的“思想”得以具体呈现的重要载体。思想作为一种主观存在，是客观存在反映在人的意识中并经过思维活动而产生的后果。“无数客观外界的现象通过人的眼、耳、鼻、舌、身这五个器官能反映到自己的头脑中来，开始是感性认识。这种感性认识的材料积累多了，就会产生一个飞跃，变成了理性认识，这就是思想。”[①]思想作为人类头脑中思维活动的产物，必然需要通过一定的物质载体来承载和显现其性质、内容和状态，进而实现有效的传递。校园社交网络的思想政治教育功能首先在于其对思想信息的承载和传导。校园社交网络的用户主体是高校师生，他们的网上行为和网下活动之间具有密切的互动作用和紧密的结合关系。无论是课内的教学活动、师生互动，还是日常的人际交往、文化娱乐等，都离不开对各类校园社交网络的使用，可以说大学校园中的学习活

① 中共中央文献研究室.毛泽东文集：第八卷［M］.北京：人民出版社，1999：320.

动、文化生活已经形成了对校园社交网络的深度依赖。这种网上与网下深度结合的特点决定了校园网络文化的独特性，这是一种同质性很强的社群文化，是大学文化在网络多元文化中保持和发展的产物，是高校师生在网络空间中的精神家园。高校思想政治教育工作者要充分认识和把握校园社交网络的文化特性和信息机制，主动把自己在现实中与学生的教学互动、师生交往和思想交流延伸到网上，让思想政治教育信息内容在校园社交网络空间显现、集聚、传导，以大学网络文化承载社会主义核心价值观，增强思想政治教育的覆盖面和渗透力。

另一方面，校园社交网络能够有效影响大学生对思想政治信息的采纳和内化。内化与外化是人的思想政治素质形成过程中同等重要的两个环节，也是思想政治教育的重要范畴。内化就是个人真正接受社会主导的思想、观念、规范，并将其纳入自己的价值体系，成为支配自身思想和行为的内在力量的过程。内化的机理比较复杂，从总体上看可以分为接触、感受、分析和选择等主要环节。对思想信息的有效接触是内化过程的首要环节。大学生在网络环境中可以接触到大量的思想信息内容，这些思想信息形成相互竞争的态势，只有那些真正进入到接触、感受、分析和选择各个环节的内化过程的内容，才能最终被他们所接受。随着社会信息化的发展，信息内容及其传播方式更加多元多样多变，思想文化的交流交锋交融更加激烈。思想政治教育者所传递的教育内容只有真正进入到大学生获取信息的渠道之中，才能有效进入到人的感觉和认知系统，变成思维的内容，通过分析和选择最终转化人的内在思想素质。大学校园社交网络在这个过程中能够发挥出显著的作用。教育者通过校园社交网络建立起与大学生的有效连接，可以有力促进大学生对思想政治教育信息的接触和感知，能够主动引导大学生对主流思想文化信息内容的接纳和吸收。这是因为校园社交网络的用户主体是大学师生，这种基于大学社区的网络交往主体之间具有真实而可信的人际关系，能够形成稳定而持久的交往活动。人际信任是人们进行信息选择和采纳的重要基础。有研究表明，对于信任的三种主要形态即人际信任、社会信任和政治信任而言，人际信任在信任评价中占据主要位置；从媒介使用的角度看，网络、手机等新媒体对信任评价的影响远高于作为传统媒介的电视与报纸。①作为人际信任与社交媒体相融合的产物，校园社交网络成为大学生信息接受过程中的重要中介，能够对他们的信息获取和价值判断产生重要的影响。基于校园社交网络开展网络思想政治教育活动，其吸引力和影响力的实现正是来源于现实中学生对教师的信任感、受教育者对教育者的认同感、个人对集体的归属感。当前大学生普遍使用QQ、微信等熟人社交网络，一方面提高了交往活动的便利性，更增强了信息传播活动的信任基础。思想政治教育者注重把握和运用好社交网络的信息传播结构和机制，主动融入大学生的“朋友圈”中，建立与学生的信任与沟通网络，促进主流价值观的有效传递。

二、连接思想政治教育要素的纽带

校园社交网络是思想政治教育者与受教育者连接与互动的重要纽带。在思想政治教育活动中，教育者和受教育者之间的相互连接和互动关系是思想政治教育的主要关系，思想政治教育的价值产生于这二者的互动过程之中。教育者与受教育者的连接纽带具有多样性，通过教育活动建立的主体交往关系、在文化传承中形成的精神纽带、管理制度下的

① 姚君喜.媒介使用、媒介依赖对信任评价的影响——基于不同媒介的比较研究［J］.当代传播，2014（2）：19-24.

行为约束等，都能发挥连接教育者与受教育者的桥梁作用。而在当前信息时代条件下，信息传播媒介的连接作用显得尤为重要。在人类社会共同体出现的早期，承载语言符号的原始传播媒介作为人际交往的主要手段，在促进人与人之间的联系沟通、劳动协作过程中发挥了极为重要的作用。在社会文明的发展进步过程中，印刷媒体、电子媒介增进了生产活动中的经济联系，促进了社会的广泛交往，推动了文化的交流互融，“地球村”正是电子传播媒介所实现的全球大连接图景的形象比喻。互联网的无限互联特性与协作共享精神更造就了互联网本身及网络社群发展的动力，正如互联网的设计者所言：“互联网是一个技术的集合体，更是一个社团的集合体，它的成功大部分要归功于它既满足了基本的社团需求，同时又利用这些团体成功地推动了自身的发展。这种合作的精神从ARPANET的起源开始已经有很长的历史。”[①]作为高校思想政治教育的重要载体，校园社交网络发挥着连接思想政治教育者和受教育者的桥梁和纽带作用。一方面思想政治教育者通过社交网络沟通渠道作用于受教育者，传递思想政治教育内容。同时受教育者运用社交网络信息纽带把自身的需要、感受和思想观念等反馈给教育者，有利于增强思想政治教育的针对性和实效性。在校园社交网络中，教育者和受教育者之间从以往的主客体的单向作用关系，转变为主体与主体之间相互联系和作用的交互关系，网络交往的平等性、多样性与丰富性推动着思想政治教育的发展创新。

个人与社会是思想政治教育的重要范畴，在一定意义上规定着思想政治教育的任务。社交网络强化了思想政治教育过程中个人与社会之间的相互联系与作用。马克思指出：“人的本质不是单个人所固有的抽象

① 贝瑞·M.雷纳，等.互联网简史［M］. 熊澄宇编选.新媒介与创新思维.北京：清华大学出版社，2001：363.

物，在其现实性上，它是一切社会关系的总和。”[1]现实的人总是生活在一定的社会关系之中，个人不能离开社会而生存和发展，同时，社会也总是人与人相互连接而形成的社会，是人们之间交互作用的产物。在个人与社会的互动关系中，各类传播媒介作为一种重要的社会介质发挥着不容忽视的作用，社交网络更加促进了个人与社会的紧密联系和相互依存。对于思想政治教育而言，其过程是个体思想政治素质社会化和社会思想政治规范个体化的过程。一定社会发展所提出的思想政治要求同社会成员个人的思想政治水平之间的矛盾，构成了思想政治教育的基本矛盾，这一矛盾的解决是思想政治教育的目标和任务。在社会信息化、网络化的时代条件下，社交网络在解决这一矛盾的过程中起着重要的连接和沟通作用。在高校思想政治教育的实践过程中，校园社交网络承担着个人思想行为与社会要求之间的联系与沟通作用。一方面，教育者把社会所需要的思想政治要求通过社交网络传递给大学生，促进国家主导意识形态的大众化；另一方面，广大学生在思想政治方面的实际状况也可以通过传播媒介反馈给教育者，促使教育者不断加强和改进思想政治教育的内容和方法，提高教育的针对性。可以说，校园社交网络进一步促进了大学生个体与社会的紧密联系，也提高了反馈和互动的便捷性，增强了思想政治教育的针对性和实效性。

社交网络也承担起思想政治教育过程中理论与实际相结合的桥梁作用。马克思主义关于社会存在决定社会意识的理论揭示了人的思想形成和发展的一般规律，对于思想政治教育指出了一个必然性的根据，即分析、研究各种思想意识、思想过程的产生、发展、变化，只能在社会存在中去寻找根源；提高思想认识，推进思维活动也必须以人们的存在

① 中共中央马克思恩格斯列宁斯大林著作编译局.马克思恩格斯选集（第1卷）[M].北京：人民出版社，1995：60.

即人们的实际生活过程为基础。[①]因此，理论与实际是思想政治教育的重要范畴。理论与实际相结合，反映了改造主观世界和改造客观世界的关系，揭示了理论教育与实际教育互为条件、不可分割的关系。理论与实际相结合，是思想政治教育取得成效的根本途径。在互联网时代，大学生的成长环境发生着巨大变化，理论联系实际的教育价值更加凸显出来。当前大学生普遍使用社交网络进行人际交往、信息传递、新闻获取，而社交网络场域是一个具有开放、多元特征的新型信息传播空间，各类新闻消息在这里汇聚，不同社会思潮在这里交锋，各种社会诉求在这里表达。社交网络打破了校园的围墙和边界，架起了学校教育与社会生活之间的桥梁，使得思想理论教育必须直面复杂多样的社会现实和多元竞争的社会思潮。由此，大学不再是象牙塔，思想理论教育活动不再局限于教育者所创设和主导的情境与空间之中，而是要面对社会实际，回答生活实践中的现实问题。在这一意义上，校园社交网络促进了理论教育与社会实际的结合，推动了学校思想政治教育“实现与社会现实的视域融合，克服学校教育与现实社会的脱节，贴近学生生活实际，赋予学校德育更多的生活趣味，丰富和扩展学校的德育资源”。[②]一言以蔽之，校园社交网络所具有的重要思想政治教育功能，便是在于通过与现实社会的紧密连接，让学校的理论教育与政治、经济、文化以及社会生活的实际状况实现了更为密切的关联，促使教育内容更加针对社会现实，话语方式更加贴近学生实际。

---

① 张耀灿，郑永廷，刘书林，吴潜涛.现代思想政治教育学［M］.北京：人民出版社，2001：77.

② 檀传宝，班建武.实然与应然：德育回归生活世界的两个向度［J］.教育研究与实验，2007（2）：1–4.

三、发挥主流意识形态导向的阵地

高校是思想文化的发源地、社会思潮的集散场，也是意识形态交锋的前沿阵地。思想政治教育者要掌握意识形态工作主导权，就要建好守好校园社交网络这一高校思想舆论的重要阵地。在信息网络化环境下，高校意识形态工作要增强凝聚力和引领力，就要加强与学生日常学习生活的深度结合，高度重视网上舆论的引导工作。正如习近平总书记所指出的：要把网上舆论工作作为宣传思想工作的重中之重来抓。[①]对于当前高校思想政治教育而言，校园社交网络应当成为加强意识形态工作的切入点和着力点，要使之成为有效发挥主流意识形态导向作用的重要阵地。

校园社交网络是开展网上思想理论教育、进行正面宣传工作的重要载体。马克思主义的灌输理论揭示了科学思想体系、正确世界观只能通过学习、教育、实践而自觉形成，不能通过盲目的、经验的方式自发产生，这就是科学思想、正确世界观形成发展的规律。[②]而在当前网络多元信息环境中，各种思想文化、价值观念和意识形态进行着激烈的交锋、碰撞、竞争，大学生思想认识受到复杂多样的影响，思想观念呈现出选择的多样性和发展的不确定性，这些对高校思想政治教育的主导权带来严峻挑战。在新的形势下，高校思想政治工作必须因势利导，善于运用互联网坚持和加强正面教育的导向性，发挥教育者在思想政治教育过程中的主导作用。一是依据当前社交网络已经成为大学生信息获取重要途

---

① 习近平.胸怀大局 把握大势 着眼大事 努力把宣传思想工作做得更好［N］.人民日报，2013-08-21.

② 张耀灿，郑永廷，刘书林，吴潜涛.现代思想政治教育学［M］.北京：人民出版社，2001：79.

径的实际状况，加强利用微博、微信公众平台等进行思想理论教育新媒体建设，让主流意识形态阵地在大学生社交网络信息流中生根发芽、扩散传播，增强主流意识形态传播的覆盖面和渗透力；二是加强以社会主义核心价值观为底蕴的网络文化内容建设，以丰富新颖、生动具体、贴近实际的网络内容满足大学生成长成才需要，让主流价值观融入大学生的学习和交往活动，在日常网络生活中得以感知、领悟、内化，潜移默化地实现对大学生价值观成长的引领作用；三是加强对错误思潮和观点的批判，旗帜鲜明地在校园网络空间唱响马克思主义主旋律。高校是西方对我国进行意识形态渗透、争夺青年思想的重要领域，西方"普世价值"、宪政民主观、新闻自由观以及历史虚无主义等错误思潮和观点的影响比较突出，有的错误思想借学术之名在校园社交网络中广泛传播。"互联网是当前宣传思想工作的主阵地。这个阵地我们不去占领，人家就会去占领。"[①]当前校园社交网络已经成为维护主流意识形态安全的前沿阵地，要增强网络思想政治教育工作的主动性、掌握主动权、打好主动仗，旗帜鲜明地亮剑、有理有据地批判，守好大学生思想成长的精神家园。

校园社交网络是进行意识形态舆论引导，开展高校网络思想政治教育工作的重要平台。宏观层面而言，网络舆论是互联网环境下社会舆论的新形态，对我国的政治、经济、文化、社会、生态领域产生着广泛深入的影响。当前，基于社会突发事件、国内外重大事件、社会热点问题而产生的网络舆论承载着意识形态的内涵，许多舆论冲突会不同程度地上升为意识形态论争。对于高校而言，校园社交网络舆论是当前影响大学生思想和行为的新兴力量，其舆情内容与校园内外的热点事件密切联

① 中共中央文献研究室，中国外文局.习近平谈治国理政（第二卷）[M].北京：外文出版社，2017：325.

系，牵动着思维敏锐而活跃的青年大学生的思想脉搏，影响着他们正确价值观的确立。高校思想政治教育要把校园社交网络作为重要阵地，切实掌握舆论引导主动权。一是发挥校园媒体的议程设置功能。高校校园社交网络的热点话题是大学生关注校内外热点事件并获取相关评论观点的主要渠道。教育者要善于因势利导、造势引导，主动营造校园网上的热点信息，立足校园社交网络平台积极引导校园热点话题的构建，从而为大学生的日常讨论话题设置“议程”，让主流意识形态教育融入具体的新闻主旋律和舆论正能量之中；二是营造校园网络空间的舆论“参照系”。人们在表达观念时有意无意地总是需要一定的参照系。[①]主流话语不主动发声，一些错误观点就会为大众舆论提供“参照系”，形成“沉默的螺旋”误导广大公众。立足校园社交网络为舆论发展提供“参照系”，主动引导大学生对热点舆情事件形成正确的认知和判断，是高校开展网络思想政治教育工作的重要任务。高校一是通过积极推进教师思政工作，动员引导教师加入校园舆论引导和网络文化建设工作，以师表楷模的力量和师生互动的方式答疑解惑，引导大学生明辨是非，做出正确的判断和抉择；二是发挥辅导员和学生党员干部队伍的作用，增强开展网上舆论工作的意识和本领，营造向上向善的网上文化氛围和舆论导向；三是把握网络舆论传播的规律和方法。思想政治教育实践是合目的性和合规律性的统一，要求教育者不断学习和掌握科学的理论和方法，充分把握规律来开展工作。社交网络是互联网发展的前沿领域之一，网络思想政治教育要主动建立基于大学生社交网络的数据挖掘、信息加工和再生产能力，完善围绕热点议题的舆论引导机制建设，构建起以网络内容生产能力为依托、以议程设置、观点阐释、理论传播、价值导向为

① 陈力丹.舆论学-舆论导向研究［M］.北京：中国广播电视出版社，1999：109.

体系的舆论主导工作模式建设。

校园社交网络是进行校园网络文化建设，开展大学生自我教育的有效途径。意识形态自近代以来发生了从传统到现代的历史性转型。[①]现代意识形态愈加表现出显著的日常生活化、大众化特征，网络文化逐渐成为意识形态的重要传播载体。这里的网络文化指的是狭义概念上的精神文化内容，其典型形态有网络语言、网络思维、网络文学艺术、网络伦理道德等。网络文化所具有的生活化、感性化、碎片化、通俗易懂等特点，使其易于广泛传播和接受，显现出对整个社会文化和社会心理极为显著的渗透力和影响力。校园网络文化是大学生喜闻乐见、共创共享的文化内容，在大学生群体中产生出较强的吸引力、凝聚力和影响力。高校思想政治教育工作主动建设校园网络文化，是引领大学生思想发展的重要途径。一是基于校园社交网络建设引领校园网络文化发展。网络文化空间承载着青年大学生的群体认同感和自身的独特感，大学生正是基于校园社交网络在互联网上建构出属于自己的交往场域，创造和发展着属于自身的精神文化空间。面对当前这样一个信息资源极度丰裕的时代及其所形成的多层次、多形态、多渠道的文化信息流，为了把学生从浩如烟海的信息中吸引到主流意识形态内容上，高校思想政治教育工作必须有效接入大学生的社交网络，吸引大学生的注意力和凝聚大学生的归属感，充分基于校园网络加强文化内容建设，增强思想政治教育的实效性；二是利用校园社交网络加强大学生集体文化建设。校园社交网络具有显著的虚实一致性，对学生组织建设和群体互动提供便捷条件，可以有效促进大学生的集体建设和自我教育。教育者通过加强现实中的集体建设，把大学生的群体归属感和集体荣誉感转化为网上社区的凝聚力，

① 侯惠勤.意识形态的当代转型及其当代挑战［J］.马克思主义研究，2013（12）：5-13.

网上社区的良好互动反过来则进一步促进现实集体建设的发展，网上集体与网下集体虚实结合、相辅相成，建构出引导大学生思想和行为发展的微环境；三是合理引导和规范大学生网络社交的发展趋向。积极鼓励学习型网络社群的发展，在网络空间提倡合作学习、知行合一的积极取向；为各类兴趣型网络社群的发展提供空间，在网络上倡导热爱生活、友善互助的氛围；要关注偏离主流价值和行为规范的消极群体的发展，在网络交往活动中倡导向上向善、遵纪守法的社会责任，以网络法律法规建设引导和规范大学生网络行为和价值取向。

第二章　校园社交网络传播圈的信息内容研究

内容建设是高校网络思想政治教育工作的首要任务。习近平在网络安全和信息化工作座谈会上指出：要加强网络内容建设，做强网上正面宣传，培育积极健康、向上向善的网络文化，用社会主义核心价值观和人类优秀文明成果滋养人心、滋养社会，做到正能量充沛、主旋律高昂，为广大网民特别是青少年营造一个风清气正的网络空间。[①]基于校园社交网络开展思想政治教育，要坚持"内容为王"，坚持正能量是总要求，传得开是硬道理。本章首先分析了校园社交网络传播圈信息内容的特点及其影响，而后具体分析新闻类、评论类、理论类三种类型信息内容在各类校园网络媒介中的传播状况以及大学生的接受特点，并依据这些具体的规律研究和提出相应的思想政治教育策略和方法。

① 中共中央文献研究室，中国外文局.习近平谈治国理政（第二卷）[M].北京：外文出版社，2017：337.

第一节　信息内容的特点及其影响

在社交网络发展趋势下，虚拟社会与现实世界之间日趋同构化，网络内容记载并呈现着人们的思想和行为。当前我国经济社会结构和利益格局发生深刻变化，社会思想意识多元多样多变。在开放的互联网空间，更是呈现出一个众声喧哗、多元化的思想文化和信息舆论环境。然而，在校园社交网络传播圈，其信息内容却有着自身独特的样态，主要表现出以下特点。

一、信息内容的特点

（一）信息来源渠道的开放性

校园社交网络的信息内容在来源上是开放的，不但包括学校各院系部门机构、学生组织的官网、官博、微信公众号，还有大量学生个人的自媒体平台。移动互联网使得大学生随时随地可以作为“信息源”在校园网络上发布信息，而来自国内外的各种媒体信息也会通过大学生的微信朋友圈、微博等社交网络途径进入到校园社区。以校园社交网络中的时事新闻信息为例，许多高校的校园BBS上都有新闻版面，每天转载大量的时事新闻。这些新闻的来源不仅仅是国内的主要新闻媒体，还有大量来自国外的中文新闻媒体。当前，基于社交媒体形成各类网络交往圈群成为大学生信息获取的重要途径。这些网络圈群中的内容话题不限、传播和互动性强，使高校青年可接收的信息更加复杂。而海量化、真伪难辨的网络信息，对好奇心强、追逐时尚的青年学生具有很强的吸引力。网络圈群带有声音、文字、图片等声情并茂功能，更加契合青年群体的审美情趣和信息诉求。刷朋友圈、刷微博、刷QQ空间已经成为日常行为。①

（二）信息内容类型的多样性

校园网络上的信息包括了来自校园内外的各类信息，既包括大学生的专业学习、课外活动、兴趣爱好、人际交往等校园学习生活的方方面面，也包括政治、经济、文化以及社会生活领域内的各类社会信息。以知乎社区为例，“知乎”是2011年创立的一个信息分享、传播及获取的平台，是一种基于人际关系的知识问答型社会网络平台，包括数量巨大、种类繁多的话题区。“知乎”吸引了大量高校学生的关注和参与，其中清华大学话题区已经逐渐成为清华学生的知识问答和互动讨论社区。关于知乎的一项调查发现，②高达80.33%的用户使用知乎是希望获得更多的知识，45.9%的人是为了休闲娱乐，50.82%的人是有问题想要提问，31%的人是想获取新闻资讯，27.87%的人希望分享知识。由此来看，高校学生用户对于知乎的需求集中在获取信息上，这与其定位大致符合。在信息的获取上，70.49%的人关注与自己兴趣爱好相关的知识，

---

① 方曦，孙绍勇.网络圈群视域下高校青年引领的路径探析［J］.思想理论教育导刊，2017（10）：122–126.

② 吴晓静.高校学生对知乎的使用状况［J］.青年记者，2017（23）：48–49.

67.21%的人关注与自己专业有关的知识，还有54.1%的人关注感兴趣的非专业知识。

（三）与社会实际状况联系的紧密性

社会生活的方方面面总是处在不断的发展变化之中，各种新现象、新事物、新问题会不断出现，由于社交网络的广泛连接和网络信息的快捷传播，使得社会生活的发展变化能够很快在社交网络热点内容中得以表现。在校园社交网络中，社会生活发展变化状况的及时反映在校园BBS、微博、微信朋友圈以及知乎社区等舆论热点之中，校园社交网络与社会的紧密连接在一定程度上影响着大学生对社会问题的公共参与。有研究者对12所高校的大学生的社交媒体使用与公共参与现状进行调查研究发现，[①]使用社交网络服务的大学生比不使用社交网络服务的学生更可能主动搜索政治与社会信息，转发相关公共事务言论；社交媒体使用频率越高，线上公共参与行为的可能性就越大，这种参与行为同时受性别、生源地、学校外部环境的影响显著；网络社交规模在很大程度上也会影响大学生的线上公共参与状况，微博上关注学者、媒体人士最多的大学生更可能主动搜索政治与社会信息，撰写公共评论，而关注政商精英最多的大学生会主动搜索政治与社会信息，但较少转发他人言论。

（四）信息内容在建构过程中的多主体性

校园社交网络传播圈的信息内容并不是由某一个组织或者个人来进

① 郭瑾.90后大学生的社交媒体使用与公共参与——一项基于全国12所高校大学生调查数据的定量研究［J］.黑龙江社会科学，2015（1）：120-128.

行建构的，每一位大学师生都是校园社交网络信息内容的建构者，他们发布专业知识和研究成果、收集自己感兴趣的信息内容、针对校内外事件发表评论观点等，这些内容通过人际之间的信息传递、转发与交流使得相关主题的信息内容在校园网上不断积累和发展。如在校园BBS专题讨论区中，网友们都会积极收集相关的信息进行共享，并围绕版面主题开展讨论交流，在这样的互动过程中逐渐积累起大量信息，经过版主的整理后变成该版面所保留的精华内容。社交网络的发展应用进一步强化了人际互动和表达对于网络内容的建构作用。研究发现[①]：当代大学生表达渠道选择依次为“人际－网络－组织”，这显示了人际渠道的优先性；大学生对校园社区活动的参与度越高，越倾向于选择人际或组织渠道进行意见表达，而校园社交网络则为大学生提供了便利快捷的表达渠道。可以说，校园社交网络传播圈中的信息内容是大学生之间以及大学生与学校教育者之间相互作用、共同建构的产物。

（五）对于大学生思想和行为影响的多重性

校园社交网络的信息内容既有积极、正面的信息，也存在一些消极、负面的信息，这些信息内容混杂在一起，对于大学生思想和行为的发展产生多重影响。一方面，网络先进文化对青年思想意识成长起着重要作用，它促使青年在主体意识、个性人格、思维方式、精神境界等思想意识方面迅速发展、成熟起来，从而在造就着一代充满朝气和具有社会责任感的社会新人方面起着积极作用。与此同时，网络对青年思想意识成长所具有的消极意义也是显而易见的，如全球化的信息传播和交往

① 楚亚杰，张瑜，金兼斌.当代大学生意见表达渠道的选择偏好［J］.青年探索，2016（7）.

实践在推动大学生开阔视野、拓展素质的同时，也造成西方意识形态的大量涌入和渗透；自由平等的网络文化在促使大学生主体意识不断成熟的同时，也带来各种虚假、错误信息的泛滥，虚拟交往在促进大学生个性丰富化的同时也会引发人际交往障碍、多重人格、感情冷漠、网络沉溺等人格心理的异化现象。客观、准确地认识这一点，是做好网络思想政治教育工作的前提和基础。

二、学校信息环境的变化

校园信息环境是高校开展思想政治教育的微观环境。在以往的情况下，校园信息环境在内容上比较“单一”和“纯净”。网络信息传播使得这一状况发生了改变，校园社交网络传播圈的信息内容所具有的开放性和多样性、与社会实际联系紧密、多主体建构以及多重影响等特点给学校校园信息环境带来巨大的变化。

信息内容在来源渠道上的开放性削弱了学校教育者对于校园信息环境的主导力。在以往的高校思想政治教育工作中，教育者扮演着“信息源”和“把关人”的角色，是校园信息环境建设的主导者。在教育工作实践中，思想政治教育工作者通过协调和组织各方面的教育力量，从课堂教学、课外活动、组织建设、集体文化等各种途径和方式对大学生开展全面系统的思想政治教育工作，在大学生周围营造出一个可控的信息环境，实现对大学生思想和行为发展的有效引导。在互联网信息传播条件下，教育者对校园信息环境的垄断地位被打破，源自网络的各种信息进入校园，改变了校园信息环境的内容组成和传播格局。校园社交网络传播圈信息内容在类别上的多样性缩小了校园信息环境与社会大环境之间的差异，使得大学生身处校园却能全面感知社会，接触到丰富多样的社会现实，感受和观察到来自社会各个方面的实际生活状况。校园社交网络传播圈信息内容与社会实际联系的紧密性，为大学生提供了一个较为全面具体的社会图景。在以往的校园信息传播条件下，整日学习生活在校园内的大学生只能通过有限的窗口来了解社会、认识社会。在以宣传板报、报纸刊物、校内广播等为主要手段的信息传播条件下，校园信息传播的内容局限在学校传递的主流内容，多样性和丰富性较为缺乏，这使得大学生所认识的社会与他们走出校门之后所接触的情况差异较大。校园社交网络与社会信息环境的深度连接，让大学生能够及时感受时代发展的脉搏，了解社会发展的最新变化，关注和思考社会变革过程中的新问题、新现象、新状况。校园社交网络传播圈在信息建构上的多主体性凸显了大学生在网络政治教育过程中的主体作用。以往校园信息环境中的信息内容是以教育者立场和观点作为选择和过滤的标准，主要部分是教育者进行收集、整理、组织加工而形成思想教育信息。在网络信息环境下，以往作为被动接受者的大学生的主体地位得到了极大的提升，他们在信息选择过程中的主动性和选择能力得到增强，在信息接受过程中更加强调自身的需要、兴趣、态度以及生活实践的经验，更加强调在个人与社会环境、个人与他人的互动中进行比较、判断、选择与建构。因此，大学生对于信息的选择性接触、选择性采纳、选择性接受和内化的过程就成为他们在网络条件下信息接受的重要方式，这使得校园信息环境在发展变化过程中表现出以大学生需求作为导向的显著特点。总的来看，校园社交网络的特点进一步促进了校园信息环境的变化，校园与社会形成了基于人际传播纽带的深度互联互通，校园社区不再是网络空间中的信息“特区”，大量的来源不同、观点相异、影响复杂的思想文化、价值观点、理论思潮等相互碰撞、交织和融合，营造出一个“百花齐放、百家争鸣”的校园信息内容环境。与此同时，大学生作为校园网络信息内容的建构主体，他们的思想文化需求成为影响校园信息环境发展变化的重要因素。

第二节　三种类型信息内容的传播规律分析

校园社交网络传播圈信息内容的特点及其所带来的校园信息环境的变化，凸显出高校思想政治教育联系实际社会生活的重要性和紧迫性。当前我国发展进入到新的历史阶段，社会快速变革，面貌日新月异，与此同时，各种新问题、新现象、新状况不断出现。而网络信息传播条件使得这些社会实际的变化能够很快进入校园，变成校园社交网络中的热点内容，成为大学生所关注和思考的焦点，对他们思想和行为发展产生重要的影响。因此，高校思想政治工作一方面要注重联系实际社会生活加强思想政治教育的针对性和解释力，以各种社会现实问题为导向开展理论教育与思想引导工作；另一方面，要适应大学生的信息需求及其在社交网络环境下信息接受活动的特点，提升思想政治教育工作的科学性和实效性。因此，分析校园社交网络传播圈中各类信息内容的传播和接受方式，对于推动高校网络思想政治教育的创新发展有着重要的价值。

从这样的思路出发，我们把校园网络传播圈的信息内容分为知识理论类和新闻舆论类两大信息类型，分别分析不同类型信息内容在校园社交网络的传播状况以及大学生的接受状况。其中，知识理论类信息主要指的是系统化的知识和理论学说等，如高校思想政治教育网站上关于马克思主义、毛泽东思想、邓小平理论、“三个代表”重要思想、科学发展观、习近平新时代中国特色社会主义理论等党的指导思想，学校教学网站上的各种专业类理论知识，以及网上的各种政策法规、历史资料等。新闻舆论类信息内容主要指的是校内外的各类新闻信息、社会舆论等。相对于系统化、结构化的理论体系而言，新闻舆论类信息内容是事实层次和态度、观点层次的信息内容，是人们对社会生活实际状况的直接体验和感受的产物，可以具体分为新闻类信息和评论类信息。新闻类信息主要指的是对各种现实生活事件和事物进行描述和说明的信息，如各种国内外的时事新闻、学校工作信息和学生活动消息、生活经验和休闲娱乐类信息等。事实是新闻产生的基础，事实的变化对新闻具有重要意义。因此我们说新闻信息具有客观性，可以区分为真实和虚假信息；评论类信息指的是对现实事物、现象或者事件的评价和观点，包括各种媒体上对国内外新闻事件的评论和分析、大学生们对各种社会新闻事件的评论和看法，以及他们对学校工作和校内事件的观点和态度等，这种信息往往是人们主观思考和判断的产物，具有价值性以及正确和错误之分。下文分别分析新闻类、评论类、理论类三种类型信息内容的传播途径、大学生对于各类信息内容的接受特点，探讨不同类型信息内容实现有效传播的具体规律。

一、新闻类信息内容的传播途径与特点

（一）新闻类信息的传播途径

新闻类信息指的是对事实及其变化进行描述和说明的信息内容，我们从校内信息和校外信息两个方面来分析新闻类信息内容在校园社交网

络上的传播途径。在校内信息的传播上，校园BBS、学校综合信息网站、学生网络社区和论坛、微博、微信等社交平台是主要的传播途径。2003年度问卷调查的数据分析显示，校园BBS是校内信息传播最主要的途径，有55.5%的学生是从校园BBS上获取校内信息。学校综合信息网站在其后，有22.3%的学生主要是从综合信息网上来获取校内信息。作为大学校园生活的具体反映，校内信息的内容是非常丰富的。为了更具体地了解不同内容的新闻类信息的传播状况，2003年选取了若干类比较典型的信息进行调查分析，主要有学校教育管理方面的工作类信息、学生活动信息、校内突发事件的消息，这些信息通常是大学生日常比较关注的内容。如表2-1所示，学校综合性信息网站是大学生获取学校所发布信息内容的主要途径，对于学校的各项工作措施，48.9%的学生是从学校综合信息网站来获取信息的，远远超出其他传播途径；学生活动类信息是反映校园文化生活主题的信息内容，学校的共青团组织、学生会组织和各类社团协会等是此类信息的发布者，大学生获取此类信息的途径主要是校园BBS和学生网站；对于校内突发事件而言，校园BBS是消息传播的主要途径，70.8%的学生是从水木清华BBS上获得信息的。而随着年级的升高，校园BBS在大学生了解校内突发事件中的作用越来越大，在研究生中的这个比例已经提高到95%，如图2-1所示。

表2-1　不同类型校内信息的传播渠道

	水木清华BBS	“学生清华”网	综合信息网	校内报纸	校外媒体	其他
学校工作措施	28.2%	13.2%	48.9%	2.9%	0.5%	16.3%
各类学生活动	42.9%	25.7%	10.7%	4.4%	0.2%	13.8%
校内突发事件	70.8%	7.9%	7.7%	2.9%	0.5%	6.3%
日常生活经验	68.3%	6.1%	5.4%	4.7%	4.5%	12.5%

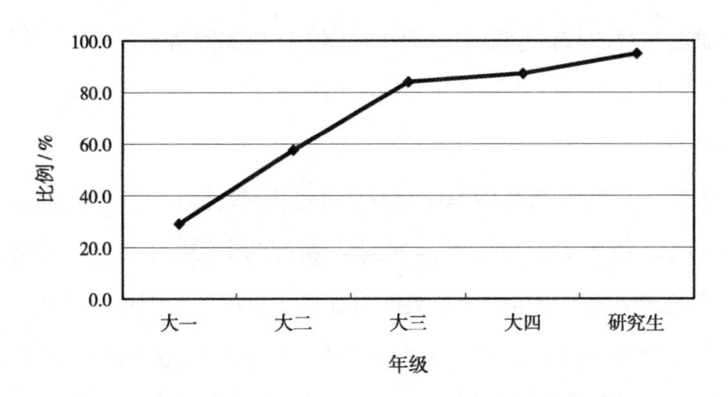

图2-1　选择水木清华BBS作为了解校内突发事件的学生比例随年级变化的情况

随着网络媒介应用的不断创新发展，当前以微信、微博等为代表的新型社交媒介引发了信息流动模式、社会话语形态、价值传播方式的新变化。尤其是在当前大学生的网络使用中，各类新型社交网络日益占据重要位置。已有的研究显示在Web2.0时代，由互联网所支撑的人际关系网络逐渐成为信息交互的新平台。因此，在2013年度的问卷调研工作中，我们对校园热点的信息传播渠道状况进行了分析，比较了三类校园信息渠道的差异。这三类途径分别是：（1）学校新闻信息网站；（2）大学生社交网络，包括人人网、微博、微信和BBS；（3）大学生面对面的交流和组织传播，包括口头交流和组织通知。数据分析显示，社交网络被选择的频次为3 431，占总选择频数的41.42%；而选择以社交网络作为第一位的信息获取渠道的百分比达到45.64%。说明社交网络已经成为校园热点信息传播的主要渠道。

针对2013年之后发生的人人网停止运营以及清华校内BBS关闭的情况，本研究于2017年在清华大学本科生中再次进行了一次问卷调查，结果显示学校门户网站上升到首位，占比50.8%，成为学生获取校内信息的首选途径；其次是校园社交网络，大学生通过校园微信公共账号和微信朋友圈获取校内信息的比例达39.4%。总体而言，虽然网络媒介形式不断发生变化，但是校园社交网络始终是大学生获取校内各类信息的重要途径。

来自校外的新闻类信息主要是各类新闻报道，从它们影响程度的大小可以分为一般社会新闻与热点事件新闻两个类型。大学生获取这些新闻信息的渠道主要是校外各类网络媒体、校园社交网络以及报纸、广播、电视等传统媒体。首先来看大学生对一般社会新闻的信息获取渠道，2003年问卷调查结果显示，49.1%的学生把校外网站作为自己浏览各类校外新闻的第一位来源渠道，25.1%的学生是以校园网络作为他们第一位的信息来源，还有24.3%的学生选择的是报纸、广播、电视等传统大众传播媒体。这个比例由年级的不同而发生变化，基本趋势是随着年级的升高，一部分大学生从传统媒体转向校园网络，但是校外网站一直保持优势地位，如表2-2所示。可以说，虽然校园网在此类信息传播中发挥出一定作用，但是多数学生接受此类信息的渠道仍然是校外网站，如新浪网、搜狐网、新华网、人民网等综合门户网站或新闻媒体网站。在此类信息的传播过程中，校园社交网络的作用并不显著。然而对于热点事件新闻信息而言，校园社交网络在信息传播上的影响却有着显著增强。

表2-2　以各类媒介获取一般社会新闻信息的学生比例

	校园网络	校外网站	校外传统媒体（报纸、广播、电视）
一年级学生	8.3%	34.9%	56.9%
二年级学生	22.2%	51.4%	23.6%
三年级学生	26.0%	58.3%	12.6%
四年级学生	38.3%	49.6%	10.6%
研究生	30.7%	51.5%	17.8%

热点事件主要指的是引发社会广泛关注的一些国内外事件，例如国家在改革的重大举措、涉及面广的突发性事件、国际关系和国际事务中的一些重大事件等。在这些热点事件中，有的事件与社会发展变化有着密切关系，有的事件反映了政治、经济、文化领域内及社会生活中的一些突出矛盾和问题。与一般社会新闻相比，热点事件新闻信息受到大学生的关注程度要大，对于大学生产生思想发展的影响也较为显著。问卷调查数据显示，校园社交网络是热点事件新闻信息在大学生群体中的重要传播渠道。从2003年的调研情况来看，34.4%的大学生主要是从校园社交网络上获取社会热点事件信息，比选择校外媒体网站的学生比例仅低4.4%；而随着年级的升高，越来越多的大学生选择校园网络作为获取热点事件新闻信息的主要途径。如表2-3所示，在三年级以上的高年级本科生和研究生中，把校园社交网络作为主要信息来源渠道的人数比例已经超过选择校外网站的人数比例，近一半的学生选择校园社交网络作为获取热点事件新闻信息的来源渠道。在这一时期，校园BBS是这些热点事件的新闻信息在大学生中迅速传播的主要途径。校园BBS的十大热门话题版面是校园中最有影响力的公共信息发布板，各种新闻信息一旦出现在十大热门话题版面上，就会在校园中迅速传播，成为大学生关注的焦点。此外，对于一些重大事件，校园BBS上还会开设相应的讨论版面，作为大学生获取相关消息和进行讨论的网络途径，例如水木清华BBS上的Sars版（非典型肺炎）、Iraq版（伊拉克战争）、Taiwan版（台海风云）等。校园BBS上的这些主题版面在社会重大事件的信息传播中发挥着重要作用，对大学生具有较大的影响力。

表2-3　以各类媒介获取热点事件新闻信息的学生比例

	校园网络	校外网站	报纸、广播、电视
一年级	7.3%	35.8%	56.9%
二年级	30.6%	43.1%	23.6%
三年级	38.9%	37.3%	16.7%
四年级	49.6%	38.3%	7.8%
研究生	45.5%	39.6%	14.9%

这一信息传播的特点在2013年的调研中得到进一步证实。对于国内外重要事件和社会热点的信息内容，总体而言，选择社交网络作为前三位信息渠道的学生比例达到33.56%，其次为大型商业门户网站和主流新闻门户网站，这说明社交网络对于大学生知晓社会重大事件的影响是十分显著的。数据结果如表2-4所示。

表2-4　国内外重大事件和社会热点的前三位渠道

	第一位	第二位	第三位	总频数
传统媒体	27.03%	18.17%	24.39%	23.20%
主流媒体新闻网站	17.49%	23.45%	13.15%	18.30%
大型商业门户网站	28.04%	20.81%	18.75%	22.53%
社交网络	26.20%	34.95%	39.53%	33.56%
缺失值	1.22%	2.60%	4.15%	2.66%

从不同年级的情况进一步分析来看，随着年级的升高，大学生把社交网络作为新闻热点事件首要信息来源的比例不断增大，在高年级阶段基本上居于首位，超过了主流媒体以及门户网站,如表2-5所示。

表2-5 年级升高对大学生获取国内外重大事件和社会热点信息渠道的影响

第一位	一年级	二年级	三年级	四年级
传统媒体（报纸、广播、电视等）	31.6%	28.3%	25.5%	21.2%
主流媒体新闻网站（人民网、新华网等）	18.5%	18.1%	18.5%	12.8%
大型门户网站（新浪、搜狐、凤凰网等）	22.7%	23.2%	26.5%	27.9%
社交网络（人人网、微博、微信）	25.3%	27.6%	26.9%	35.5%
国外媒体或社交网络平台	1.9%	2.8%	2.6%	2.6%

（二）新闻类信息在校园BBS中传播状况的案例分析

新闻类信息的传播要求信息的及时性、客观性和真实性，使信息受众能够及时了解事件的真实过程，获得可以信任的信息。本研究以校园BBS为对象，重点探讨大学生接受BBS信息的主要特点。研究结果显示，大学生对于BBS消息的及时性、客观性和真实性方面有着不同评价。

消息的及时性是校园BBS在新闻类信息传播上最受肯定的特性。2003年的问卷调查数据分析如表2-6所示，76.9%的大学生对于校园BBS消息的及时性给予“较好”或“很好”的评价，认为“差”或者“较差”的只有2.5%。从水木清华BBS的情况来看，水木清华BBS上的“清华特快”版作为公共信息版，其版面建设宗旨就是“致力于提供最快的信息服务，为网友创造一个信息交流平台”“欢迎各类最及时的信息以及对此做出的相应评论”[①]。在实际应用上，该版是校内外各种消息帖子更新最快、在单位时间内信息量最为集中的一个BBS版面，日常访问量非常大，在大学生中具有广泛的影响力，成为大学生了解校内

① 资料来源：水木清华BBS精华区，2003年9月8日。

外各类新闻信息的主要网络渠道。在这个版面上，还经常可以看到一些学生在这里发出信息咨询的帖子，很快就会得到其他上网者的响应，“要想得到最新最快的消息，就上BBS”已经成为许多学生的共识。

表2-6　大学生对BBS消息及时性的评价状况

BBS消息的及时性	人数比例
很好	50.9%
较好	26.0%
一般	13.9%
较差	1.9%
很差	0.6%

BBS消息的客观性是受大学生评价最低的一个传播特性。调查结果如表2-7所示，有22.3%的学生认为BBS消息的客观性“较差”或“很差”，而认为BBS上消息的客观性“较好”或“很好”的只有29.2%。从不同年级的状况来分析，与低年级学生相比，高年级学生特别是研究生对BBS消息客观性的评价要更低一些，调查发现研究生与二年级本科生相比，对于BBS消息客观性持积极评价的学生比例要下降12%。实际上，随着年级的升高，大学生对校园BBS的使用更加频繁，也更加倾向于通过BBS上来得到“最新最快”的消息，但是他们对于BBS消息客观性的评价却有所降低。这反映出大学生在接受校园BBS消息上的特点，他们看重的是BBS在传播信息上的及时快捷性，但是并不认为BBS消息具有较好的客观性。

表2-7　大学生对BBS客观性的评价状况

BBS消息的客观性	人数比例
很好	6.1%
较好	23.1%
一般	48.3%
较差	16.9%
很差	5.4%

BBS消息的真实性受大学生的肯定程度居于其及时性和客观性之间。调查数据如表2-8所示，有52.8%的学生认为BBS消息的真实性“较好”或“很好”，虽然BBS消息真实性比客观性所得到的评价要好一些，但是与BBS消息的及时性相比仍然有很大的差距。从年级之间的比较来看，高年级的学生对BBS消息真实性的评价比低年级学生要更低一些。尽管校园社交网络传播圈具有现实性的特性，但是在校园BBS上，不实消息的传播仍然比较突出，容易产生较大的负面影响。尤其是在校内外突发事件过程中，校园BBS上的消息传播和舆论对于大学生的思想和心理状态具有较大的影响力，而由于BBS消息的真实性不好，大学生在接受信息过程中会缺乏信任感，造成思想和心理情绪的波动。例如在2003年春季非典型肺炎疫情流行期间，水木清华BBS上有关校内外非典疫情的消息非常多，其中既有来自政府和学校媒体的正式消息，也有大量由学生个人发布的消息。而大学生们对这些消息的态度更加多样，调查发现有29.9%的学生所采取的态度是“我对BBS上的消息宁可信其有，不可信其无”，有30.9%的学生的态度是“我总是接受那些与我自己判断和观点相符的消息”，还有11.5%的学生表示“对于BBS上为数众多的各种消息，我感到无所适从”。这些多样化的态度反映了当时大学生中思想和心理的不稳定状态。

表2-8　大学生对于BBS消息真实性的评价状况

BBS消息的真实性	人数比例
很好	10.9%
较好	41.9%
一般	39.1%
较差	5.6%
很差	2.5%

（三）新闻类信息内容在校园社交网络的传播规律探讨

新闻类信息的传播要实现有效性，真实是必须遵循的首要原则。新闻信息的真实，指的是信息与其所反映的客观事实的相符程度，也就是新闻反映事实的准确度和可靠性。真实是新闻的生命，是新闻存在的基本条件和特有优势。失去了真实性，新闻信息的传播就失去了接受者的信任，自身的生命力也就丧失了。因此，学校宣传思想教育媒体平台要赢得青年学生的关注，首先要保证新闻信息的真实性，要向广大学生提供全面的而不是片面的、整体的而不是零星的事实。在新闻学界研究中，真实性是微观真实与宏观真实的统一。微观真实指的是具体事实的真实、新闻要素的真实，如时间、地点、人物、事件、原因要引之有据，确凿可靠；对细节的描述不允许“合理想象”“笔下生花”；尤其是数据资料要有可靠的来源。宏观真实是指总体的真实、本质的真实，设计对事实本质的认识与全部事实的科学把握，更多地体现在内容的选取、方向的把握上。微观真实是宏观真实的基础，宏观真实是微观真实的本质体现，真实性原则要求宣传思想工作者正确认识两者的关系。①

① 童兵. 马克思主义新闻观读本［M］. 上海：复旦大学出版社，2016：63.

在实际工作中，要注意研究和遵循事实类信息的传播规律。调研发现，新闻类信息内容的有效传播与校园网络媒介及其媒介使用者之间具有一定的规律性联系。信息内容与媒介形式之间存在一定的匹配性，具体表现为不同类型的消息具有特定的网络传播途径。在校内信息方面，学校网站保持了在传播“正式消息”上的权威性，而大学生的文化活动类信息以校园BBS和学生网络社区为主，日常生活信息和突发事件的消息传播则主要依赖于BBS或自媒体等校园社交网络。在校外信息方面，重大事件和热点新闻与校园社交网络上的主要话题与舆论是同步互动的，而一般性的社会新闻则较难进入校园社交网络。信息内容与媒介形式之间的这种匹配性反映了大学生对于新闻类信息内容的接受特点。以此为基础，教育者可以了解和掌握校园网络上消息传播的主要路径，从而争取正面新闻信息有效传播的主动性和有效性。

在调研中我们还发现，大学生在接受网络消息的过程中具有一定的信息采纳策略，具体表现为随着媒介使用经验的增加，他们逐渐形成对于一些媒介的固定看法、立场与观点。而这种固定的看法与立场会直接影响着大学生在信息接受和理解上的效果。如表2-9所示，2013年北京市15所高校在校生的新闻事件类信息渠道选择调查结果表明，不同类型学生之间的差异是较为明显的。在传播学研究中，媒介形象对于人们接受信息的影响已经受到关注，有学者认为接受者心目中的媒介形象会影响接受者对于内容的选择、对内容的感受和反应的方式。[①]例如，大学生对于BBS媒介形象的认知影响了他们对BBS消息的接受，他们注重BBS消息的及时性，而对于其客观性和真实性评价不高。因而，大学生主要是通过BBS消息传播的及时性来了解“有什么事情发生”，但

① ［英］丹尼斯·麦奎尔，［瑞典］斯文·温德尔.大众传播模式论［M］.祝建华，武伟译.上海：上海译文出版社，1997：51-52.

是对于“这件事情究竟是怎么发生的，又是如何发展的”，他们对BBS消息的期望并不高。正是由于缺乏足够的客观性和真实性，BBS消息对于大学生的影响作用具有一定的局限性。在这种条件下，学校教育者在新闻宣传教育工作中就有了对大学生施加正面影响的空间，通过坚持在信息传播上的真实性、客观性、公正性，教育者可以主动影响大学生在接受学校网站信息上的认知策略，以学校媒体的权威性实现对校园社交网络信息传播的主导力。

表2-9　新闻事件类信息渠道选择影响因素的回归分析

	（1）	（2）	（3）	（4）
	传统媒体	主流媒体新闻网站及其客户端	大型门户网站及其客户端	网络社区
性别（女性）	−0.112	−0.154	−0.193*	0.249**
	（0.09）	（0.08）	（0.09）	（0.09）
年龄	−0.024	−0.028	0.044	−0.029
	（0.02）	（0.02）	（0.03）	（0.02）
学历（研究生）	0.246	0.060	0.307*	−0.188
	（0.14）	（0.13）	（0.14）	（0.14）
政治面貌（党员）	0.057	0.186	0.024	0.042
	（0.11）	（0.10）	（0.11）	（0.11）
学生干部	−0.059	0.079	0.043	0.116
	（0.09）	（0.08）	（0.09）	（0.09）
专业（基准组：人文社科类）				
理工农医类	0.116	−0.101	0.030	0.066
	（0.09）	（0.09）	（0.09）	（0.10）
艺术体育类	0.033	−0.104	−0.711***	0.216
	（0.17）	（0.17）	（0.17）	（0.20）
其他类	−0.322	−0.037	−0.114	0.158
	（0.20）	（0.20）	（0.20）	（0.23）

续表

居住地（农村）	−0.251*	0.226*	0.096	−0.000
	（0.11）	（0.10）	（0.11）	（0.11）
生活支出	−0.001***	−0.000*	0.000	0.000*
	（0.00）	（0.00）	（0.00）	（0.00）
网龄	−0.005	−0.080***	0.023	0.064*
	（0.03）	（0.02）	（0.03）	（0.03）
平均每天上网次数	−0.082***	0.045*	−0.012	0.040
	（0.02）	（0.02）	（0.02）	（0.02）
每天累计上网时长	−0.025	−0.010	0.020	0.007
	（0.01）	（0.01）	（0.02）	（0.02）
常数	2.351***	1.437**	−0.461	0.506
	（0.53）	（0.50）	（0.56）	（0.54）
N	2 767	2 767	2 767	2 747

注：括号内标出的是标准误；* $p<0.05$、** $p<0.01$、*** $p<0.001$

二、评论类信息内容的传播特点与机制

我们这里所指的评论类信息是人们的感受、情绪、看法、意见、态度、观点层面的信息内容，具有价值性。在以往的大众传播体系下，评论类信息内容在大众新闻媒体上比较常见的传播形式是新闻评论，如社论、评论员文章、短评、编后感、专栏评论、述评等，其信息的发布是由专门的组织和机构来实现。网络出现之后，各类网站上的论坛贴吧、高校的校园BBS以及个人博客、微博、微信公众号等为个人观点的自由表达和传播提供了公共平台，针对各类事件的评论成为每一个上网者都可以参与的事情。评论类信息成为社交网络信息内容中最为活跃的组成部分，而作为评论类信息内容特殊形式之一的网络舆论，在社会生活

中的影响作用也越来越大。

（一）评论类信息内容的传播途径

本部分所探讨的重点是围绕校园内外的热点事件所产生的评论类信息内容。这些热点事件通常是社会实际生活中的各种新问题、新现象和新变化的集中反映，对于思维敏锐而活跃的青年大学生来说，这些热点事件正是他们所关注和思考的焦点，而围绕这些热点事件所产生的大量评论类信息，是大学生们主动收集、接触和接受的重要内容。在网络传播所形成的多元信息环境中，大学生们更倾向于把各种不同的观点摆在一起进行比较，运用自己的判断力，选择自己认为正确的观点，再将其转化为自己的思想，进而指导自己的行动。因而，这些评论类信息内容对大学生思想和行为的影响作用不可低估。通过对调查数据的分析发现，在校园网络建设比较完善的条件下，与报纸、广播、电视以及校外网站相比，校园网络媒介后来居上，成为大学生获取评论类信息内容的主要渠道。2003年调研数据分析显示，43.5%的学生主要是从校园网络来获取对热点事件的评论类信息内容，而选择校外网站或报纸等传统大众传播媒体作为主要信息来源途径的学生比例分别只有30.8%和23.2%。对不同年级的情况进行分析发现，随着年级的升高，越来越多的学生选择校园网络作为评论类信息内容的主要来源途径，在研究生中这个人数比例接近60%，结果分析如图2-2所示。2017年在清华大学的调研发现，64%的学生选择把自己的微信朋友圈作为了解校外热点信息的主要途径，而选择校外主流媒体平台的学生则排在其次，占比57.5%。

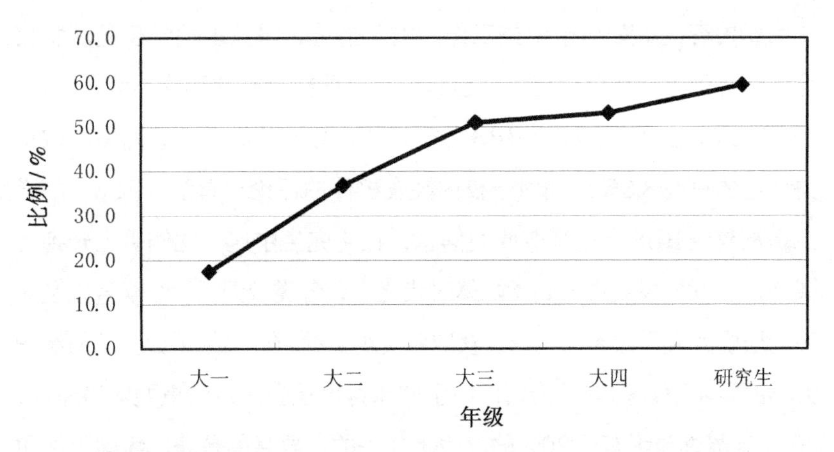

图2-2 随着年级升高从校园网络上获得评论性信息的学生比例

在校园社交网络上，学校新闻网、校园BBS、校园网络论坛、校园微信公众号等校园网络媒介是评论类信息内容的基本载体。在学校新闻网站和微信公众号上，评论类信息内容有两种存在形式：一是新闻栏目中的新闻评论。这些新闻评论一般由学校的宣传机构负责进行发布，传递学校的声音；二是新闻后面的网友评论帖子。不少高校新闻网站以及微信公号都提供了网友评论的功能，大学生在浏览新闻之后可以在网友评论区提出自己的意见和观点，与他人进行讨论。在校园BBS和网络论坛上，公共信息版面和各类专题讨论版面是评论类信息内容的传播途径。在这里参与讨论和浏览信息的网络用户主体是大学生，也有部分高校教师、已经毕业的学生以及其他一些校外人员。这些校园网络互动社区具有使用方便、信息传播快捷、用户群数量大、人际交流的互动性强等特点，多数学生愿意关注并获取社会热点事件的信息及相关新闻评论，了解他人的看法和观点并进行讨论和交流。2003年的调研发现，与学校网站相比较，校园BBS是评论类信息内容在校园网络上的主要传播途径。调查数据显示，多数学生是通过校园BBS来获取各类评论类信息内容的。如对于学校工作中的新措施，虽然多数学生是从学校综合信息网上得到此信息的，但是对于这些新措施的评论类信息内容，65.8%的学生却是从校园BBS上得到的，直接从综合信息网站获取相关评论的只有8.6%。而对于校内突发事件的评论与看法，74.8%的学生是从校园BBS上来获取此类信息，在研究生中这个比例更上升到了90%。互联网发展进入到新媒体时代之后，各类校园微信公众号以及知乎论坛成为大学生参与讨论、获取各类观点的重要网络平台。例如清华大学的学生逐渐把知乎论坛作为了解和讨论社会热点的重要网络途径，2017年调查显示有近20%的学生上知乎的主要目的是获取新闻事件和社会热点信息。

（二）大学生参与和接受校园网络舆论的特点

评论类信息内容包括了各种情绪、态度、评价、观点等，当此类信息在校园网络上处于分散的、小范围内传播的时候，它们只是表现为一般的议论，并不会产生对现实的影响；而当它们围绕特定主题大量出现，并表现出一致性、强烈性和持续性等特征时，就会影响到大学生的态度和观点，甚至是影响他们在现实中的行为。[①]马克思把舆论视为“一般关系的实际的体现和鲜明的表现”。我们认为，作为评论类信息内容的特殊表现形式，校园网络舆论是校园网络信息环境中影响大学生思想和行为发展的重要因素。因而，下面重点分析大学生参与和接受校园网络舆论的特点。

① 陈力丹.舆论学——舆论导向研究［M］.北京：中国广播电视出版社，1999：17-21.

1.舆论制造主体具有少数性

校园社交网络舆论一般是由校内突发事件或者国内外重大事件以及其他社会突发事件而引发，其制造主体是由那些对特定的社会现象和问题具有相近看法、情绪、意见、观点的大学生组成的。他们通过校园网络表达意见和观点，相互讨论，在校园网络上形成针对某一现象或问题的舆论。有研究者认为，大学生中的少数人构成了网络空间的舆论领袖。[①]我们的观察也发现，参与网上讨论的学生往往只是全体学生中的一部分。在校园社交网络舆论的形成过程中，积极发言、参与讨论的学生是有限的，一般是网络活跃者群体或者与舆论客体有着密切关系的大学生群体。以2003年水木清华BBS上的百大热门话题为例，位于第一名的帖子“祝贺中国女排17年后重获世界冠军”，有1 242个BBS用户ID参与了回帖，参与的学生仅占全校学生数量的10%左右。我们进一步通过问卷调查对这一个经验判断进行实证分析，统计结果显示，在网上积极参与讨论的学生只是少数，而多数学生是网上的“沉默者”。北京市委教育工作委员会2001年在北京15所高校进行的调查显示，在大学生中，最喜欢在网上“参与讨论”者只占20.6%，“自己发文引发讨论”者只占6.5%。2003年12月，清华大学的问卷调查结果也显示，在校园BBS论坛上的活动中，那些最喜欢“参与讨论，表达意见”的学生只有18.4%，“自己发文章引发讨论”只有3.1%，而“只浏览文章”的人却占到64.1%的较大比例。这些调查数据显示，在校园网上积极发言的学生只占全体在校学生的少数部分，进一步验证了校园网络舆论制造主体的少数性特点。2013年，对北京市15所高校学生的调研发现，20%的学生在微博上会参与热点话题的讨论，而浏览微博动态和随便看看的学

① 胡钰.信息网络化与高校思想政治教育创新［M］.北京，高等教育出版社，2003：105.

生占65%左右。2017年，对清华大学的调研显示，64.9%的学生在关注国内外重大事件或社会热点事件过程中，在网上的行为只是浏览信息；发表自己意见和观点的占17.3%，还有6.9%的学生会在朋友圈中转发信息和他人的评论。综上我们发现，尽管校园社交网络中的媒介形式不断发展变化，从校园BBS不断演变到微博、微信，网上舆论的制造者总是少数人，校园社交网络舆论场呈现出比较显著的“二八法则”特征。

2. 多数学生会受到校园社交网络舆论的影响

校园社交网络舆论的制造主体是少数活跃者，但是却能够对多数学生网民产生影响作用。对于许多高校而言，社交网络是消息的集散地和校园舆论场，是广大学生在第一时间内发布消息和获取校内外信息的地方，在校大学生对校园社交网络上的消息和热点舆论保持着很高的关注度。当热点事件在校园BBS上出现时，很快就会吸引大量关注的目光，不但网上发帖子参与讨论和浏览帖子的人会不断增长，而且上网者还会把网上的消息告诉身边的同学、朋友，引来更多人的关注。在移动网络时代，手机传播更加快了这一过程，微信朋友圈所形成的链式传播能够在短时间内带来舆论爆点。在通常情况下，这些热点不仅仅是大学生们关注和讨论的主要话题，而且是他们在课间休息、自习结束、同学聚会等多种场合中谈论的共同话题，在校园中产生持续的影响。这一过程反映出舆论流动的特点，舆论空间的不断扩大正是少数人意见迅速传播的过程。[①]例如，2003年12月14日，清华大学一名研究生在水木清华BBS研究生版上发布一个题目为“我们所需要的三门课程和两种能力”的帖子，提出了自己对学校教育改革的一些建议。该条帖子很快引起了许多人的关注，形成了网上讨论的热点。这个讨论不但在网上持续了很长时

① 刘建明.社会舆论原理［M］.北京：华夏出版社，2002：144.

间，而且成为一些师生在课堂内外共同讨论的话题，还有一些学生班级把这个热点话题作为主题班会的中心议题。在校园网络信息环境中，校园社交网络舆论成为影响大学生思想和行为发展的重要因素，在大学校园中具有较大的覆盖面和影响力。2003年的调查数据分析显示，从影响面来看，86.1%的学生表示自己对于事件实际情况的了解和判断会受到BBS舆论的影响，77.9%的学生表示在突发事件中自己的情绪会受到BBS舆论的感染和影响。从影响的程度来看，在对于事件实际情况的了解和判断上，63.3%的学生表示自己所受的影响状况是“有点影响”，20.1%的学生表示自己受网上舆论的影响较大。从突发事件中网上舆论氛围对于学生情绪影响的情况来看，56.7%的学生表示自己的情绪受BBS舆论的影响程度是“有点影响”，18.5%的学生认为自己所受影响较大。近些年来，知乎论坛替代了水木清华BBS成为大学生经常使用的网络互动社区，我们于2017年对清华大学学生进行了问卷调研，考察知乎的网络舆论对大学生信息获取以及价值判断的影响，结果显示：在校内外热点事件过程中，89.3%的学生表示知乎上的舆论倾向会影响自己对于事件实际情况的了解和判断；82.4%的学生表示在突发事件中自己的情绪会受到知乎上舆论的感染和影响。相比水木清华BBS时代而言，在今天新的社交媒体时代，以知乎为代表的大学生网络互动社区对他们的认知、情绪以及判断的影响都有所增大。进一步考察影响的程度，在对于事件实际情况的了解和判断上，75.9%的学生表示自己所受的影响状况是“有点影响”，13.4%的学生表示自己受网上舆论的影响较大。从突发事件中网上舆论氛围对于学生情绪影响的情况来看，72.0%的学生表示自己的情绪受BBS舆论的影响程度是“有点影响”，10.4%的学生认为自己所受影响较大。研究发现，在今天的大学生群体中，受网络舆论影响的人数比例相对增大了，但与此同时，他们受到网络舆论影响的强度有所减小，这在一定程度上说明当代大学生对网络舆论的理性认知有所增强。

（三）评论类信息基于校园社交网络的传播机制探讨

1.校园社交网络是评论类信息传播的主要途径

从实证分析的结果中，我们发现，与新闻类信息内容具有多种传播途径相比，评论类信息内容的传播途径主要是校园社交网络。可以说，大学生对于评论类信息的获取依赖于校园社交网络。校园社交网络的主要信息传播模式属于人际传播。而评论类信息内容具有价值性，是人们主观判断的产物。因而大学生在接受此类信息内容过程中注重人际之间的互动和交流，他们更喜欢在众多的意见、观点相互交织、碰撞、融合的过程中来作出自己的选择与判断。校园社交网络所具有的显著交互特性及其人际传播模式为大学生之间的互动和交流提供了非常便利的条件，各类意见、观点及时而全面地通过校园社交平台展现在大学生面前，帮助他们在比较、选择并吸取多种意见的基础上进行自己的思考和判断，从而形成自己的观点。其次，大学生群体的社会特性也是影响他们媒介选择的重要因素。大学生是一个同质性很强的群体，他们在心理发展特点、生活经验、学习目标上都具有较强的相似性，相互之间能够产生较大的影响。教育社会学中的同伴群体研究提出，青少年学生在同伴群体这一世界中可以比较自由地进行表达、判断并作出自己的选择。[①]在传播学的媒介使用研究中，一些理论也提出同辈群体对媒介的评价是

---

① 谢维和.教育活动的社会学分析：一种教育社会学的研究［M］.北京：教育科学出版社，2000：156.

影响人们进行媒介选择的重要因素。[1]校园社交网络的主体是大学生，这里是大学生的公共舆论场所。因而，对于某些事件的评价和判断，许多大学生更倾向于从校园社交网络中了解其他学生的意见和观点，并在此基础上形成自己的观点，这使得校园社交网络的评论类信息内容的影响作用更加显著。

2.评论类信息的扩散表现出意见领袖作用下的二级传播特征

评论类信息内容在大学生中的传播具有“二级传播”的特征。二级传播论是传播学的经典理论之一，这一理论指的是在大众传播时代，信息总是先由大众传播媒介传播给社会成员中的少数舆论领袖，然后再由舆论领袖扩散给群体公众。在这个信息的两级传播过程中：第一级的传播即从大众传播媒介到舆论领袖，这一级传播属于大众传播；第二级的传播即从舆论领袖到社会公众，这一级传播属于人际传播。[2]我们认为，评论类信息通过社交网络在大学生中的传播近似于一个二级传播的过程，但又具有特殊性。通过前面的实证分析，我们可以看到，在校园社交网络舆论的形成和传播过程中，少数学生作为校园网上的活跃者群体，是校园网络舆论的制造主体。当某一事件发生时，他们首先发布消息，提出自己的意见和观点并相互之间展开讨论和交流，在这一活跃者群体内的人际传播和群体传播过程中，校园社交网络上的“强势意见”得以形成；其次，这些意见又通过各类社交网络“圈层”传递给那些只是浏览信息的“沉默者”用户，从而对他们产生不同程度的影响。正是由于社交网络包含有人际传播、群体传播和大众传播等

① Andrew J. Flanagin and Miriam J. Metzer，Internet Use in the Contemporary Media Environment［M］. Human Communication Research, 2001，1（27）：153-181.

② 李彬.传播学引论［M］.北京：新华出版社，1993：98-100.

多种传播模式，因而使得评论类信息传播具有了特殊的二级传播的特点，为少数活跃者群体通过制造校园舆论影响多数学生提供了条件。对学校网络思想政治教育而言，教育者要充分重视舆论领袖在校园社交网络上的影响，培养一支懂网络的辅导员和学生骨干队伍，从而有效把握校园网络舆论的主导权。

3.评论类信息在传播过程中的典型机制

以少数学生为制造主体的校园网络舆论能够成为大学校园中的响亮声音，对大多数学生产生作用，在其影响机制上有两个传播规律值得关注。一是校园舆论的“议程设置”效果。议题设置理论是大众传播效果研究中的重要理论，美国学者沃纳·赛佛林和小詹姆斯·坦卡德对议程设置的定义是，“媒介的议程设置功能就是指媒介的这样一种能力：通过反复播出某类新闻报道，强化该话题在公众心目中的重要程度。”[①]我国学者郭庆光认为议程设置的中心思想是：大众传播具有一种为公众设置“议事日程”的功能，传媒的新闻报道和信息传达活动以赋予各种“议题”不同程度的显著性方式，影响着人们对周围世界的“大事”及其重要性的判断。[②]校园社交网络舆论在对大学生的影响上具有比较明显的“议程设置”作用，主要表现为校园网络特点对校园中心议题的设置作用。例如在一些高校校园BBS上，校园BBS的十大热门话题成为大学生关注校内外热点事件并了解针对事件的各种评论性信息的主要渠道。只要某个事件或者问题成为校园BBS十大热门话题，就会在大学生中迅速传播，引发广泛关注和讨论，成为大学生们在宿舍里、餐桌

① ［美］沃纳·赛佛林，小詹姆斯·坦卡德.传播理论：起源、方法与应用［M］.郭镇之，等译.北京：华夏出版社，2000：246.

② 郭庆光.传播学教程［M］.北京：中国人民大学出版社，1999：214.

上、课间休息时讨论的中心话题，从而成为大学校园内的主要议题。从校园BBS十大热门话题的形成过程来看，一篇文章的回帖人数量只要在有限时间内取得相对优势，就能够登上十大热门话题版面。因此，虽然一些话题只有少数学生参与，但是只要在短时间内话题集中，就比较容易登上BBS“十大”版面，吸引多数学生的注意力。如果少数学生有目的有组织地在BBS上围绕某个话题展开讨论，就可以通过营造校园BBS十大话题来吸引多数人的“眼球”，左右校园的中心议题。新媒体时代，网络意见领袖通过微博、微信等自媒体平台进行“议程设置”，影响校园网络舆论的发展。

二是校园舆论传播过程中的“沉默的螺旋”机制。“沉默的螺旋”是德国学者伊丽莎白·诺尔·诺依曼在大众传播效果研究中提出的理论，该理论以人的趋众心理为依据，认为人们总是害怕处于孤立位置，当自己的意见与大多数人的意见不相符时就不会说出自己的观点来，“因此，占支配地位的或日益得到支持的意见就会甚至更得势：看到这些趋势并相应地改变自己的观点的个人越多，那么其中一派就显得更占优势，另一派则更是每况愈下。这样，一方表述而另一方沉默的倾向便开始了一个螺旋过程，这个过程不断把一种意见确立为主要的意见”。[①]有学者认为“沉默的螺旋”理论包括以下三个要点：第一，舆论的形成是大众传播、人际传播和人们对“意见环境”的认知心理三者相互作用的结果；第二，经大众传媒强调提示的意见由于具有公开性和传播的广泛性，容易被当作“多数”或“优势”意见所认知；第三，这种环境认知所带来的压力或安全感，会引起人际接触中的“劣势意见的沉默”和“优势意见的大声疾呼”的螺旋式扩展过程，并导致社会生活中占压倒

① ［英］丹尼斯·麦奎尔，［瑞典］斯文·温德尔.大众传播模式论［M］.祝建华，武伟译.上海：上海译文出版社，1997：93.

优势的“多数意见”——舆论的诞生。[①]一些实证研究对于网络传播条件下“沉默的螺旋”理论进行了分析，证实了由于从众现象在网络空间依旧普遍，“沉默的螺旋”并没有从网际间消失。[②]在一些突发事件所引发的校园网络舆论中，少数学生是消息发布和参与讨论者，这些学生往往是与事件相关的当事人或者是校园网络社区上的活跃成员。事件发生后，他们很快在网上发布事件经过并表达自己的意见和观点，这些最先出现的消息和舆论成为他人了解事实、进行讨论的基础。在这种情况下，其他网络用户只能在根据这些基本事实和意见、观点来思考和发表自己的见解，那些持相同意见的人就会很快把自己的观点表达出来，随着帖子的不断增加，这些意见就会在网上广泛传播，逐渐形成网络空间的强势声音；而其他网络用户则容易把这些意见当作“多数”或者“优势”意见进行认知，即使自己有不同意见也不会轻易发表，只是作为旁观者而存在。由此形成了“沉默的螺旋”，使得网上舆论被少数活跃用户所主导。

三、理论类信息内容的传播载体与规律

高校思想政治教育的重要任务之一就是用科学的理论武装青年大学生的头脑，在互联网上建立马克思主义的理论阵地，利用现代信息传播技术和手段加强对大学生的思想理论教育工作。

---

① 郭庆光.传播学教程［M］.北京：中国人民大学出版社，1999：221.

② 谢新洲.网络传播理论与实践［M］.北京：北京大学出版社，2004：179.

（一）理论类信息内容的传播载体

在校园社交网络上，理论类信息内容主要存在于思想政治教育网站、校园BBS上的专题性讨论区以及思想理论类的微博微信公众号。随着互联网成为青年大学生接受信息的新媒介，用马克思主义占领网络阵地成为高校思想教育工作的重要内容，各个高校的思想政治教育网站纷纷建立，这些网站成为传播马克思主义理论的主要网络途径。从发展的情况来看，高校思想理论类网站的建设从1999年清华大学“红色网站”的建立开始，一批承担网络思想宣传教育工作的“红色网站”先后建立起来，如北京大学“红旗在线”、北京师范大学“学生党建之窗”、北京科技大学“红旗飘飘”、南开大学“觉悟网站”、南京大学“网上青年共产主义学校”、华中科技大学的“党校在线”等。以清华大学的红色网站为例，红色网站以“宗马列之说，承毛邓之学，怀寰宇之心，砺报国之志”为宗旨，开设了学习园地、时事评论、时代专辑、史海浪花等多种理论信息栏目。学习园地包括了马克思主义、毛泽东思想、邓小平理论、“三个代表”重要思想的经典理论著作和国家各种方针政策、重要文件、报告等资料。时事评论部分是国际、国内时事热点以及理论战线的最新动态；时代专辑部分则针对我国当前建设与发展中的主要问题推出系列的专辑理论文章；史海浪花包括了国际共运史及中国革命建设史的主要内容等。

校园BBS上的专题版面是理论类信息内容的重要载体。校园BBS上各个讨论区的“前台”是公共论坛，是大学生们传递消息、讨论交流的场所，而讨论区的“后台”即精华区则是大量相关资料得以归类、积累和沉淀的地方。在这些精华区中，有许多针对思想理论类问题的文章和讨论内容的合集，是讨论区的网友们围绕相关主题共同收集、交流讨论以及共享的资料。这些资料一般是通过版主的工作得以整理和保存，形成BBS精华区中的历史材料。由于其内容来源广泛、观点多样并且查阅起来比较方便，因而成为一些大学生获取相关信息内容的网上资料库。在校园BBS上，理论类信息内容较多的主题讨论区主要在学术科学类、文化人文类，集中于政治类、经济类、历史类等版面。例如水木清华BBS上的哲学版、人物版、读书心得版、历史版，南京大学小百合BBS上的历史版、人物版、哲学与思考版、中国农村版、经济学版等。在这些BBS版面的精华区内，都有大量与主题相关的知识类、理论类文章，它们来源广泛、观点多样、形成了关于该主题的信息资料库。如水木清华BBS上的哲学版精华区，就有大量针对不同主题的理论类文章。其中，以“马克思主义”为主题的资料有下面一些内容[①]：

编号	标题	整 理	编辑日期
1	共产党宣言		2003.10.16
2	闲侃马克思主义		2002.10.16
3	马克思主义史观		2002.10.16
4	辩证法		2002.10.16
5	假如没有马克思（转载）	sun20	2000.04.03
6	评房宁《社会主义是一种和谐》	sun20	2000.04.03
7	格瓦拉为什么出走（转载）	sun20	2000.04.03
8	谈谈异化问题	lianxing	2000.08.11
9	自为史马克思主义和转基因社会主义	paths	2001.11.10

① 资料来源：水木清华BBS哲学版精华区，X-3-2-4，2003年10月16日。

10	摆上龙井会小马——就马克思主义答凌云	paths	2001.12.02
11	遗产问题详解	paths	2001.12.02
12	林炎志：共产党要领导和驾驭新资产阶级	paths	2001.12.16
13	马克思错在哪里？（zz）	paths	2001.12.16
14	《资本论》中的八个原则性错误（zz）	paths	2001.12.16
15	《读［人民日报］的一篇政论文章》	paths	2002.01.05
16	谈到马克思主义	paths	2002.03.06
17	二十世纪中国马克思主义哲学研究的特点	paths	2002.03.22
18	［转载］马克思对正义的批判	Foucault	2002.05.16
19	人类学与马克思主义	Foucault	2002.12.06
20	基督教与马克思主义	Foucault	2002.12.06
21	［转载］无政府主义、马克思主义与未来的希望	Foucault	2003.05.31
22	What is Marxism?	lianxing	2003.10.16
23	马克思《黑格尔法哲学批判》导言	Marquise	2003.10.16
24	马克思主义，社会主义与新的千年	lianxing	2003.10.16

在当前的社交媒体时代，微信公众号平台建设有关于马克思主义理论的专业公众号，如“昆仑策研究院”“经典与当代”“马恩经典著作

解读”“马恩理论学习与研究”“上海马研会”等。微博空间中有一些知识分子和微博大咖也在不断发布关于马克思主义理论的观点和评论，如“马克思靠谱”“忠实的马克思主义者”“马恩列毛”等博主在微博中经常发表关于马克思主义理论的观点和学术信息。[①]2018年的调研发现，马克思主义理论学科学术期刊和高校马克思主义学院纷纷开设自己的微信公众平台，在社交网络新媒体上建立起马克思主义理论传播的阵地，见表2-10和表2-11。在网络公开课中，一些思想政治理论课教师开设了关于马恩经典著作的课程。许多高校的思想政治理论课程也走上了互联网，在2017年教育部首批认定的国家精品在线开放课程中，“思想道德修养与法律基础”“中国近现代史纲要”“马克思主义基本原理概论”“毛泽东思想和中国特色社会主义理论体系概论”“形势与政策”等思想政治理论课程名列其中，全国高校共有11门思想政治理论课入选。清华大学的“毛泽东思想和中国特色社会主义理论体系概论”“思想道德修养与法律基础”两门课程先后登陆国际慕课平台edX，有来自130个国家和地区的上万名学生选修。在课程讨论区，来自美国、新西兰、英国、加拿大、委内瑞拉等国家的同学在课程论坛中纷纷发帖，围绕“马克思主义中国化”等问题展开热烈讨论。通过师生之间、同学之间踊跃的线上交流，学生们的疑问得到了及时反馈，同时也促进了不同观点之间的碰撞和交锋。

① 郭明飞，申逸群.互联网+时代马克思主义理论教育研究［J］.社会科学动态，2017（3）.

表2-10　马克思主义理论学科学术期刊微信公众平台

期刊	微信公众号
党的文献	党的文献
党建	党建网微平台
红旗文稿	红旗文稿
教学与研究	人大教学与研究
理论视野	理论视野
马克思主义理论学科研究	maxkyj
马克思主义研究	马克思主义研究
毛泽东邓小平理论研究	毛邓理论研究
求是	求是网
社会主义研究	社会主义研究编辑部
思想教育研究	思想教育研究
思想理论教育	思想理论教育
思想理论教育导刊	思想理论教育导刊
中国特色社会主义研究	中国特色社会主义研究
前线	前线理论圈
思想理论战线	南京政治学院学报
思想政治教育研究	思想政治教育研究
学校党建与思想教育	学校党建与思想教育

表2-11　我国高校马克思主义学院建设的微信公众平台举例①

学院名称	单位微信名
清华大学马克思主义学院	清马来了
北京大学马克思主义学院	PKU马院
中国人民大学马克思主义学院	中国人民大学马院
北京理工大学马克思主义学院	北理马院
北京科技大学马克思主义学院	北科大马院
北京化工大学马克思主义学院	北化马院
北京工商大学马克思主义学院	BTBU马院

① 高校马克思主义学院微信公众平台的信息情况，调研时间截止于2018年6月。

续表

学院名称	单位微信名
北京邮电大学马克思主义学院	北邮马院
中国农业大学马克思主义学院	中国农大马院
北京林业大学马克思主义学院	北林马院
北京师范大学马克思主义学院	京师马院
首都师范大学马克思主义学院	首师大马院
中央财经大学马克思主义学院	小马识途CUFE
北京体育大学马克思主义学院	北体马院
中央民族大学马克思主义学院	学理论读经典
中国政法大学马克思主义学院	政法马院
南开大学马克思主义学院	南开马院
天津大学马克思主义学院	天马长鸣
天津师范大学马克思主义学院	天马星空
天津师范大学马克思主义学院	MYfamily
天津商业大学马克思主义学院	天津商业大学马克思主义学院
石家庄铁道大学马克思主义学院	铁马快讯
山西大学马克思主义学院	山大马院文瀛求是
太原科技大学马克思主义学院	太原科大马院团委
中北大学马克思主义学院	爱上我的思政课
太原理工大学马克思主义学院	太理马院
山西财经大学马克思主义学院	青马团学小微
内蒙古大学马克思主义学院	内大马院
内蒙古民族大学马克思主义学院	马克思靠谱
辽宁大学马克思主义学院	辽大马院研究生
大连理工大学马克思主义学院	经典的味道
沈阳工业大学马克思主义学院	沈工大马院研究生
沈阳航空航天大学马克思主学院	沈航思政课交流平台
东北大学马克思主义学院	东大MARXISM
辽宁石油化工大学马克思主义学院	博思书院
大连海事大学马克思主义学院	海大马院
沈阳师范大学马克思主义学院	马院人家庭
大连外国语大学	大外思政
东北财经大学马克思主义学院	东财马院

续表

学院名称	单位微信名
东北师范大学马克思主义学院	东师马院
燕山大学马克思主义学院	燕山思语
东北林业大学马克思主义学院	东林马院
哈尔滨师范大学马克思主义学院	哈师大马院
复旦大学马克思主义学院	复旦思想理论
同济大学马克思主义学院	同济马院动态
上海交通大学马克思主义学院	SJTU马院
华东理工大学马克思主义学院	华东理工大学马克思主义学院
上海理工大学马克思主义学院	尚理马院
上海海事大学马克思主义学院	浦江视点
东华大学马克思主义学院	东华大学马院
华东师范大学马克思主义学院	华东师大聚焦马院
上海师范大学马克思主义学院	上师马院在线
上海财经大学马克思主义学院	上海财经大学马克思主义学院
华东政法大学马克思主义学院	切问近思
上海大学马克思主义学院	上大社科
南京大学马克思主义学院	NJU马院
苏州大学马克思主义学院	苏大马院
东南大学马克思主义学院	东大马院
南京航空航天大学马克思主义学院	马克思主义学院
中国矿业大学马克思主义学院	矿大马院
南京邮电大学马克思主义学院	南邮马院
河海大学马克思主义学院	小河马
江南大学马克思主义学院	江大马院
南京林业大学马克思主义学院	南林马院
江苏大学马克思主义学院	江大马院
南京信息工程大学马克思主义学院	Nuist马院星火
南京农业大学马克思主义学院	南农马院研会
南京体育学院马克思主义学院	南体马院
浙江大学马克思主义学院	浙江大学马院
杭州电子科技大学马克思主义学院	杭电马院
浙江工业大学马克思主义学院.	工大马院

续表

学院名称	单位微信名
浙江理工大学马克思主义学院	浙理骏马奔腾
浙江师范大学马克思主义学院	浙师马院
温州大学马克思主义学院	温州大学马院
中国计量大学马克思主义学院	中国计量大学马院
合肥工业大学马克思主义学院	合肥工大马院
安徽工程大学马克思主义学院	安徽工程大学马院
安徽医科大学马克思主义学院	安医大马克思主义学院
安徽中医药大学马克思主义学院	安中红色驿站
安徽财经大学马克思主义学院	安财马院
厦门大学马克思主义学院	厦大马院
华侨大学马克思主义学院	华侨马院
福州大学马克思主义学院	福州大学马克思主义学院
华东交通大学马克思主义学院	华东交通大学马克思主义学院
江西师范大学马克思主义学院	骏马跃腾瑶湖畔
山东大学马克思主义学院	马院之声SDU
中国海洋大学马克思主义学院	OUC马院
青岛科技大学马克思主义学院	青岛科大马院之声之旗帜
山东师范大学马克思主义学院	山师马院
曲阜师范大学马克思主义学院	曲园马院之声
鲁东大学马克思主义学院	鲁大青马
郑州大学马克思主义学院	马院青年
河南农业大学马克思主义学院	思政微平台
河南师范大学马克思主义学院	河南师范大学马院
信阳师范学院马克思主义学院	XYNU马院新青年
武汉大学马克思主义学院	HANMA
武汉科技大学马克思主义学院	武科大马院
中国地质大学马克思主义学院	地大武汉马院之声
武汉轻工大学马克思主义学院	轻工大一马当先
武汉理工大学马克思主义学院	武汉理工大学马院
华中农业大学马克思主义学院	狮山马院
湖北大学马克思主义学院	HUBU马院
中南民族大学马克思主义学院	中南民大思想之光

续表

学院名称	单位微信名
湘潭大学毛泽东思想研究中心	湘大毛研中心
吉首大学马克思主义学院	思政之光
中南大学马克思主义学院	CSU马院
湖南中医药大学马克思主义学院	红色杏林
湖南师范大学马克思主义学院	湖南师大马院青芽
中山大学马克思主义学院	中大马院
暨南大学马克思主义学院	微言国是暨南学堂
华南理工大学马克思主义学院	华工马克思主义学院
华南农业大学马克思主义学院	紫荆满园智库
广东海洋大学马克思主义学院	广海大马院
华南师大马克思主义学院	华南师大马克思主义学院
广西大学马克思主义学院	西大唯理社
桂林理工大学马克思主义学院	GUT马院
广西师范大学马克思主义学院	广西师大马院之家
广西师范学院马克思主义学院	别笑我信马
四川大学马克思主义学院	川大马院
重庆大学马克思主义学院	重庆大学马院
电子科技大学马克思主义学院	电子科技大学马院
西南石油大学马克思主义学院	西南石大马院
成都理工大学马克思主义学院	成理马院
重庆邮电大学马克思主义学院	重邮马院
西南科技大学马克思主义学院	思想有力量swust
西华大学马克思主义学院	西华大学马院
四川农业大学马克思主义学院	四川农业大学马克思主义学院
成都中医药大学马克思主义学院	成都中医药大学马克思主义学院
西南大学马克思主义学院	西南大学马院
西华师范大学马克思主义学院	西华师大马院
西南财经大学马克思主义学院	西南财大马院
贵州财经大学马克思主义学院	马院党建
西南林业大学马克思主义学院	西南林业大学马克思主义学院
云南民族大学马克思主义学院	云南民族大学马院
西北大学马克思主义学院	思想者之家NWU

续表

学院名称	单位微信名
西安交通大学马克思主义学院	西安交通大学马克思主义学院
西北工业大学马克思主义学院	西北工业大学马院
西安理工大学马克思主义学院	西理工马院
西安电子科技大学马克思主义学院	西电科大马院
陕西师范大学马克思主义学院	陕西师范大学马克思主义学院
延安大学马克思主义学院	圣地青马网
兰州大学马克思主义学院	兰州大学马院
西北师范大学马克思主义学院	西北师大马院
兰州财经大学马克思主义学院	兰州财经大学马院
新疆医科大学马克思主义学院	新医大马院
新疆师范大学马克思主义学院	新师大马院
呼伦贝尔学院马克思主义学院	马院青年
青岛大学马克思主义学院	青岛大学马克思主义学院
三峡大学马克思主义学院	三峡大学马克思主义学院
北方民族大学马克思主义学院	北民大马院微生活
中国青年政治学院马克思主义学院	中青马院
宁波大学马克思主义学院	宁波大学马院
海南师范大学马克思主义学院	海师马院新青年
广东外语外贸大学马克思主义学院	广外马院

（二）大学生对于理论类信息内容的接受特点

大学生对校园网络理论类信息内容的积极获取和接受与他们的兴趣和需要有着密切的关系。在校园社交网络环境下，大学生对信息的获取具有主动权，在他们选择和接受校园网上理论类信息内容的过程中，自身的兴趣和需要是一个主要的动因。以清华大学“红色网站”的建设经验为例，在校园网上建设红色网站的想法最早来自于清华大学汽车工程系的一个党课学习小组，正是出于对马克思主义理论学习的浓厚兴趣。

为了方便日常的学习和交流，他们自发行动起来在宿舍网上建设起自己的理论学习网站。可以说，正是这些学生对于理论学习的热情和积极主动的行动促成了高校第一个红色网站的诞生。在红色网站成为校园网上的马克思主义理论学习阵地之后，学生党员、入党积极分子以及许多对理论学习有着浓厚兴趣的学生成了网站的积极用户，红色网站成为他们的网上理论资料库和讨论交流的场所。对调查数据的分析也显示，学生党员对红色网站的使用程度要高于一般学生。从校园BBS上理论类专题版面的建立过程来看，这些版面的建立都是由一些对此类专题信息具有较大兴趣的学生发起，在一批有着共同兴趣爱好的学生共同努力下发展起来的。这些首创者一般对专题内容有着浓厚兴趣和一定的理论知识水平，他们围绕版面的专题内容收集整理大量相关的信息，并积极针对相关的问题展开讨论交流，不断吸引对于该主题内容有着相同兴趣爱好的学生的关注和参与。随着版面网友数量的增加，就会形成一个有着一定规模的理论学习和交流的网上群体，开展经常性的学习和交流活动。例如在水木清华BBS上的哲学版，经常会有网友们关于马克思主义和共产主义的讨论。

大学生对网上理论类信息内容的获取和接受状况与网下思想政治教育活动的开展状况有着密切的关系。网下的理论学习活动可以推动大学生更加关注红色网站，促进他们对网上理论类信息内容的关注和使用。一些高校的理论教育工作经验说明，思想理论教育网站的建设与网下的思想理论教育活动相结合，实现网上网下的互动，可以有效增强对大学生理论教育的效果。以天津大学的“网上学生党校”建设为例，天津大学把网上学生党校和面授形式的党校相结合，形成了全新意义上的学生党校——网上网下联动党校。“网上党校给同学的基础知识学习提供教材、媒介和模拟考场，并完成基础知识部分的考试、阅卷和成绩统计，为网下党校奠定基础。网下党校无须偏重教授基础知识，而是重在提高学生的理论水平和运用基本理论分析问题、解决问题的能力。”[①]南京大学的“网上青年共产主义学校”网站在建设中采取网上招生、网上授课、网下社会实践、网下集中考试的方式，避免了这个网上理论教育阵地建设仅仅停留在提供理论、介绍共产主义知识的层次，增强了对青年学生进行理论教育的效果[②]。又如，清华大学利用红色网站把网上理论教育与学生主题教育活动紧密结合，加强理论教育的针对性。如1999年上半年“五四运动”80周年之际，红色网站推出了“五四专辑”，回顾历史，思考当代青年的责任；2000年国庆前夕，中央隆重表彰了为“两弹一星”作出杰出贡献的23位科学家，红色网站立刻特别推出了“两弹一星专辑”，并链接了相关主题的大量理论文章，让广大同学了解这些科学家们的人生经历和追求，思索自己的事业与方向。此外，“国庆专辑”“澳门回归专辑”“反邪教专辑”“建党80周年专辑”“清华党史专辑”等一系列专辑都应时而生。在建党八十周年之际，为了深入宣传“三个代表”思想，红色网站推出学生党员的学习“三个代表”理论自测题，同学积极踊跃上网答题，收到了良好的效果，使红色网站成为了广大学生党员了解“三个代表”，学习“三个代表”的第一站。红色网站与这些主题教育活动的互动增强了网上理论教育的效果，扩大了红色网站的影响力。

在思想政治理论课的教学工作中，线上与线下结合成为促进学生有效接受的重要方法。北京师范大学开发了“木铎思享”思想道德修养与法律基础课程微信公众平台。课堂上，学生可以针对教学内容在微信号中随时提问，助教在线进行后台处理，教师或当堂回答，或课后回答，

---

① 谢海光.互联网与思想政治工作案例［M］.上海：复旦大学出版社，2002：81.

② 谢海光.互联网与思想政治工作案例［M］.上海：复旦大学出版社，2002：25-29.

公众号同步推送，使学生疑问得到及时反馈。公众号还设置师生对、微调查、微书单等栏目，丰富教学内容，并开展“图说”思想政治理论课教材的工作，站在学生的视角，汲取学生话语中的有益因素，以图文方式对“基础课”教材进行改编，并推送至微信平台，受到学生广泛好评。中国人民大学“别笑我是思修课”微信公众号以“‘微’调‘总开关’，‘指’发‘正能量’”为宗旨，力求通过微言弘大义、弘大道，通过经典美文、教师观点、学生感悟、热点时评、生活新知等的传递，加强思想引导、注重人文关怀，用大学生喜闻乐见的交往载体和交流话语，帮助大学生释疑思想理论热点焦点难点问题，指导大学生正确处理学习生活、爱情交际、就业创业等方面的问题，引导大学生树立正确的世界观、人生观和价值观。微信公众号运行以来先后开设了“思想力”“闻师道”“师生对”“长江语”“青年观”“学子说”“青悦读”“图导航”“生活＋”“微视频”“微调查”等栏目来发布专家、学者、学生的理论文章、学习习作、视频短片、手绘图片、微采访、微访谈、微调查等相关内容。

（三）理论类信息内容基于校园社交网络传播的机制探讨

一是社交网络的交互性和开放性促进了理论与实际的密切联系，增强了大学生对理论的接受效果。我们认为，校园社交网络在理论教育中的应用，首先是增强了理论教育与学生思想实际的密切联系。网络具有很强的交互性，一方面使得大学生在理论学习过程中的各种思想困惑、理论认识上的误区得以充分地表现，有利于教育者及时掌握大学生在思想理论认识上存在的主要问题，从而采取有针对性的教育引导工作。二是开放的网络交互平台可以增强大学生之间的理论探讨与思想交流，为他们在接受理论过程中的共同学习和相互促进创造了一个良好的条件。在围绕共同的理论问题进行学习和讨论过程中，他们可以实现理论认识的相互比较、观点的相互碰撞和思想的充分交流，这对于大学生理论兴趣的提高具有很强的激发作用，可以有效促进理论教育的效果。在前面的分析中我们看到，无论是红色网站的交互平台上还是校园BBS的专题性讨论区内，围绕一些理论焦点问题的讨论能够吸引大学生的积极参与，他们在参与过程中的充分表达和不同观点之间的激烈碰撞，促使他们进一步加深对理论的学习和理解。其次，网络媒介增强了理论教育与社会实际生活的密切联系。理论教育与实际教育具有互为条件、不可分割的关系。理论与实际相结合，是思想政治教育取得成效的根本途径。[①]在基于网络的理论教育过程中，具有抽象性、系统化特点的理论内容与实际生活中具体问题的结合，有利于促进大学生的理解和接受。校园社交网络的信息内容具有现实性、综合性等特点，来自于社会生活中的各种新情况、新问题能够在校园网上充分展现，这使得大学生在接受理论的过程中，可以结合社会生活中现实问题而加深对理论的认识，形成一个循环往复、不断深化的过程。正如毛泽东所说："对于马克思主义的理论，要能够精通它，应用它，精通的目的全在于应用。如果你能应用马克思列宁主义的观点，说明一个两个实际问题，那就要受到称赞，就算有了几分成绩。被你说明的东西越多，越普遍，越深刻，你的成绩就越大。"[②]从理论类信息内容在校园社交网络上的实际传播状况来看，无论是红色网站中马克思主义经典理论内容与时事热点报道以及热点问题讨论的结合，还

① 张耀灿，郑永廷，刘书林，吴潜涛.现代思想政治教育学［M］.北京：人民出版社，2001：335.

② 中共中央文献编辑委员会.毛泽东著作选读（下册）［M］.北京：人民出版社，1986：491.

是校园BBS上专题性讨论区“前台”的焦点问题讨论与“后台”精华区中理论内容之间的结合，抑或是思想政治理论慕课的理论教学与网上讨论区的时事热点讨论，都有利于大学生在认识现实问题过程中对理论的结合与应用，在大学生对理论内容的接受和理解方面产生了积极的效果，显示出理论教育与实际问题相结合的有效性。

在大学生的理论教育过程中，充分利用各种社交网络媒介形式进行正面教育，扩大思想理论教育的覆盖面。思想政治教育网站是当前高校开展网络理论教育工作的主要阵地，是校园网络上传播马克思主义理论的“红色网站”。加强思想政治教育网站对于马克思主义理论的传播效果，就要充分发挥网站的媒介优势，使之成为内容系统、观点权威、材料丰富、形式多样的网上思想理论库。与校园BBS相比，思想政治教育网站的优势在于其信息来源的权威性、信息内容的系统性、信息查询的便利性、信息形式的多媒体化。在许多高校的思想政治教育网站，不但有丰富系统的马克思主义理论著作，方便大学生阅读和查询；而且有大量精辟的、具有针对性的理论辅导材料，通过对现实的分析帮助大学生更好地掌握理论；还有许多相关的影音视听材料，以多媒体技术增强理论教育的感染力和说服力；此外，网站能够实现信息内容在组织上的超文本链接功能。在阅读电子化的理论著作中，任何一个概念、事件、人物、著作等都可以通过超文本链接及时找到详细的材料，满足大学生在学习过程中查阅资料的需要，不仅极大提高了理论学习的效率，而且增强了理论学习的全面性和综合性。网站的这些特点是BBS这种网络媒介形式所不能实现的，是基于网站开展理论教育的优势所在。

与网站相比，BBS在交互性上的特点更为显著。在校园网上，大学生更喜欢使用校园BBS来传递信息、讨论问题、交流思想。从前面的分析中可以看到，校园BBS是理论类信息内容的一个重要载体。而从目前的情况看，在高校网络思想政治教育工作实践中，校园BBS在了解学生思想动态、作为学校和学生之间沟通桥梁的作用受到重视，而在思想理论信息传播上的功能并没有得到很好的重视和开发。在今后的工作中，应该进一步重视校园BBS在理论教育中的地位和作用，加强对校园BBS上理论类版面的关注，根据其特点采取相应的工作。在具体的工作方法上，要充分利用BBS交互性强的特点，在理论类讨论区构建出双向互动的理论学习氛围，联系社会实际和时事热点，针对具体的问题和事件帮助大学生理论认识水平的提高。在这些理论类讨论区中，大学生出于相同的兴趣爱好聚集在一起，他们收集相关主题的信息进行共享并围绕共同关心的问题展开讨论。在这个过程中积累了大量的理论资料，形成了良好的相互交流和学习的氛围。而且，一些大学生如果在学习和思考中遇到问题，他们也习惯于到校园BBS相关的版面去提出问题，许多网友也会热心帮助，对问题给出解释或者提供相关的资料，有的时候还会引起版内的热烈讨论。这种方式和氛围是大学生接受和理解理论类信息的有效方式。因此，学校理论宣传教育工作者要因势利导，把BBS专题讨论区作为开展理论教育的有利场所，通过主动使用校园BBS、积极参与网上理论类社区的建设、主动引导讨论主题等方式，发挥校园BBS在理论教育中的独特作用。教育者在参与讨论的过程中，要注意改变以往思想政治教育中教育者高人一等、居高临下、单向施教的错误认识和做法，在平等的基础上加强和发展双向互动的关系，不仅受教育者要向教育者学习，而且教育者也要向受教育者学习，努力形成一种互相学习、互相帮助、教学相长、共同提高的关系。

二是校园社交网络既增强了教育者开展理论教育的主导地位，又调动了大学生的主动参与，在互动交流过程中促进了理论教育的有效性。理论类信息内容要实现在大学生中的有效传播，实现网络理论宣传教育的有效性，就要在教育过程中既体现理论教育的灌输性，又注重大学生在接受理论内容上的主动性。校园社交网络作为思想理论传播的新阵地，对于青年大学生的思想发展有着重要的影响作用，"思想宣传阵地，社会主义思想不去占领，资本主义思想就必然会去占领。"[①]因而，主动利用校园社交网络开展理论教育是当前高校思想政治教育工作的重要任务。在教育的过程中采取以正面教育为主的原则，坚持用马克思主义的理论进行必要的灌输和正面的引导。[②]与此同时，网络信息传播方式增强了大学生在获取信息上的主动性和选择性，自身的兴趣和需要成为他们主动从网上获取理论信息内容的重要动因。因而，引导大学生的主动参与和实现互动交流是保证理论教育有效性的重要条件。通过校园社交网络进行马克思主义理论的宣传教育，要注重实现主动灌输与互动交流的密切结合。在这两者之间，主动灌输是基于校园网络开展理论教育的原则，互动交流是利用网络进行理论教育的方法。在教育过程中要把原则上的坚定与方法上的灵活相统一。在具体的教育工作中，主动灌输原则体现在要主动利用校园社交网络，通过各种网络信息传播途径扩大理论教育的覆盖面，并根据媒介形式的特点和功能采取相应的策略和方法，增强理论教育的影响力；互动交流的方法表现在要尊重大学生的主体意识，引导其理论学习的需要和兴趣，在其主动参与和平等交流的条件下实现理论教育的有效性。例如，在思想政治理论课程微信公众号的建设

---

① 中共中央文献研究室编.十三大以来重要文献选编（下）[M].北京：人民出版社，1991-1993：1646.

② 张耀灿，郑永廷，刘书林,吴潜涛.现代思想政治教育学[M].北京：人民出版社，2001：329-330.

过程中，要坚持以学生为主体，做到“内容为王”，切中学生的“思想霾”做文章。内容永远是网络媒介生存和发展的首要之选。微信公众号推送的图文信息更是需要在内容上下功夫，推送的理论文章、时政评论、生活指南只有切中学生思想上的困惑、生活中的迷茫，才能被学生接受和认同，同时也要避免同质化内容发送，突出与思想政治理论课密切相关的内容和话题策划内容、发布信息。二是坚持“话语先行”，借用学生的“新语言”讲道理。语言的背后是感情、是思想、是知识、是素质。微信公众号推送的内容想要不失语、被点赞，想要被大学生深入阅读、广泛转发，重要的一点是要采用大学生的“新语言”，讲符合大学生实际的话不讲脱离实际的话，讲有感而发的话不讲无病呻吟的话，讲反映自己判断的话不讲照本宣科的话，讲明白通俗的话不讲故作高深的话。三是坚持“时机制胜”，抓住学生的“兴奋点”发新知。时机是有效教育的关键。“时过然后学，则勤苦而难成”。时机制胜，就意味着微信公众号推送信息要抓住恰当的时机，在学生们思想认识有迷惑或波动的时候给予及时的指引，在学生们每天习惯学习和阅读的时间传递信息，因势利导，润物无声，在情理互动、教学相长中，让“总开关”悄然拧紧把牢，使“正能量”渐进入脑入心。①

在网络信息传播的条件下，大学生在信息接受过程中的主动性、选择性得到极大增强，自身的兴趣爱好成为他们主动从网上获取理论类信息内容的主要动因之一。因而，基于校园网络实现理论教育的有效性，要注重激发大学生自身的学习兴趣，使他们在主动参与和互动交流的过程中实现对理论内容的接受和理解。根据前面的分析，以马克思主义理论内容为主的红色网站受到党员、入党积极分子以及学生干部群体的关

---

① 北京化工大学全国大学生思想政治教育发展研究中心.中国大学生思想政治教育年度质量报告（2016）[M].北京：人民日报出版社，2018：236-237.

注和使用频率较高，对理论学习有着浓厚兴趣的学生能够更主动地参与校园BBS上理论类主题社区的活动。根据这一特点，基于网络的理论教育要注重把学生党员、入党积极分子和学生干部群体作为主要对象，充分发挥他们在理论学习中的主动性，引导他们积极利用校园网络开展理论学习与交流活动，形成网上理论学习的良好氛围。在此基础之上，通过这些理论学习的骨干群体的影响和带动作用，激发更多学生对于理论问题的兴趣，吸引更多学生参与到红色网站或者BBS专题讨论区的理论学习与交流活动中来，在互动交流和共同讨论的过程中实现理论内容的有效传播。表2-12是2013年北京市15所高校在校生理论类信息渠道选择的影响因素问卷调研数据分析，其中控制变量主要为学生自身的背景，包括性别、年龄、学历、政治面貌、是否学生干部、专业、居住地、生活支出、网龄、平均每天上网次数及每天累计上网时长，回归分析通过计量分析软件Stata 13.0进行。结果发现，党员和学生干部群体处于显著状态：党员比非党员同学使用校内党建网站获取理论类信息的概率显著更高；学生干部比非学生干部更多地使用思想理论类网站和校内党建网站来获取理论类信息。

表2-12　理论类信息的渠道选择的影响因素

	（1）	（2）	（3）	（4）	（5）
	搜索引擎	思想理论类网站	校内党建网站	传统媒体（电视、广播、报纸等）	网络社区（人人网、微博、微信、QQ）
性别（女性）	0.029	−0.183	−0.074	0.149	0.095
	（0.08）	（0.10）	（0.11）	（0.08）	（0.08）
年龄	−0.073**	0.023	0.044	−0.025	−0.033
	（0.02）	（0.03）	（0.03）	（0.02）	（0.02）

续表

学历（研究生）	0.109	0.043	−0.439**	0.279*	0.132
	（0.14）	（0.16）	（0.17）	（0.13）	（0.13）
政治面貌（党员）	0.059	−0.104	0.462***	−0.152	0.117
	（0.11）	（0.13）	（0.13）	（0.10）	（0.10）
学生干部	0.007	0.231*	0.433***	−0.009	−0.036
	（0.09）	（0.11）	（0.11）	（0.08）	（0.08）
专业（基准组：人文社科类）					
理工农医类	−0.120	−0.169	−0.072	−0.109	0.067
	（0.09）	（0.11）	（0.11）	（0.09）	（0.09）
艺术体育类	−0.353	−0.013	0.237	−0.013	0.951***
	（0.18）	（0.21）	（0.21）	（0.17）	（0.17）
其他类	−0.166	0.006	−0.001	−0.144	0.618**
	（0.20）	（0.25）	（0.26）	（0.20）	（0.20）
居住地（农村）	0.023	−0.031	−0.210	−0.078	−0.268**
	（0.10）	（0.13）	（0.13）	（0.10）	（0.10）
生活支出	−0.000	−0.000	−0.000	−0.000	0.000
	（0.00）	（0.00）	（0.00）	（0.00）	（0.00）
网龄	−0.061*	−0.081**	−0.089**	0.005	−0.036
	（0.02）	（0.03）	（0.03）	（0.02）	（0.02）
平均每天上网次数	0.007	0.041	−0.014	−0.012	−0.012
	（0.02）	（0.02）	（0.03）	（0.02）	（0.02）
每天累计上网时长	−0.014	−0.027	0.002	−0.024	0.007
	（0.01）	（0.02）	（0.02）	（0.01）	（0.01）
常数	1.473**	−1.515*	−1.851**	0.820	0.129
	（0.54）	（0.62）	（0.63）	（0.50）	（0.51）
N	2 726	2 716	2 720	2 726	2 767

注：括号内标出的是标准误；* p<0.05、** p<0.01、*** p<0.001

正是基于这一机制，许多高校都建立了以马克思主义理论宣传教育为主的“红色网站”，但是在教育效果上，一些红色网站存在着使用人数不多、影响力较小的问题。因而一些研究者提出了高校宣传教育网站建设的着重点应放在建设综合性网站的观点。①我们认为，高校的红色网站作为马克思主义理论教育的网上阵地，是激发和引导大学生理论学习积极性和主动性的重要途径，应该大力坚持与积极发展。从清华大学“红色网站”建设与发展的启示来看，大学生中有着自发学习理论知识的要求和追求共产主义理想的积极性。②只要我们主动有效地引导这种积极性，就能够推进青年学生的思想理论学习的热情、增强理论教育的效果。在网上理论阵地的建设过程中，要注重网络传播对象的客观定位，把学生党员、入党积极分子群体、党课学习小组以及相关的学生理论社团协会作为重点群体，以阵地建设的鲜明特色与个性增强吸引力、提高凝聚力。在阵地建设目标上，要把理论网站建设成为校园网上的红色“家园”，用鲜明的旗帜、共同的理想和坚定的信念来团结和凝聚广大青年。邓小平同志曾讲过：“最重要的是人的团结，要团结就要有共同的理想和坚定的信念。我们过去几十年艰苦奋斗，就是靠用坚定的信念把人民团结起来，为人民的利益而奋斗。没有这样的信念，就没有凝聚力。没有这样的信念，就没有一切。”③在红色网站的建设中，要突出先进性，使之成为有志青年追寻人生理想，确立精神支柱，学习科学理论、坚定共产主义信念的网络家园；在阵地建设的内容上，以马克思主

① 中共北京市委教育工作委员会.互联网对高校师生的影响及对策研究［M］.北京：首都师范大学出版社，2002：140.

② 杨振斌，黄开胜.红色网站的发展和启示［J］.高校理论战线（现已更名为中国高校社会科学），2000（10）：35-37.

③ 邓小平.邓小平文选（第三卷）［M］.北京：人民出版社，1993：190.

义基本原理为核心内容，同时注重理论、历史与时政的结合；在阵地建设策略上，不简单追求访问量，而是要鲜明地举起马克思主义的旗帜，不断提升阵地建设的知识内涵和网上理论学习的交互性，吸引对于马克思主义有着浓厚兴趣和信仰追求的学生来关注和参与。从清华大学“红色网站”的发展实践来看，红色网站成立之初就确立了自己的宗旨“宗马列之说，承毛邓之学，怀寰宇之心，砺报国之志”，把网站发展定位在大学生学习共产主义的网上阵地，面向全校党员和积极分子提供网上学习和交流的阵地，成为“学生党员自己的网站”。在发展建设过程中，红色网站不断吸引那些有着共同精神追求和理论兴趣的学生参与进来，他们在这里共同学习理论、交流体会、讨论时事，形成了一个非常有“人气”的网上红色空间。这不但促进了学生党员和入党积极分子的理论学习和思想的提高，更创造了一个旗帜鲜明、有凝聚力和影响力的网上阵地，吸引了更多学生的关注和参与，成为学校开展理论教育的有效途径。

第三节　加强主流意识形态的网络内容建设

前文具体讨论了校园社交网络传播圈中各类信息内容的传播状况，探讨了不同类型信息内容的传播途径以及大学生的接受特点，为思想政治教育信息内容的有效传播提供了一些具体的规律性认知。在此基础上，本研究结合高校网络思想政治教育的工作实践，从加强网络新闻舆论引导、发挥马克思主义理论的新媒体影响力以及大数据环境下的网络意识形态建设等方面展开分析和阐述。

一、加强新媒体时代校园新闻舆论引导工作

高校网络思想政治教育工作要积极打造校园社交网络的新媒体矩阵，抓住校内外的热点事件因势利导，增强正面新闻发布与宣传教育的影响力。

（一）遵循校园社交网络传播规律，加强校园热门话题的引导工作

信息过载和污染是网络信息传播所带来的负面影响。相对于人有限的信息选择、获取、利用能力而言，网上巨量的信息传播造成信息受众思考力、判断力下降，影响他们的选择能力和对有用信息的吸收；而且其中大量的虚假、色情信息的传播会造成较大的社会危害。根据前文的分析，校园社交网络传播圈对于校外新闻信息内容具有一定的过滤机制：一般社会新闻并不能够进入校园网络，而学生们普遍关心的社会热点事件能够迅速成为校园BBS上的热门话题，在校园舆论场中形成广泛影响。因此，校园社交网络传播圈在防止信息过载和污染方面起到一定的积极作用。一方面是校园网络的可控性对虚假、色情信息在校园中的传播发挥出抑制作用；另一方面就是校园社交网络传播圈的“过滤机制”为广大学生快速获取热点事件和重要新闻信息提供了辅助作用。

校园社交网络传播圈对校外新闻信息的“过滤机制”反映了校园

网络信息环境下大学生信息接受的一个重要方式，即大学生群体所关注的校内外热点事件能够及时进入校园社交网络并引发广泛讨论，成为影响大学生思想和行为发展的重要信息内容。这对于高校网络思想政治教育的启示是：思想政治教育工作者立足校园社交网络传播圈进行议程设置，主动引导网上热点话题，对校园思想舆论发挥引导作用。当前，大学生的注意力集中于校园社交网络，他们对周围环境的了解主要是通过校园信息媒介所传播的焦点内容，如校园BBS十大热门话题、微信朋友圈的热文、学校网站或者学生社区中关于校内外重要事件的报道等。因此，与多元的互联网信息环境相比，校园社交网络传播圈的信息内容具有一定的社群属性，集中反映了大学生群体最为关注的问题和事件。利用这种机制，高校思想政治教育工作可以因势利导，积极构建校园社交网络的热点信息内容，通过参与构建热门话题的方式来为大学生设置议程，开展网上的“主题教育”活动。

立足校园社交网络传播圈进行校园热门话题的引导，要注重以下几方面：一是在工作目标上要积极营造正面新闻热点。由于负面新闻信息具有背向性、冲突性、突发性、刺激性等特点，往往能够很快吸引广泛的注意而迅速成为校园BBS上的热门话题或微信朋友圈热点，因此在校园社交网络上的热门话题中负面新闻比较多见。这种在内容上“一边倒”的信息传播容易造成信息受众对于外界环境的虚假认识，并不能真实反映现实情况，对大学生的思想和行为发展产生不良影响。因此，学校思想政治教育工作者要注重对于校园社交网络上热点事件信息传播的调控，及时在网上发布正面、积极的新闻事件信息，营造积极向上的校园网络信息环境。二是在工作方式上要注重发挥学生骨干队伍的积极性和主动性，把学生干部和党员骨干组织起来，积极参与校园网络热点话题的建构。校园社交网络上的热点话题是大学生共同参与的结果，许多热点话题内容来自于大学生的日常生活，这里是他们交流学习生活感受、发布个人经历的事情、表达所关注的问题、提出自己意见的地方。当大学生把学习生活中的事情和内心的真情实感用自己的话在校园网络社区发布出来时，往往能够引起他人的共鸣，有更多的学生愿意参与讨论和交流。因而，校园社交网络上大量的热点话题来自于大学生日常的实际生活，在这个方面仅仅依靠学校思想政治教育工作者很难达到对校园网络话题内容的有效影响，必须充分发挥大学生自我教育的作用。学生党员和学生干部是青年大学生中的先进分子，是学校各项教育和自我教育活动的骨干力量，在网络思想政治教育工作中要发挥这些学生骨干队伍的自觉力量，引导他们树立网络思想政治教育的自觉意识，用他们自己的眼睛去发现日常生活中美好的事物，用他们自己的话去诉说生活中美好的感受，努力营造出积极向上的网上舆论氛围。如北京大学在网络思想政治教育工作中就提出要建立一支“网上引导队”，“这支队伍的作用在于，当有害信息得到有效控制之后，他们主动积极引导网上的热点。小至身边琐事，大至国家大事，引导同学进行深入的思考，而不是盲目听任或助长消极消息的流行”。[①]

（二）把握大学生网络信息接受特点，建立正面宣传教育的有效机制

校园社交网络是大学生获取校内外信息的主要渠道，校园BBS、学校新闻网站、学生网络社区、微信朋友圈等都是他们接受信息的途径。根据前文中我们的分析，随着年级的升高和网络使用经验的增加，大学

① 北京市委教育工作委员会编.互联网对高校师生的影响及对策研究［M］.北京：首都师范大学出版社，2002：205.

生在接受信息的过程中逐渐对各类网络媒介形成一定的认知策略，他们对学校正式媒体的信任度要高于BBS等网络社区。针对大学生在信息接受方式上的特点，学校在开展宣传教育工作中要充分发挥主流媒体阵地的作用，建立快速、真实、客观的信息传播机制，构建“大宣传”的新媒体矩阵，发挥校园舆论发展的主导作用。

首先，在学校新闻宣传教育工作中，要把时效性作为最重要的原则，建立新闻宣传的快速反应机制。从调查数据分析中可以看到，校园BBS、知乎社区等之所以成为大学生获取消息的重要网络途径，其信息传播的快捷及时是重要原因。通常情况下，校园内外各种突发性事件的信息都会很快在校园BBS上传播。而相比之下，一些高校的校园新闻网站由于在新闻传播上更新速度小而未能在学生中建立起吸引力和影响力。因此，高校思想政治教育工作要适应网络信息传播的新形势，建立学校新闻宣传的快速反应机制，增强学校宣传教育网站的吸引力。这个新闻宣传的快速反应机制要注重以下几方面：一是针对国内外的重要时事，提高学校宣传教育网站的反应速度。国内外的各种重要时事，是对大学生进行形势政策教育的重要内容。一些重要的政治、经济和社会事件往往会对大学生的思想产生强大的冲击力，甚至会引发青年思想的急剧变化。从目前的情况来看，这些重要时事新闻的集中地主要是在校园BBS、知乎等网络社区中，而学校新闻网站或宣传教育网站在新闻时事报道上的作用还没有很好地发挥，从而导致学校思想政治教育者并不能很好地利用这些国内外重要事件的契机开展正面宣传教育工作。在网络信息传播的条件下，传统思想政治教育工作中所采取的专家报告会、下发学习材料等教育形式，其覆盖面不足、时效性差的弱点显得愈加突出。当前，针对这些重要时事的宣传教育工作，应该积极发挥网络的作用。在学校官网、官博、官微上建立起相关栏目，及时快速地对国内外重要时事进行新闻报道，在提高时效性的同时，还可以通过超文本链接、图文并茂等多媒体优势来增强吸引力，加大影响力。二是应对校内突发事件，要建立针对重点网络社区的监测和快速反应的工作制度。校内突发事件多与学校的教学质量、声誉以及学生素质的问题，学生权益纠纷、后勤管理等有关，多数事件的消息是直接由当事人发布到社交网络上，在内容上具有较大的主观性和情绪化特点，容易引起学生中的情绪波动，一些事件还会引起群体性事件。对于此类事件信息，快速展开调查研究，了解事实真相并通过学校网站发布事实经过，是引导校园社交网络舆论，避免不良后果的有效方式。这要求学校新闻宣传网站建立起快速反应能力，及时调查了解事件真相，进行新闻报道。

其次，在学校正面宣传教育工作中，要突出学校新闻媒体真实性、客观性强的优势，增强学校新闻媒体在大学生中的影响力。校园BBS是校内外信息传播的主要渠道，但是大学生对于BBS上消息的真实性和客观性的评价并不高。因此，以新闻信息传播的客观性、真实性为重点，形成学校新闻网站对于BBS的公信力优势，是高校思想宣传教育阵地在网上形成吸引力和凝聚力的重要方面。保证新闻信息传播的真实性，要依托学校新闻宣传网络媒体，建立起较为完善的新闻事件调查以及追踪报道的工作机制。对于校外热点事件的信息，以政府权威性的媒体报道为信息来源，及时通过学校网站等媒体转载主流媒体新闻，避免各类小道消息或国外媒体报道对大学生的误导。对于校内的各种消息，以学校宣传教育网站的新闻板块为阵地，建立对于校内事件的调查—报道—反馈机制，通过对校内事件进行全面真实、客观公正的报道，逐渐树立其在广大学生中的影响力，使学校网站成为校园网上具有公信力的权威性新闻媒体。保证新闻报道的客观性，要注重“用事实说话”，避免把报道者本人的情绪、意见和观点掺进新闻报道中，尽量以平实的叙述阐述事件的过程。尤其是对那些由学生与学校部门之间的矛盾所引发的事件，在新闻报道中要注重对事件的客观描述，为广大学生提供事件的客观经过，让他们在掌握全面信息的基础上进行理性的分析和判断，促进学校与学生之间的沟通和交流，从而产生良好的教育效果。保证新闻报道的客观性，还要注重对学生记者队伍的培养工作。一些高校的学生新闻记者队伍在开展校园新闻报道、引导校园信息传播上发挥出重要作用，如清华大学“学生清华”网站、华中科技大学的“华中大在线”[①]等通过组织学生记者参与校园新闻报道，把同学身边的活动、人物以及与学习生活密切相关的信息及时在网络上反映出来，吸引了广大学生的注意力，锻炼培养了一支学生宣传骨干队伍。吸收学生记者参与校园新闻报道可以发挥大学生自我教育的作用，要注重加强对学生记者队伍进行专业性的培训，提高学生记者的专业素养，保证新闻报道的质量。

再次，针对校园社交网络用户思想心理特点，为校园舆论提供“参照系”。校园社交网络为大学生关注和参与校内外重要事件和热点问题提供了有效的平台。立足校园社交网络传播圈，通过为校园网络舆论发展提供“参照系”来引导大学生对各类校内外热点事件的正确认识和理解，这是学校思想政治教育一种策略选择。参照系是舆论形成和发展过程中的重要因素，有学者研究认为，由于舆论主体的分散和无组织的特点，在不少情况下许多公众仅依据自己的信念和经验尚不能明确自己应当对社会性问题持什么观念和态度，因而在表达观念时有意无意地总是需要参照系的。[②]也有学者明确指出参照系在态度形成过程中的重要性：“对某种社会事实或社会事件的态度不仅仅是，或者说，关键不是经验

---

① 谢海光.互联网与思想政治工作案例［M］.上海：复旦大学出版社，2002：362.

② 陈力丹.舆论学——舆论导向研究［M］.北京：中国广播电视出版社，1999：109.

和经验积累的结果，经验再多也只是个体内部过程，态度的形成还必须有外参照系。人们关于某个事件的态度，在没有参照系的情况下，仍然是潜在状态，尚说不清楚究竟是什么态度。”[①]在一些重大的社会事件或是校内突发事件发生后，校园社交网络上会在短时间内出现大量言论，各种意见和观点相互碰撞和融合，在一段时间的震荡之后逐渐趋向稳定，形成舆论。舆论增长的过程是一个从议论的无序化向有序演变的递进过程。[②]在这个过程中，参照系是舆论主体形成一致性的态度、观点和意见的价值评判标准，什么样的参照系被采纳和接受，直接导致什么样舆论倾向的形成。一般情况下，主流媒体或网络意见领袖在参照系的确立过程中产生了重要影响。在校园信息环境中，学校能够充分发挥教育者的自觉性和主导力，围绕各类校园内外的热点事件为大学生们及时提供符合教育目标和要求的参照系，积极引导校园网络舆论的发展方向，营造正面的校园舆论环境。在具体的工作实践中，充分发挥学校新闻媒体的影响力，通过新闻报道和评论为校园社交网络舆论发展提供参照系。在事件发生后，学校思想政治教育工作者要迅速行动起来，调查分析大学生的思想动态，及时了解思想动态中的热点、疑点、难点问题，进而开展有针对性的新闻报道和评论，澄清事实，化解矛盾，提高大学生对问题的认识水平和思想觉悟。

一个典型的案例是发生在某学院的学生打架事件。当日晚上11时左右，学生甲与朋友聚餐喝酒后，回到宿舍仍在唱歌，影响了同宿舍的学生乙的休息，两人发生口角并发展到动手。其后，在打架后受伤的学生乙的家长于当晚赶到学校，向学生甲兴师问罪。110和学校派出所接到报警后赶到现场，这两名学生被110带往派出所。同情甲的一名学生

① 沙莲香.社会心理学［M］.北京：中国人民大学出版社，1987：251.

② 刘建明.社会舆论原理［M］.北京：华夏出版社，2002：146.

在BBS上披露这一事件的大致经过后，学生乙家长的举动引起许多学生的强烈反应，迅速形成了对学生乙家长行为的“讨伐”舆论，这一事件被上升为对招生制度（招生在地域上存在差别）的不满、对司法腐败的批判。这一突发事件在舆论发展过程中的典型性在于，在事件消息上网之后，很快由一些学生提出了一个解读该事件的参照系——社会存在阴暗面，使得弱势群体遭到不公正待遇。这种意见触发了学生中的激烈情绪，很快形成了比较偏激的网上舆论。针对网上的舆论发展，学校通过“学生清华”网站对该事件的处理作出新闻报道，指出学生甲已经回到学校；两个学生已经分别就自己的过错作出反省，学校将按照规定作出处理。该报道以事实解除了学生甲遭到不公正待遇的错误舆论，并淡化学生乙的北京籍身份，着重指出了两位同学的过错，引导学生客观地看待这一事件中双方的责任。这个报道和相关评论为校园网上的舆论发展提出了一个良性的参照系——大学生要遵守学校规定，同学之间要相互理解和帮助。这一新闻报道很快被转载到BBS上，澄清了一些学生对事件不正确的认识，对原来的BBS舆论倾向起到了转化作用。一些学生中的愤怒情绪得到化解，言论也趋于冷静和客观。

（三）认知负面网络舆情形成特点，开展有针对性的舆论引导工作

评论类信息的“二级传播”现象，使得作为校园社交网络舆论制造主体的少数活跃者群体能够对多数学生产生影响。因此，高校思想政治教育工作者要重视对校园社交网络舆论的参与和引导，注重激发和引导多数学生的“理性声音”的力量，避免由偏激的意见和观点所导致的不良舆论的发展。在一些具有冲突性的突发事件中，一些比较偏激、情绪

化的意见往往能够在校园网上最先出现并形成一定规模，这时的舆论主体往往是那些事件的当事人或者一些热衷于在网上兴风作浪的网虫，他们情绪强烈、观点偏激，言论带有较强的个人主观性，在网上形成一股群体力量。对于他人发表的不同意见，往往是群起而攻之，大量的回击性帖子很快就会把其他意见的帖子“淹没”。在这种情况下，校园社交网络上的舆论并不能代表多数学生的意见和观点，而网络舆论中表现出来的非理性化色彩往往还会引起一些沉默者的反感。相对于网上讨论者的情绪化状态，这些“沉默的多数”反而能够比较客观和冷静地看待问题，对事件进行理性的思考和判断。学校思想政治教育工作者要认识和把握这种负面舆情现象的形成特点，开展有针对性的工作。在一些突发事件过程中，对一些学生在网上强烈的舆论反映要冷静观察，认真分析，并通过各种渠道广泛调查了解学生的思想动态，对校园社交网络舆论有全面、客观的分析和判断。对于那些情绪化色彩浓厚、意见和观点比较偏激的网上舆论，分析其产生的原因和矛盾症结所在，一方面通过一定的渠道与这些学生进行沟通和交流，另一方面则采取一定的方法收集了解更多学生的意见和想法，把那些客观理性的观点和意见突显出来，遏制不良舆论，引导形成积极的舆论发展。例如，2002年年初发生的清华大学学生刘海洋“伤熊事件”在网上披露之后，引起了一些学生强烈的愤怒情绪，要求“严惩”的帖子充斥在校园网上，一些比较偏激甚至是极端的言论大量出现，如“不开除不足以平民愤”等。在这样的情绪氛围中，校园社交网络上形成了大肆批判和极端否定的舆论。针对这种情况，学校思想政治教育工作者通过“学生清华”网站采取调查分析、逐步引导的宣传教育策略。学生记者及时通过多种渠道在学生和老师中调查大家对刘海洋伤熊事件的看法，了解和掌握更多学生的态度和意见并进行分析，制定新闻报道的策略。在事件发生后的连续几天内，连续发布多篇新闻报道：《我们要承担责任——清华学生对伤熊事件如是说》《良心救助——学生会倡议全校同学为救治伤熊募捐》《清华大学心理咨询中心老师谈清华学生心理问题》《网友评论——从伤熊事件看中国的媒体和舆论》。这些理性、客观的新闻报道在广大学生中产生积极的影响作用，逐步扭转校园BBS上一些学生的偏激情绪和观点。在“学生清华”新闻报道与评论的引导下，校园BBS上的理性言论逐渐增多，不少学生发表了要关心帮助刘海洋的意见和看法。针对校园BBS舆论所出现的这一新变化，“学生清华”网站及时推出了“邮局服务部一位阿姨眼中的刘海洋”的新闻报道，从一位普通人的角度表达了对刘海洋同学要关心爱护、治病救人的意见。该报道在学生中进一步引起强烈共鸣，并很快被转载到水木清华BBS上，逐步形成了校园网上“客观理性看待伤熊事件、关心爱护刘海洋未来发展”的积极舆论。下面是“学生清华”上的新闻报道以及一些学生的新闻跟帖评论。[①]

“出事那天上午十点多，他还在我这里聊天呢。”

——邮局服务部一位阿姨眼中的刘海洋

学通社记者　徐勇　编辑　谢岳来　2002-03-02　16:12:40（1914）

“刘海洋的案子会怎么判？”阿姨贴在我耳边问，她在十食堂路口的邮局服务部工作了近10年。最近两个月，我经常来这里买报纸杂志，同阿姨聊天。“这个孩子太可怜了，不讲吃不讲穿，你求他打听个事帮个忙，没有不尽心办好的。确实是个好孩子呀！”她一脸的惋惜之色。

我很惊奇阿姨怎么会认识他，原来他是阿姨儿子的高中同学，像我一样经常来这里。“出事那天上午十点多，他还在我这里聊天呢。”

① 资料来源：“学生清华”网站，新闻焦点，2002年3月2日。

"他有什么异常表现吗？"

"没有，和平常一样啊，木木讷讷的，还是一个没长大的孩子。当时，我的《体坛周报》没卖完，捆好了让我儿子帮我拿出去卖。海洋也看不出我着急，他俩一个劲地聊。十点多了，他才说要走。我问他去哪儿，他说去看书。结果——那天的新闻联播就报了这件事，给的是远镜头，我就觉得像他，儿子还埋怨我，说海洋怎么会那么做。可播晚间新闻时，儿子惊叫起来，'是海洋！真的是他！'太不可思议了。"阿姨有些哽咽，"你看！"她指着柜台上的几份报纸和架上的杂志，那是刘海洋要阿姨给他留的。

在阿姨的印象中，刘海洋一米八几的个子，却有点水蛇腰，显得营养不良，一年到头都是一身很旧的运动服。阿姨说："当初我也就是凭他那身衣服，认出他的。这个孩子在我儿子那个班上，什么时候考试都是第一。生活朴素得不得了，上高中穿的是初中的校服，上大学还是这样，一门心思就是念书，是我儿子他们学校的表率呐。他刚来（这里）的时候，我看他穿的是我儿子高中时的那种校服，就问他是不是刘海洋。从那以后，他就经常来我这儿看看。"

"我好后悔没让他在我这儿多待会儿，早知道他会去做这事，说什么也要拦着他的。可这孩子不说呀。"阿姨的眼睛湿润了，"他真的还是一个没长大的孩子，我想，他不会是恶意去做的。"

评论：不要把人一棍子打死，刘海洋比起那些射杀珍贵动物的人来说算是轻罪！拯救一只熊好拯救，但拯救一个人不好拯救。

评论：别让刘海洋就这样自我毁灭了！

评论：救熊要紧，还要救人。

评论：但愿学校不要开除他的学籍才好，否则他的一生不就毁掉了吗？既然他都知道自己错了，那我们就该对他宽容。

评论：我们不只应该拯救熊，也应该拯救刘海洋同学。

（四）针对重大事件和社会舆论热点，旗帜鲜明地开展舆论斗争

互联网领域是意识形态斗争的最前沿，近年来由社会热点、突发事件的舆论冲突上升为意识形态论争的频率加大。微博、微信、网络论坛等成为意识形态主战场，由社会事件引发的意识形态论战此起彼伏。高校一直是意识形态斗争的前沿阵地，西方一些敌对势力长期把我国高校作为意识形态渗透的重点，极力传播西方价值理念和制度模式，大学生面临着大量西方文化思潮和价值观念的冲击。例如有关高校教师言论、高校学术自由及其底线、高校学术评价导向和部分学科教育西化等问题，持续成为高校意识形态领域的热点问题，都在互联网上引发广泛的关注和激烈的舆论战，并进而上升到意识形态斗争。从总体格局而言，我国与西方的意识形态斗争长期处在“西强我弱”的局面。近些年来，随着我国社会主义建设事业不断取得历史性成就，综合国力和国际影响力逐步提升，西方国家对我国的戒备和敌意日益加深。近年来美国进行战略调整，把中国定位于其价值观和利益的主要“战略竞争者”，从经济、政治、文化、科技、外交等各个领域进行遏制和围堵。在这样的形势下，我国意识形态领域更加严峻和复杂，意识形态风险是今后一段时期可能遇到的重大风险之一，加强意识形态安全工作更加迫切。因此，习近平总书记深刻指出：“过不了互联网这一关，就过不了长期执政这一关。”[①]面对复杂的环境，高校思想政治教育工作需要把握意识形态发

① 中共中央文献研究室编.习近平关于社会主义文化建设论述摘编［M］.北京：中央文献出版社，2017：42.

展大势，深入研究和科学回答当前形势下需要解决的重点难点问题；要加强高校意识形态阵地建设，高度重视“两个舆论场”的现象，加强新闻舆论工作；要加强社会思潮的引导，批判错误思潮，对普世价值、历史虚无主义、新自由主义等开展旗帜鲜明的斗争。下面以2015年高校宣传思想工作领域的一则案例进行具体分析。

2015年1月，中共中央办公厅、国务院办公厅印发了《关于进一步加强和改进新形势下高校宣传思想工作的意见》(以下简称《意见》)。2015年1月19日，中央媒体以新闻报道方式刊发了《意见》的主体内容，引起高校师生广泛关注。1月29日，教育部组织学习贯彻《意见》精神座谈会，强调要充分认识新形势下加强和改进高校宣传思想工作的极端重要性和现实紧迫性，将《意见》提出的各项政策举措落实到办学实践中。高校教师必须守好政治底线、法律底线、道德底线。要加强高校意识形态阵地管理，特别是加强教材建设和课堂讲坛管理。加强对西方原版教材的使用管理，绝不能让传播西方价值观念的教材进入我们的课堂；决不允许各种攻击诽谤党的领导、抹黑社会主义的言论在大学课堂出现；决不允许各种违反宪法和法律的言论在大学课堂蔓延；决不允许教师在课堂上发牢骚、泄怨气，把各种不良情绪传导给学生。媒体报道讲话要求后，引发了网络舆论热议。其中有网友故意曲解、歪解甚至攻击讲话中的某些观点，形成一定程度上的负面社会舆论。主流媒体迅速发声，针对上述错误观点进行正面回应和有力批驳。1月30日，《求是》杂志发表文章《把握大势　着眼大事，努力做好新形势下高校宣传思想工作》，光明网刊发署名文章《社会主义大学不让传播西方价值观，何错之有？》，《环球时报》发表社评《说的是西方政治价值观，别扯偏了》，这些主流声音对于错误观点进行了有力的批判。

清华大学针对此次舆情热点，把正面宣传教育和批判错误观点相结合，主动开展校园舆论引导工作。一是及时开展舆情分析，把握动态提出对策。1月29日，学校及时开展舆情工作，汇总各方观点，研判舆情状况。舆情报告认为多数网民能够正确认识、客观评价，但有少数网民刻意歪曲攻击讲话精神。由于当时绝大多数高校已经放假，校内师生舆情相对较少，但新浪微博中的反应颇为强烈。针对错误观点和认识，应组织力量开展有理、有力的回应和批驳。同时，通过网络舆情反映可以看出，在少数师生中间确实存在着一些模糊甚至是错误的思想认识，学校需认真贯彻落实《意见》各项要求，切实拿出有效措施深化思想理论建设，引导广大师生自觉拥护党、拥护社会主义，坚定中国特色社会主义的道路自信、理论自信和制度自信。二是启动校园媒体联动，开展网评引导舆论。在分析把握舆情状况的基础上，宣传思想工作队伍立即行动起来，充分进行信息交流、问题研讨和工作安排，通过校园各媒体平台开展舆论引导。原创网评《如何建立中国社会共识凝聚的基础》《莫将张冠给李戴，莫认他乡作故乡》等文章运用网言网语，针对网络错误言论进行针锋相对的批驳，先后在微信公众号“清华研读间”“藤影荷声”“清华大学求是学会”等平台发布，引起较大关注和广泛传播。学生红网等平台先后发表学生原创评论文章《老师是学生灵魂的筑梦师》《我们需要的教育是大雅正音》等，拥有72万粉丝的“清华大学微博协会”账号及时转发《环球时报》评论《说的是西方政治价值观，别扯偏了》一文，进行正面舆论引导。三是组织动员广大教师，弘扬主旋律传播正能量。马克思主义学院、社会科学学院等相关院系的专家学者针对问题开展理论分析，一些青年教师、辅导员撰写工作心得体会，15位专家学者、辅导员和党员骨干撰写的文章陆续发表，发出校园正能量的主流声音。清华大学“藤影荷声”微信公众平台转载学校党委书记文章《准确把握加强和改进高校宣传思想工作的基本原则》，并先后发布马克思主义学院教师的系列文章《壮大高校主流思想舆论》《讲清讲透社会主义核心价值观》《高校宣传思想工作面临的挑战与对策》《齐抓共管、敢抓敢管应该成为高校宣传思想工作新格局的重要特点》《我们要用什么样的价值塑造人》，以主流声音引导形成积极正面的校园舆论氛围。

二、发挥马克思主义学科的新媒体影响力

习近平总书记在哲学社会科学工作座谈会上的重要讲话中指出："坚持以马克思主义为指导，是当代中国哲学社会科学区别于其他哲学社会科学的根本标志，必须旗帜鲜明加以坚持。"[①]作为一门研究马克思主义的学科，马克思主义理论一级学科设立以来，在凝集马克思主义理论研究学术队伍、引领哲学社会科学发展方向、支撑国家主流意识形态建设和高校思想政治理论课教育教学等方面发挥了不可替代的重要作用。面对新时代、新形势、新任务，加强马克思主义理论学科建设，充分发挥马克思主义理论学科的引领作用，是巩固马克思主义在意识形态领域主导地位、提高社会主义意识形态凝聚力和引领力的重要任务，是一项具有重要意义的战略工程。[②]然而在实际工作中，马克思主义理论学科的影响力尚不够深广，在引领作用的发挥上存在着诸多的问题。正如习近平总书记所指出："在有的领域中马克思主义被边缘化、空泛化、标签化，在一些学科中'失语'、教材中'失踪'、论坛上'失声'。这

① 习近平.在哲学社会科学工作座谈会上的讲话［M］.北京：人民出版社，2016：8.

② 袁银传.发挥马克思主义理论学科的引领作用［J］.求是，2018（12）.

种状况必须引起我们高度重视。”[①]互联网作为人类知识和信息传播的重要领域，对政治、经济、文化、社会、生态、军事等发展产生了深刻影响。CNNIC第44次中国互联网络发展统计报告显示，截至2019年6月，我国手机网民规模达8.47亿。“宣传思想工作是做人的工作的，人在哪儿重点就应该在哪儿。”[②]新的形势发展要求马克思主义学科必须走进新媒体领域，引导已经成为“手机网民”的广大群众，从而牢牢把握马克思主义意识形态的领导权和话语权。

（一）马克思主义理论学科新媒体阵地的影响力分析

对于学科建设而言，学者是建设的主体，学术研究是建设的基础。当前，我国马克思主义理论学科点承担着开展马克思主义理论教学、研究和人才培养的重要任务。马克思主义理论学科期刊是开展马克思主义理论学术交流、传播马克思主义理论研究成果的主要学术平台。马克思主义理论学科具有两个重要的新媒体阵地，一是马克思主义理论学科点的微信公众号平台；二是马克思主义理论期刊的微信公众号平台。这两类新媒体阵地的建设对于提升马克思主义理论学科的网络影响力、增强马克思主义在网络思想舆论领域的引领作用具有重要意义。我们通过调研发现，截至2019年6月，我国马克思主义理论学科点建设有154个微信公众号平台，这些新媒体阵地是开展马克思主义理论教育的重要途径，也是展示马克思主义理论学科建设成果的重要窗口，同时发挥着马克思主义大众化、网络化传播的重要功能。马克思主义理论学科的学术

① 习近平.在哲学社会科学工作座谈会上的讲话［M］.北京：人民出版社，2016：10.

② 中共中央文献研究室.习近平关于全面建成小康社会论述摘编［M］.北京：中央文献出版社，2016：105.

期刊近年来也相继建设开通了微信公众号，成为马克思主义在互联网上的学术交流平台和理论宣传阵地，其影响力的发挥对于坚持和巩固马克思主义在意识形态领域的指导地位具有重要意义。人文社会科学研究评价体系“中文社会科学引文索引”（CSSCI）中马克思主义理论学科收录了25种学术期刊，本研究在2019年6月的调研显示，马克思主义理论学科的学术期刊建设有18个微信公众号平台。这些新媒体平台为本研究的开展提供了有效的数据来源。

本研究提出了一个马克思主义理论学科新媒体阵地影响力测量的指标体系，如表2-13所示。基于上述指标体系，以2017年1月1日至2019年6月10日作为采集数据的时间周期，收集了包括154个马克思主义理论学科点的微信公众号和18个马克思主义理论期刊微信公众号平台上的所有数据；同时为测量马克思主义理论学科微信公众号文章的影响力状况，从2 100万个活跃微信公众号中挖掘和提取了马克思主义理论学科微信公众号文章的所有转发数据，最终形成了对马克思主义理论学科在新媒体领域影响力的量化测评。

表2-13　马克思主义理论学科新媒体影响力的评价指标体系

一级指标	二级指标
马克思主义理论学科新媒体阵地影响力	微信公众号发布文章的数量加总
	微信公众号所有文章的阅读数加总
	微信公众号所有文章的点赞数加总
马克思主义理论学科新媒体文章影响力	微信公众号文章的阅读数
	微信公众号文章的点赞数
	微信空间中转发的文章数加总
	微信空间中转发文章的阅读数加总
	微信空间中转发文章的点赞数加总

1.马克思主义理论学科点微信公众号平台建设状况分析

通过对微信公众号的搜索识别以及马克思主义理论学科点的问卷调研反馈，本研究共采集到全国154个马克思主义理论学科点的微信公众号，这些微信公众号自2017年1月1日至2019年6月10日共发布文章29 556篇，这些新媒体文章的总阅读数是5 491 231，总点赞数是169 691。

首先，马克思主义理论学科点微信公众号平台的地域分布情况如图2-3所示，近三分之一的高校马克思主义理论学科点微信公众号平台集中在华东地区，其次是华北和华中地区。从所在城市而言，这些学科点微信公众号平台主要集中在华北地区的北京市和天津市、华东地区的上海市和南京市以及华中地区的武汉市，这与我国的高等教育布局是有着密切联系的。其次，根据微信公众号平台建设主体的所属高校类型进行划分，其中属于"985工程"大学的有32所，占到目前"985工程"大学（39所）的82%，说明多数"985工程"大学的马克思主义学院重视开展新媒体阵地的建设工作。再次，本研究考察了全国重点马克思主义学院和马克思主义理论"双一流学科"建设高校的新媒体阵地建设情况。2015年，中宣部、教育部联合印发《普通高校思想政治理论课建设体系创新计划》提出建设"全国重点马克思主义学院"工程，迄今公布了三批次37家，2017年公布的马克思主义理论"双一流学科"建设名单，共有6所高校入选。调研发现，全国重点马克思主义学院中有29家开展了微信公众号平台的建设，占到目前全国已有重点马克思主义学院（37家）的78%，6所"双一流学科建设"高校中除了新疆大学之外，其他的马克思主义学院全部建设有微信公众号平台，说明全国重点马克思主义学院和承担一流学科建设的马克思主义学院在新媒体阵地建设上发挥出示范效应。

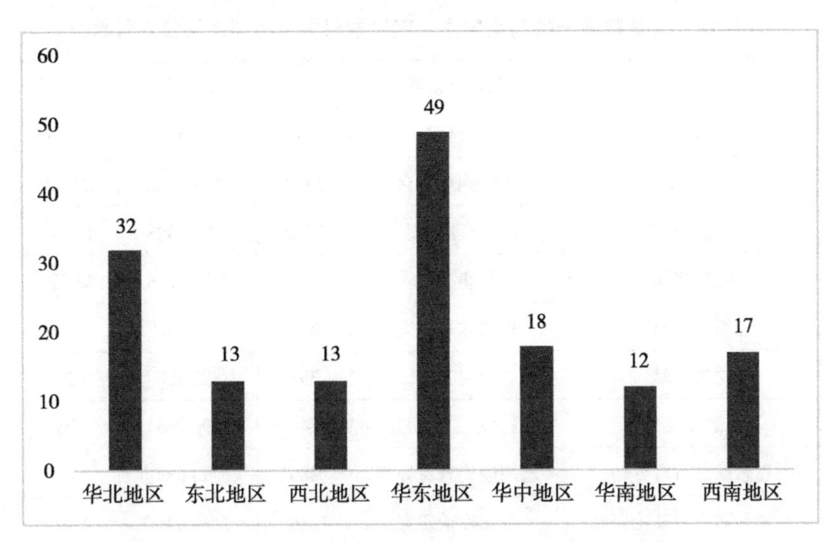

图2-3　马克思主义理论学科点微信公众号平台的地域分布

2. 马克思主义理论学科学术期刊微信公众号平台建设状况分析

统计发现，马克思主义理论学科学术期刊的微信公众号平台自2017年1月1日至2019年6月10日共发布文章14 946篇，总阅读数达到77 860 032，总点赞数达到915 468（表2-14）。进一步通过对2 100万活跃微信公众号的数据搜索发现，马克思主义理论学科学术期刊微信公众号上发布的文章被其他微信公众号转发的有321 300篇次。这些转发文章在相应微信公众号上的阅读数总计达到97 425 233，点赞数达到1 801 173（表2-15）。总体而言，马克思主义理论学科学术期刊微信公众号文章的总阅读数达到175 285 265，总点赞数达到2 716 641，说明马克思主义理论学科学术期刊新媒体平台受到社会广泛关注，在网络思想舆论领域产生了相当的影响力。

表2-14　文章数前十的马克思主义理论学科学术期刊微信公众号状况

期刊	微信公众号	文章数	阅读数	点赞数
求是	求是网	4 701	17 144 772	171 775
党建	党建网微平台	3 896	54 863 381	678 114
前线	前线理论圈	2 155	1 900 485	19 346
红旗文稿	红旗文稿	1 762	1 285 298	22 276
思想教育研究	思想教育研究	381	291 175	2 079
党的文献	党的文献	351	801 708	9 247
马克思主义研究	马克思主义研究	346	496 965	3 057
思想理论教育导刊	思想理论教育导刊	280	493 682	3 498
毛泽东邓小平理论研究	毛邓理论研究	246	169 821	2 402
理论视野	理论视野	179	71 677	805

表2-15　被转发文章篇次前十的马克思主义理论学科学术期刊微信公众号状况

期刊	微信公众号	被转发的文章篇次	被转发文章的阅读数	被转发文章的点赞数
党建	党建网微平台	267 022	83 206 552	1 547 943
求是	求是网	49 691	10 926 746	200 848
红旗文稿	红旗文稿	1 648	1 541 401	19 873
前线	前线理论圈	1629	1 068 443	25 211
思想教育研究	思想教育研究	246	119 619	1 315
马克思主义研究	马克思主义研究	238	213 400	2 190
思想理论教育导刊	思想理论教育导刊	213	137 295	1 276
党的文献	党的文献	183	52 832	793
学校党建与思想教育	学校党建与思想教育	183	40 367	300
思想理论教育	思想理论教育	115	65 722	805

（二）马克思主义理论学科新媒体文章的影响力分析

习近平总书记在网络安全和信息化工作座谈会上指出："加强网络内容建设，做强网上正面宣传，培育积极健康、向上向善的网络文化，用社会主义核心价值观和人类优秀文明成果滋养人心、滋养社会，做到正能量充沛、主旋律高昂，为广大网民特别是青少年营造一个风清气正的网络空间。"①增强马克思主义理论的网络传播力和影响力，平台是基础，内容是关键。马克思主义理论学科新媒体文章是加强网络内容建设、做强正面宣传效果的关键所在。基于此，我们对马克思主义理论学科点微信公众号文章的状况和马克思主义理论学科期刊微信公众号文章的状况进行了深入分析。

1.马克思主义理论学科点微信公众号文章的状况

为了解和分析马克思主义理论学科新媒体文章的传播特点和规律，本研究首先对马克思主义理论学科点微信公众号阅读数在1 000以上的757篇文章进行了内容分析。结果显示这些文章主要可以分为学生活动、时事新闻、学院信息、专家文章、课程教学、招生培养以及学术信息七大类，如图2-4所示。从发布文章的数量来看，学院信息类的文章最多，其次是学生活动类文章。从阅读数来看，排名前十且阅读数在10 000以上的文章多是学生活动类的主题，与此同时，思政课教学类、招生培养类以及学术信息类文章的关注度也较高，这些文章内容分别涉及思政课教师的推介、思政课教学内容的发布、马克思主义理论学科夏令营、学术论坛以及研讨会等信息，都与学生的学习生活和学术成长有

① 习近平.在践行新发展理念上先行一步 让互联网更好造福国家和人民［N］.人民日报，2016-04-20.

密切关系。人才培养是学科建设的重点，关系着学科建设的成效，马克思主义学科的新媒体阵地如果要吸引学生的关注和参与，那么就要关心他们的需要和期待，与学生的学习生活和成长发展紧密结合。如《列宁的小故事》《马克思其实也是新闻人》《给90后讲讲马克思 | 第一讲：最熟悉的陌生人》《马克思是位“化学家”》等文章都获得了相对较高的阅读数和点赞数。这说明马克思主义学科的理论传播只要主动把握当代青年学生的成长期待和认知特点，掌握和运用新媒体传播规律，采用生动的话语形式让思想理论“活”起来，让马克思主义变得更加具有亲和力和感染力，我们就能够吸引广大学生的关注，在互联网上赢得青年的使用。

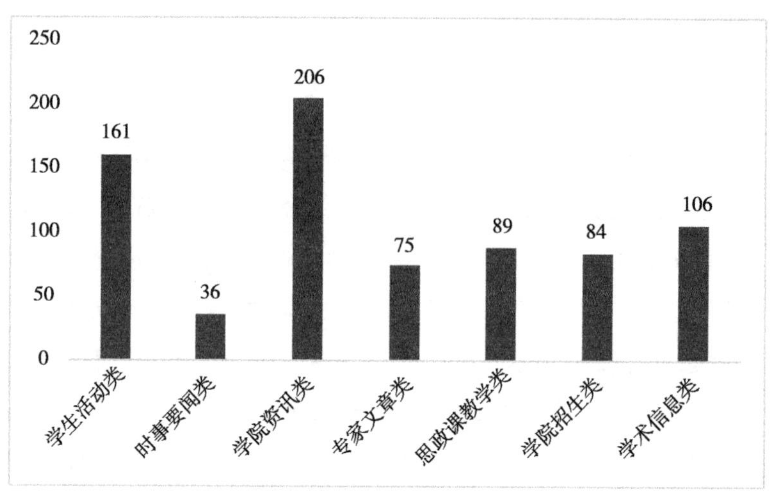

图2-4　马克思主义学院微信公众号阅读数在1 000以上的文章类型分布

2. 马克思主义理论学科期刊微信公众号文章的状况

统计显示，马克思主义理论学科期刊微信公众号上有阅读数50 000以上的热文共计87篇。首先从文章来源来看，近98%的热文来自于《党建》杂志社主办的微信公众号“党建网微平台”和《求是》杂志社主办的微信公众号“求是网”，这说明以《党建》和《求是》为代表的中央级党刊在新媒体阵地上发挥着显著的引领作用。其次，从文章内容上来看，主要可以分为时政评论类文章、经济理论类文章、政治理论类文章、文化理论类文章、党史党建类文章、工作实务类文章等。其中，时政评论类文章占了多数，共有60篇，内容主要涉及习近平总书记系列重要讲话、国家政策解读、重大节日纪念活动等。总体而言，阅读数在“10万+”的“热文”主题主要是时政评论类的内容，详见表2-16。

表2-16 马克思主义理论期刊微信公众号热文统计（阅读量100 000以上）

	期刊	微信公众号	文章标题
1	党建	党建网微平台	习近平这样缅怀毛泽东
2	党建	党建网微平台	习近平引用率最高的十大典故
3	党建	党建网微平台	习近平如何为十九大定调?
4	党建	党建网微平台	习近平论好老师
5	党建	党建网微平台	十九大将明确回答四大问题
6	党建	党建网微平台	十九大对党章做了这些重大修改
7	党建	党建网微平台	铭记“九一八”，听习近平谈历史
8	党建	党建网微平台	毛泽东的十大气质
9	党建	党建网微平台	毛泽东：伟大时代的灵魂性人物
10	党建	党建网微平台	国家公祭日，习近平论铭记历史
11	党建	党建网微平台	共产主义离我们有多远?
12	党建	党建网微平台	扶贫干部的十四个必知
13	党建	党建网微平台	党务工作流程图
14	党建	党建网微平台	“收到”，也是一种修养
15	党建	党建网微平台	“4 · 23”世界读书日，习近平教我们如何读书
16	求是	求是网	缅怀革命烈士，向未来出发

我们进一步对马克思主义理论学科期刊微信公众号被转发的文章进行了统计和分析，有69篇被转发的文章阅读数在“10万+”，这些文章的内容主要以时政评论为主。与此同时，我们发现一些理论研究文章被转发的频率也比较高，产生出较大的影响力。这些文章多是聚焦于思想政治理论热点问题，涉及习近平新时代中国特色社会主义思想研究、党的政治建设、反对历史虚无主义、“普世价值”批判、中美关系研究等，见表2-17。文章主题直面当前重大理论问题，旗帜鲜明地弘扬主旋律，有理有据地批判错误思潮和观点，从而受到广泛的关注和传播。2019年9月3日，习近平总书记在中央党校（国家行政学院）中青年干部培训班开班仪式上发表重要讲话中指出：“我们在工作中遇到的斗争是多方面的，改革发展稳定、内政外交国防、治党治国治军都需要发扬斗争精神、提高斗争本领。全面从严治党、坚持马克思主义在意识形态领域的指导地位、全面深化改革、推进供给侧结构性改革、推动高质量发展、消除金融领域隐患、保障和改善民生、打赢脱贫攻坚战、治理生态环境、应对重大自然灾害、全面依法治国、处理群体性事件、打击黑恶势力、维护国家安全等，都要敢于斗争、善于斗争。”[①]当前互联网领域是意识形态斗争的前沿阵地，在网络战场的较量中我们越是敢于“亮剑”，旗帜鲜明地发声，理直气壮地批判错误思潮，越是能够赢得“眼球”，增强传播力，掌握主动权。

① 习近平.发扬斗争精神增强斗争本领　为实现“两个一百年”奋斗目标而顽强奋斗［N］.人民日报，2019-09-03.

表2-17　马克思主义理论学科期刊公众号被转发的部分理论研究文章（阅读数在10 000以上）

	微信公众号	文章标题
1	马克思主义研究	邓小平的中央权威观及其对新时代的启示
2	马克思主义研究	毛泽东人民观对儒家民本思想的超越
3	红旗文稿	中美出现结构性的实力消长
4	红旗文稿	党管国企 有理有据
5	红旗文稿	认清美国对华发动贸易战的真正意图和目的
6	红旗文稿	认清西方“普世价值”渗透的实质
7	红旗文稿	苏联军队“非党化”的历史悲剧
8	红旗文稿	声音丨警惕资本逻辑影响网络舆论导向
9	红旗文稿	【周末深阅读】旗帜鲜明反对“伪忠诚”
10	红旗文稿	宗教极端主义不是宗教，而是政治
11	红旗文稿	习近平治国理政思想的理论贡献——“五大问题”和“五大规律”
12	红旗文稿	揭一揭软性历史虚无主义的真实面目
13	红旗文稿	习近平新时代中国特色社会主义思想的历史观
14	红旗文稿	毛泽东那代人为中国复兴留下了什么财富?
15	前线	关于党性与人民性关系的几种错误论调，可以休矣

（三）发挥马克思主义学科新媒体影响力的对策分析

当前，互联网已经成为意识形态工作的主战场、最前沿。互联网日益成为人们特别是年轻一代获取信息的主要途径，网络舆论直接影响着人们的思想观念和价值取向。[①]在现代信息技术迅猛发展的形势下，马克思主义意识形态建设要大力推动传播手段建设和创新，用马克思主义理论占领新媒体阵地，在网络空间发挥好马克思主义理论学科的引领作

① 中共中央宣传部.习近平新时代中国特色社会主义思想三十讲［M］.北京：学习出版社，2018：218.

用下，牢牢把握马克思主义意识形态领导权和话语权。正是基于这一目标，我们利用大数据手段和方法开展了马克思主义理论学科新媒体影响力的实证研究。研究结果显示，马克思主义理论学科在新媒体领域产生了相当的影响力，主要表现在支撑马克思主义理论学科的两大重要阵地——马克思主义理论学科点和马克思主义理论学科期刊，积极开通和运营微信公众号平台，在新媒体空间弘扬主旋律，壮大主流思想理论，开展网上舆论斗争，基本形成了马克思主义理论学科的新媒体矩阵并开展了卓有成效的意识形态工作创新。以“求是网”“党建网微平台”“马克思主义研究”“红旗文稿”“前线”等为代表的马克思主义学科新媒体阵地，坚持正面理论宣传和批判错误思潮相结合，获得了广泛的社会关注，其新媒体文章得到相当可观的阅读数和点赞数，并得到了大量活跃微信公众号的主动转发，从而在开展网上正面宣传、内容建设和舆论引导等方面有效发挥出了马克思主义理论学科阵地的引领作用。

与此同时，研究发现马克思主义理论学科在新媒体建设和运用方面存在着一些短板和弱项，主要表现在以下几方面：第一，从新媒体阵地建设情况来看，有相当数量的马克思主义学科建设主体没有开展新媒体阵地的建设，已经建有微信公众号的主体在建设投入和实际运用上的状况也不容乐观。如在全国348所高校马克思主义理论学科点中开通建设微信公众号的不到50%①。CSSCI所收录的马克思主义理论学科25种期刊中有18个开通了微信公众号，但比较活跃且具有一定影响力的只有10个左右。第二，从新媒体文章的影响力来看，存在着发布数量偏低、阅读数不高的问题。在154个马克思主义学科点微信公众号中，有43

① 艾四林，吴潜涛.马克思主义理论学科发展报告（2017）[M].北京：高等教育出版社，2018：18.

个微信公众号发布的文章数低于50，19个微信公众号文章的总阅读数低于1 000，63个微信公众号文章的总阅读数低于10 000。马克思主义理论学科期刊微信公众号中有4个发布的文章数低于100。

针对以上研究结论和发现的问题，我们提出以下对策分析。

一是增强阵地意识，加强马克思主义理论学科的新媒体阵地建设。习近平总书记指出，“网络空间已经成为人们生产生活的新空间，那就也应该成为我们党凝聚共识的新空间。”[①]马克思主义理论学科要主动占领宣传思想阵地，加强传统阵地和新媒体的资源整合，从整体的视角来认识和推进马克思主义理论教育工作与信息技术的高度融合，在继承与发展中迸发出时代感和创造力。当前互联网技术变革日新月异，各种社会思潮都在利用新兴媒体争夺人心，马克思主义理论学科要担当起引领社会思想舆论的责任，就不能在新媒体领域“失位”。要充分认识到当前意识形态工作的主战场在互联网，新媒体是最前沿，始终把握好社会信息化的发展趋势及其特点规律，运用新技术新手段创新理论传播，彰显马克思主义的生命活力。

二是加强内容建设，提升马克思主义理论学科新媒体文章的传播力。习近平总书记在参加全国政协十三届二次会议文化艺术界、社会科学界委员联组会时指出，“一切有价值、有意义的文艺创作和学术研究，都应该反映现实、观照现实，都应该有利于解决现实问题、回答现实课题。希望大家立足中国现实，植根中国大地，把当代中国发展进步和当代中国人精彩生活表现好展示好，把中国精神、中国价值、中国力量阐释好。”[②]在调研中我们不难发现，新媒体“热文”都是在回答重大理论和实践问题，回应社会热点，因此赢得了广泛关注，发挥出思想舆论引

① 习近平.加快推动媒体融合发展 构建全媒体传播格局［J］.求是，2019（6）.

② 习近平.一个国家、一个民族不能没有灵魂［J］.求是，2019（8）.

导的良好作用。马克思主义理论学科新媒体文章创作要强化问题导向，直面社会生活的“真问题”，聚焦网民关注的“热问题”，扣准社会脉搏的“大问题”，在破解问题的过程中提升影响力；树立“内容为王”的传播意识，提高新媒体作品的供给能力，以优质的内容生产占领信息传播制高点，以生动多样的话语表现形式吸引广大网民。同时还要注重发挥新媒体的交互功能，遵循互联网用户的认知特点和信息接受规律，提升马克思主义理论传播的亲和力和针对性，做到贴近“网民”大众，让马克思主义理论通过互联网“飞入寻常百姓家”。

三是掌握规律和创新方法，增强马克思主义理论学科在新媒体领域的影响力。首先是坚持党管媒体的根本原则，对传统阵地和新媒体进行顶层设计、统筹管理。传统宣传思想阵地利用新媒体建设实现传播效力“倍增”，新媒体阵地则借助传统阵地加强和巩固在新兴舆论场上的公信力，从而建构出“网上网下形成同心圆”的意识形态工作合力。其次是遵循“在创新中赢得主动权”的指导思想，不仅是把马克思主义理论搬上新媒体平台，还要积极利用大数据、人工智能等前沿技术手段激发理论传播的创新活力，增强时代感和吸引力。再次是掌握和运用“时、度、效”的传播规律，利用新媒体阵地开展分众化、差异化和个体化传播，针对不同对象、不同领域建立相应的新媒体传播圈，增强马克思主义理论传播的覆盖面和实效性。当然，马克思主义理论学科在新媒体领域的影响力建设是一个系统工程，尚需在近年来初步探索的基础上不断把握发展趋势、深入推进工作。正如习近平总书记所指出：“宣传思想工作要把握大势，做到因势而谋、应势而动、顺势而为。”[①]在当前信息方式深刻变化的时代背景下，马克

① 习近平.加快推动媒体融合发展　构建全媒体传播格局［J］.求是，2019（6）.

思主义如何运用信息革命成果来掌握群众，引领社会思想舆论，是一个需要我们不断努力探索和破解的重大时代课题。

三、加强大数据环境下的网络意识形态建设

随着智能终端、网络存储、高速宽带、云计算等技术创新应用的普及，人类社会进入到大数据时代。以内容的视角而言，大数据（Big Data）就是大规模数据或海量数据，具有体量巨大、类型多样、产生速度快、价值含量大等特点，而且包括不同来源、不同结构、不同媒体形态的各种数据，冲破传统的结构化数据范畴，囊括了半结构化和非结构化数据。以技术的视角看，大数据就是对海量数据的采集、存储、分析、整合和控制。大数据给人类社会的发展进步注入了新的动力，大数据也改变了人的生存和发展环境。在大数据技术的推动下，互联网社会的发展从技术、媒体、文化的各个层面进入到新形态，人们的信息交互、交往活动、工作方式、思维方式都发生着重大变革。大数据环境逐渐成为人类信息社会的新形态，成为人的崭新生存环境、活动空间和发展条件，也成为意识形态的新场域。借助先进的大数据技术和强大的互联网信息优势，西方发达国家正在不断影响、改变着世界的生产生活方式，并进一步在文化和意识形态上争夺世界的主导权。可以说，大数据带来的不仅是技术之争、产业之争，内容之争，更是意识形态之争、国家软实力之争。在大数据时代背景下，我国意识形态工作面临更为艰巨的形势，尤其是在网络意识形态领域。我们要深入研究大数据时代互联网信息与舆论的新特点与规律，大力推进意识形态建设理论与方法的创新发展，探索大数据背景下马克思主义意识形态的领导权、话语权建设的规律。

（一）大数据视野下网络意识形态的状况与特点

在大数据发展背景下，信息网络世界与现实物理世界之间日趋同构化。大数据是一个记载人类行为和物理世界特征的数字写真，与客观世界同构、同步，同时大数据作为描述事物同构关系的数字模型，是客观世界中事物的多样性和关联性在计算机世界中的表达。随着信息技术的进一步发展，大数据将无限接近客观世界。当前我国经济社会结构和利益格局发生变化，社会思想意识多元多样多变。在移动自媒体、智能终端的推动下，催生出碎片化、多元性的文化舆论环境，在这样的形势下，网络意识形态呈现出多元主体、多样形态、多种场域的发展特点。

主体上，网络意识形态可以分为国家指导性意识形态、社会多元性意识形态和国外异质性意识形态。一是国家主导性意识形态。包括了国家的指导思想、主流价值观、党的路线方针政策，主流媒体的新闻舆论导向等。习近平总书记在党的新闻舆论工作座谈会上指出，党和政府主办的媒体是党和政府的宣传阵地，必须姓党。党的新闻舆论媒体的所有工作都要体现党的意志、反映党的主张。在互联网已经成为意识形态斗争主战场的形势下，国家主导性意识形态要占领互联网阵地，掌握网络意识形态领域的领导权。二是社会多元性意识形态。这是基于社会生活多样化、利益关系多样化、社会组织多样化等状况而形成的多元化主体的大众意识形态。当前我国社会随着社会结构、社会组织形式和社会利益格局的深刻变化，社会思想观念和价值取向日趋活跃，主流的与非主流的同时并存，先进的与落后的相互交织。这既为社会发展注入了活力，也带来了社会思潮的纷纭激荡。[①]葛兰西关于意识形态的思想对于我

① 中共中央宣传部理论局.划清“四个重大界限”学习读本［M］.北京：学习出版社，2010：72.

们认识社会意识形态具有启示意义。他认为意识形态是具有实践意义的世界观，是一定的社会团体的共同生活在观念上的表达。他把经济基础之上的上层建筑分为两个主要层面，即市民社会（意识形态）和政治社会（相当于马克思所说的政治和法律上层建筑），其中，市民社会是由各种社会团体和新闻媒介、民间组织构成。[①]结合我国网络意识形态领域的状况，当前受到普遍关注的“两个舆论场”现象正是意识形态的多元化主体的体现。如有研究者认为一个是以党报党刊党台、通讯社为主体的传统媒体舆论场，一个是以互联网为基础的新兴媒体舆论场。[②]也有观点认为是官方舆论场和民间舆论场的不同。[③]无论怎样划分，在意识形态的视野下，这实际上是国家主导性意识形态和社会多元性意识形态的区别。

三是国外异质性意识形态。包括西方政治民主观、“普世价值”论等内容，也包括国外反华势力的意识形态渗透。异质性意识形态把自己包装成国际思潮、学术理论、文化产品等多种形态输入中国，对我国主流意识形态产生冲击、解构、抵消作用。当前在世界范围内各种思想文化相互交织、相互激荡的复杂背景下，意识形态领域是西方敌对势力对我国进行西化、分化的前沿。有研究认为，我们同各种敌对势力在意识形态领域的斗争，本质上是社会主义价值体系与资本主义价值体系的较量。[④]在当前经济全球化和信息网络化的时代特征下，西方发达国家企图凭借其经济优势和科技实力，利用互联网输出其思想文化和政治观念，争夺网络意识形态领域的主动权，对我国网络意识形态领域产生深刻影响。

---

① 俞吾金.意识形态论［M］.北京：人民出版社，2009：238.

② 任贤良.统筹两个舆论场，凝聚网络正能量［J］.红旗文稿.2013（7）：4-6.

③ 童兵.官方民间舆论场异同剖析［N］.人民网—人民论坛，2012-05-14. http://theory.people.com.cn/GB/82288/112848/112851/17884213.html.

④ 中共中央宣传部.社会主义核心价值体系学习读本［M］.北京：学习出版社，2009：2.

意识形态包括政治思想、法律、道德、文学艺术、宗教、哲学和其他社会科学等多种社会意识形式。在大数据技术不断创新发展的条件下，文字、音频、视频等各种形式的数据信息都能够得以捕捉和处理，这使得多种形态的网络意识形态内容信息的收集、分析和把握成为可能。对于当前我国网络意识形态的状况，需要关注三种典型的内容形态：一是网络社会思潮。网络社会思潮是在网络信息传播环境下，反映人们的利益或要求并对社会生活有广泛影响的思想趋势或者价值观念。作为系统化的思想理论，网络社会思潮是网络意识形态中理论化、结构化特点比较突出的内容形态。有研究者对于我国改革开放以来的民主社会主义思潮、新自由主义思潮、西方多党制思潮、历史虚无主义思潮、当代中国保守主义、个人主义思潮、人道主义和异化思潮、普世价值思潮以及中国威胁论等国际思潮进行了论析，并认为随着中国改革开放发展成就的扩大，深层矛盾的凸显，国际环境的日益复杂，这些社会思潮绝不会自动退出历史舞台，而且会更加顽强地表现自己。[①]总体而言，我国改革开放以来，社会大变革在意识形态领域集中表现为各种社会思潮的交锋，这极大地影响着人们的思想和社会的进程。尤其是随着网络空间和信息传媒的迅速发展，思想表达的公共空间更加广阔，为不同思潮的滋育、传播、交流和碰撞提供了前所未有的条件。当前我国互联网已经成为一个多元的意识形态竞争平台，展现出各种社会思潮交流交锋交融的思想文化图景。二是网络舆论。舆论是公众关于现实社会以及社会中的各种现象、问题所表达的信念、态度、意见和情绪表现的总和，具有相对的一致性、强烈程度和持续性，对社会发展及有关事态的进程产

① 林泰.问道：改革开放以来的社会思潮与青年思想政治教育研究［M］.北京：中国社会科学出版社，2013：69.

生影响。[①]网络舆论是网络传播环境下社会舆论的新形态，当前在我国的政治、经济、文化领域产生着广泛深入的影响。在大数据的视野下，网络舆论是网络意识形态中以事件、问题、人物等为核心要素的内容形态。当前，基于社会突发事件、国内外重大事件、社会公共问题而产生的网络舆论承载着意识形态的内涵，多数舆论辩争往往会不同程度地上升为意识形态论争。三是网络文化。文化是人们社会生活实践的产物。网络文化是网络意识形态中以日常生活内容为核心要素的表现形态。这里的文化指的是狭义上的文化，其典型形态有网络文学、网络艺术、网络语言、网络伦理道德等。与网络理论思潮相比，尽管网络文化内容在逻辑力量、内容体系等方面有较大不足，但其所具有的生活化、感性化、碎片化、通俗易懂等特点，使得网络文化易于广泛传播和接受，显现出对整个社会文化和社会心理极为显著的渗透力和影响力，如“网络恶搞”“网络狂欢”等网络文化现象在意识形态影响上的作用不可小觑。从数据分析的视角而言，虽然网络文化中图片、视频等内容属于以往难以处理的“非结构化数据”，但随着大数据技术的发展应用，这些包罗万象，价值丰富的数据在进行专业化“加工”后就会呈现出意识形态有效信息。

大数据环境在一定意义上是信息媒介不断创新演化所形成、积淀和发展的媒介信息环境。新的媒介产生新的信息载体和流动结构，进而在聚合信息内容和用户群体的基础上，形成网络意识形态的新场域，影响到整个意识形态环境。由于信息媒介的不断创新发展，网络意识形态的媒介场域也不断推陈出新。从当前网络媒介的发展应用状况来看，网络意识形态的主要媒介场域可以分为以下几方面：一是公共论坛场域的网

① 陈力丹.舆论学——舆论导向研究［M］.北京：中国广播电视出版社，1999：11.

络意识形态，这里主要是以公共话题为中心的舆论场域，如强国论坛、天涯社区、凯迪社区、猫扑论坛、百度贴吧等大众公共论坛以及“知乎”等知识群体化的社交网站为典型代表。有研究者通过对不同网络公共论坛的实证调查发现，不同论坛空间的政治取向具有显著的差异，存在以左、右派声音为主流的左派论坛与右派论坛，并且它们各自在关注的内容和议程上都具有相异的特征。研究认为政治意识形态在网络公共讨论中扮演着重要角色，并与网民在社会变革过程中所展现的态度差异与分化有着密切关系。①二是微博传播场域的网络意识形态。微博场域是互联网上的公共广场，微博的发展对我国的主流意识形态产生了积极影响，它增强了大众与主流意识形态的互动性，拓宽了主流意识形态的传播路径，提高了主流意识形态传播的便捷性。但与此同时微博的发展也对我国的主流意识形态产生了一些消极影响，它削弱了大众对主流意识形态的辨别力，降低了我国主流意识形态的安全维度，加剧了西方价值体系的渗透力度。②当前微博平台已经成为我国互联网上的公共舆论场，微博意见领袖对于微博平台的意识形态生态构建发挥着重要影响作用。三是微信传播场域的意识形态，不同于微博平台的广场性质，微信平台是以熟人社交关系为基础的传播场域，在一定程度上，微信意识形态具有意识形态的隐性传播特征，它可以在圈子化的社群中不断制造着话题、意见和舆情，在一定条件下向社会公共场域输送话题和舆论。因此于一定意义上而言，微信意识形态是网络意识形态领域的“地下河”。但是微信平台也有意识形态的显性场域，例如各种时政评论类的微信公

① 乐媛.超越左与右：中国网络论坛的公共讨论与意识形态图景［M］.北京：中国传媒大学出版社，2014：184.

② 宣云凤，林慧.微博对我国主流意识形态的影响及对策［J］.马克思主义研究，2012（10）：96.

众平台，它们发挥着微信社交网络信息源的重要功能。四是在线课程场域的意识形态，以网易公开课、慕课等为代表的在线教育平台，为意识形态生产和传播提供了新的场域。从内容和用户而言，在线课程场域的意识形态内容具有理论化、系统化的特点，用户群体以青年学生和社会知识群体为主。

（二）大数据环境下网络意识形态建设亟待重视的问题

1.大数据能力不足影响我国网络意识形态建设

互联网科技革命对于社会发展产生着日益深入的影响。当前最具影响力的变化就是网络空间的大数据正逐渐成为国家的战略资源。网络主权、数据主权的概念先后被提出，反映出信息网络时代国际政治、经济、文化竞争的新形势和新问题。网络主权是指主权国家对互联网基础设施和关键硬件设备的所有权和控制权，对互联网软件技术的自主知识产权，在互联网传播领域国家意志和主流意识形态的话语权，保障公民网络通信自由和国家、组织及个人信息安全权力的总称。而数据主权是指一个国家对其政权管辖地域范围内的个人、企业和相关组织所产生的文字、图片、音视频、代码、程序等全部数据在产生、收集、传输、存储、分析、使用等过程中拥有的最高管辖权[①]。互联网并非是无国界的空间，这里仍然有国家主权的边界，而在这片国家疆域中，最为重要的是信息数据资源。当前的全球网络空间中，不同国家之间占有的信息数据资源与拥有的能力处于不对称状态，因此数据主权的重要性日趋凸显。

---

① 王永刚.完善立法，明确网络主权，控制数据主权［EB/OL］. http：//opinion.people.com.cn/n/2015/0205/c1003-26511363.html，2015-02-05.

基于数据主权的能力竞争，已经成为国家间能力竞争的最前沿。[①]2011年，美国发布了《网络空间行动战略》，2013年，启动“大数据研究和发展计划”，强调大数据的应用关系到美国国家安全，对科学技术发展进程有着直接影响，同时对教育改革等诸多领域都有一定影响。有研究显示，美国在大数据分析领域已经进入到以非结构化数据分析以及数据驱动、实时分析、人机互动、结果易读等为特点的数据分析的新纪元。[②]在新的形势下，大数据已经成为大国竞争的新领域，对一个国家的信息安全、经济发展、社会稳定等都有着关联影响。我国现在正处在由网络大国向网络强国的发展进程中，与西方发达国家相比，大数据能力建设亟待提升，这种状况不但影响着我国的网络安全、数据安全，而且对于我国的意识形态安全提出了新的紧迫问题。例如，网络新闻跟帖、网络社区、论坛、BBS、微博微信等社交新媒体产生出文本、图片、视频等形态的海量数据，这些数据的大部分是非结构化数据，而对于这些数据的汇聚整合与关联分析能够得出许多有价值的意识形态信息。[③]我国如果没有掌握这些非结构化数据的分析能力和前沿技术，就容易受制于人，在意识形态斗争的主战场上处于被动局面。

2.大数据污染侵蚀我国网络意识形态基础

随着大数据爆炸性增长，数据“洪流”在全球的政治、经济、文化生活中奔腾。海量、开放、复杂的数据环境必然要面对数据污染的问题。一般而言，数据污染分为两种典型情况：一种是数据中含有大量虚假、错误、无用，甚至对分析可能产生副作用的信息；另一种是收集后

① 沈逸.后斯诺登时代的全球网络空间治理［J］.世界经济与政治，2014（5）：144-155.

② http：//www.36dsj.com/archives/32966.

③ 吴家庆，曾贤杰.大数据与意识形态安全［J］.光明日报，2015.

的数据遭受入侵、篡改、替换，如果在这些数据上进行分析，将可能得出错误的结论。大数据的污染问题正受到越来越多的重视，在数据资源已经成为国家战略资源的情况下，大数据污染直接威胁国家信息安全、网络安全。由于大数据呈现出的社情民意、网络心态、舆情热点、社会思潮等是我国政治、经济领域的重要决策参考，也是网络文化建设的有机组成部分，因此有效应对大数据污染的问题与我国网络意识形态安全息息相关。有学者认为，当前我国意识形态安全所面临的外部压力尤为严重。西方国家始终没有放弃对我国进行和平演变的图谋，利用各种手段对我国进行思想文化渗透。依托境外服务器设立数千网站对中国实施全方位、全天候、不间断的舆论战，通过互联网大肆推销其价值观，炒作热点问题，扶植所谓“公知”和“意见领袖”，组织非法串联，发布虚假信息，诋毁党和政府的形象，激化社会矛盾。[①]除了这些显性的意识形态挑战，伴随着大量的音乐、影视、游戏等数字文化产品不断输入我国，潜移默化的意识形态渗透在信息数据的传输过程中得以实现。在大数据环境下，网络意识形态的各种内容形态实现了深度关联、相互呼应，产生松土效应，侵蚀和瓦解我国主流意识形态的文化土壤和舆论基础。

3. 大数据泄露冲击我国网络意识形态安全

在信息网络化的发展趋势下，广泛互联的智能终端、频繁互动的社交网络、海量存储的数字空间和智能化的云计算服务，形成了一个共建共享的大数据社会。但是由于数据泄露而来的用户隐私保护问题也逐渐受到社会广泛关注，如用户的身份信息、家庭信息、医疗记录、消费信

---

① 许开轶. 网络边疆的治理：维护国家政治安全的新场域［J］. 马克思主义研究，2015（7）：128–136.

息等数据的泄露会给个人带来难以预测的潜在危害和损失。而放眼到宏观层面，大数据作为信息时代的战略资源，如同工业时代的“石油”一样逐渐成为国家建设发展的关键要素，大数据资源的保护事关一个国家的战略安全。一旦关键数据遭到泄露，对于国家的经济、政治和意识形态安全都会造成巨大损失。例如，2013年“棱镜门”事件的曝光使人们在谴责美国霸权主义的同时，也清醒地认识到其在大数据方面的巨大作为，尤其值得注意的是，该项目允许美国情报人员进入微软、雅虎、谷歌、Facebook、PalTalk、美国在线、Skype、YouTube、苹果等科技公司的服务器。该事件一经曝光在全世界范围内引起了轩然大波。强大的数据截取和分析能力意味着意识形态渗透的主动性。[①]与此同时，一些国际大型互联网企业也在大量收集和分析我国用户的大数据资料，例如微软公司推出的智能聊天机器人“小冰”，通过其强大的大数据分析技术能力，收集和分析了中国6亿多网民多年来的聊天记录。在这种情况下，即便不存储数据，美国情报部门仍然可以在通信信道上监听，这将给我国的网络信息安全带来巨大隐患。[②]实际上，在当前美国的“亚太再平衡”战略布局中，意识形态和民主价值观领域的扩展是优先选项。与经济、军事相比，这一选项更具有隐蔽性，通过价值观的渗透更深地介入亚太地区国家的内部事务。美国在进一步的策略中将更加注重对地区整治格局和政治生态的塑造，方式上更具有柔性色彩，注重推进面向当地社会“深入基层”的互动，争取舆论和民意，在潜移默化中争取当地社会的转变，继而形成对政府的压力[③]。由此，通过各种手段和途径的

① 王超.大数据时代我国意识形态安全探析［J］.学术论坛，2015（1）：18.

② 新华网，http://news.xinhuanet.com/fortune/2015-01/09/c_127372391.htm.

③ 阮宗泽，等.权力盛宴的黄昏：美国“亚太再平衡”战略与中国对策［M］.北京：时事出版社，2015：88.

信息数据收集和情报挖掘，必然成为美国实施意识形态渗透战略的重要环节，因而我国的网络信息安全和大数据安全已经成为国家意识形态安全的重要方面。

（三）大数据环境下维护我国网络意识形态安全的对策思考

习近平总书记在全国宣传思想工作会议上指出，意识形态工作是党的一项极端重要的工作。并同时指出，互联网已经成为舆论斗争的主战场。在这个战场上，我们能否顶得住、打得赢，直接关系到我国意识形态安全和政权安全。在大数据发展背景下，我国的意识形态安全问题更加突出，大数据环境的多元主体、多种内容形态以及多样的媒介场域等特点，使得网络意识形态领域的状况更加复杂，维护意识形态安全面对更多挑战。在新的形势下，把握大数据信息环境的特点与规律，掌握网络意识形态的主导权、主动权和话语权，是当前加强我国网络意识形态工作的策略选择。

第一，在网络意识形态建设工作中要充分树立起大数据意识，提升大数据能力，努力把握互联网技术革命的发展前沿和未来趋势。大数据时代是人类信息社会发展进程中的新阶段、新境遇和新趋势，对我国网络意识形态安全带来新的机遇和挑战，对这一新问题的认识要站在我国建设网络强国的战略高度，并立足于我国网络安全与信息化工作的发展要求来把握。党的十八大报告指出，“当前，世情、国情、党情继续发生深刻变化，我们面临的发展机遇和风险挑战前所未有。”习近平总书记在中央网络安全和信息化领导小组第一次会议上指出，网络安全和信息化对一个国家很多领域都是牵一发而动全身的，要认清我们面临的形势和任务，充分认识做好工作的重要性和紧迫性，因势而谋，应势而动，顺势而为。当前，我国意识形态工作的重点、难点问题就在互联网上，而大数据又是当前互联网发展的新特征、新趋势、新机制，因此我们要下大力气研究当前形势下互联网信息环境的深刻变化，把握大数据时代人的认知、实践方式变革以及社会各领域的发展变化，大力加强意识形态大数据平台建设，努力探索大数据背景下意识形态工作的规律和方法，始终牢牢掌握意识形态领导权。

第二，大力加强意识形态大数据平台建设，全面分析和研究当前大数据背景下网络信息内容的类型、结构和形态变化，推动基于大数据应用的意识形态舆情分析和思想舆论主导能力建设。在一定意义上，大数据是指那些大小已经超出传统意义上的尺度，用以往的方法和工具无法进行捕捉、存储、分析、管理和处理的数据集合，大数据能力体现在从海量规模、形态多样、快速变化的数据中发现新的知识，提炼出有价值的信息。因此，在大数据发展趋势下，实现网络意识形态主导权的重要目标之一就在于赢得关键信息内容的采集、分析、加工和传播主导权，把握新闻传播和舆论发展的主导权。要建立起大数据信息挖掘、加工和再生产的能力优势，构建起议程设置、观点阐释、理论传播、价值导向的制高点。根据网络意识形态具有多样化内容形态的特点，立足于对网络信息内容的分类和大数据的深度挖掘，从事实类信息、评论类信息、理论类信息等基本信息类型的划分和分析入手，对于新闻事件、热点舆论、思想理论等意识形态领域的各类内容进行及时、持续的数据挖掘和分析，力图建立起针对社会热点议题的数据挖掘、知识提供、价值引导机制，实现以内容生产能力为依托的思想舆论主导模式。

第三，研究大数据环境的媒介演变发展趋势，掌握技术前沿，把握网络意识形态建设的主动权。大数据环境在一定意义上是信息媒介不断创新演化所形成、积淀和发展的媒介信息环境。传播学学者麦克卢汉提出："媒介是人的延伸，媒介即是信息。"他认为，任何媒介（即人的任何延伸）对个人和社会的任何影响，都是由于新的尺度产生的；我们的任何一种延伸（或者说任何一种新的技术），都要在我们的事务中引进一种新的尺度。[①]在网络传播条件下，一种新的媒介往往能够聚合新的用户群体，形成新的信息流动结构，产生新的价值认同空间，进而影响到舆论传播格局和整个意识形态环境。而不同类型的媒介在信息传播特性、话语表现形式、思想意识影响等方面具有各自的特征与方式，对其影响效果的把握不仅要注重其传播效果的经验分析，更要审视媒介社会影响的长程效应。当前以微博、微信、微视频等为代表的新媒体先后蓬勃兴起，引发我国网络意识形态领域的信息流动模式、舆论话语形态、价值传播方式的巨大变化，同时产生的社交网络大数据也成为意识形态舆情极为重要的组成部分。因此，大数据变革趋势要求我们立足于新型信息媒介的发展演变、传播规律与社会影响，把握网络技术创新应用的前沿和网络思想政治教育的发展特点，探索基于"媒介—信息—用户"逻辑关系链条的理论模式，建构起把握意识形态工作主动权的机制与方法。

第四，依据网络意识形态各类场域的特点和机制，因势利导，有效发挥大数据功能优势。牛津大学教授维克托·迈尔·舍恩伯格在其著作《大数据时代》中认为："大数据是人们获得新的认知、创造新的价值的源泉，还是改变市场、组织机构，以及政府与公民关系的方法。"大数据是大连接，尤其是社交网络大数据，它展现出的是社会网络的连接图景，是社会互动的深度关联。因此，立足于网络大数据的深度挖掘和关联分析，进而掌握不同意识形态场域的主要特点、传播机制以及互动作

① 马歇尔·麦克卢汉.理解媒介［M］.何道宽译.北京：商务印书馆，2003：33.

用，建构基于科层组织场域、熟人交往场域以及公共广场场域的互动机制的意识形态工作模式，探索党建组织优势转化为社交网络舆论优势的规律和方法。

第五，提升大数据环境下信息主体的信息素养，培养大数据和新媒体领域的骨干人才，努力掌握网络意识形态的话语权。人是信息生产、传播、共享、使用的主体，把握住大数据环境中主体的思想和行为，尤其是把握新媒体意见领袖的特点、形成规律及其影响机制，把具有影响力的自媒体用户在价值认同层面凝聚起来，是把握意识形态话语权的重要方面。习近平总书记在党的新闻舆论工作座谈会上的讲话指出，媒体竞争关键是人才竞争，媒体优势核心是人才优势。把握新媒体、大数据的机遇和挑战，关键是人的思维方式的创新，能力素质的更新。大数据领域是国际竞争的前沿领域，也是网络意识形态斗争的新战场，要建设一支掌握大数据能力的骨干队伍，不断加强学习，善于运用大数据技术挖掘和分析意识形态领域的大众信息需求，分析和预判社会意识形态的舆情趋势，深入挖掘和分析各类细分群体的思想和行为状况，努力掌握网络新媒体意见领袖的引导方法和工作规律。

第三章　校园社交网络传播圈的交往场域研究

社交网络是人的网络交往而形成的社会空间。在布迪厄的场域理论看来，社会空间是由人的行动场域所组成。场域“主要是在某一个社会网络空间中由特定的行动者相互关系网络所表现的各种力量和因素的综合体。场域基本上是靠社会关系网络表现出来的社会性力量维持的，同时也是靠这种社会性力量的不同性质而区别的。”[①]本章根据校园社交网络传播圈的主体交往状况，把这一空间区分为师生关系场域、熟人关系场域、陌生人关系场域三种类型的交往场域，具体分析了不同场域信息传播以及大学生网络行为的特点，并依据这些具体的规律探讨相应的思想政治教育策略和方法。

---

① 高宣扬.布迪厄的社会理论[M].上海：同济大学出版社，2004：139.

第一节　校园社交网络传播圈的交往场域

一、从交往的视角认识社交网络环境

社交网络环境是当前高校思想政治教育工作面临的新境遇，挑战与机遇并存。对于社交网络环境下的思想政治教育内涵，有两种不同的认识：一种是社交网络环境下的高校思想政治教育；另一种是基于社交媒体传播手段的思想政治教育工作。前者是立足于整个社交网络信息传播环境来认识和界定，主要指的是在社交网络对人的生活方式造成全方位影响的宏观背景下，高校思想政治教育的理念、内容、形式、方法、手段、体制、机制等如何发展与创新的问题，包括基础理论研究和应用实践研究两个方面；而后者则是在狭义的界定上来认识，是把社交媒体作为高校思想政治教育的新载体、新手段、新工具，用以加强和完善新形势下的教育工作，所涉及的主要是社交媒体应用的具体方式方法。这两种认识具有内在的联系，社交媒体首先是作为新型媒介工具而出现的，环境实际上是媒介普遍化应用的结果。然而工具是可以选择和替代的，而环境却围绕在人们生产生活的方方面面。我们只有主动适应社交网络环境、把握其中的规律性问题，学校思想政治教育实践活动才能得到科学的发展。因此，我们既要从工具层面

认识和掌握各类新型社交媒体，更要从整体的环境层面来理解和开展思想政治教育工作。

环境具有普遍性、开放性、复杂性、动态性等特点，网络环境的多元开放与动态变化特征更为显著，并始终处在一个不断发展创新的过程之中。自20世纪90年代中期我国正式接入国际互联网起，较早进入高等院校的网络社交应用是BBS，校园BBS一度成为我国大学生的主要网络互动社区。2005 年“Web2.0时代”来临，以博客为代表的新媒体蓬勃发展，尤其在大学生群体中得到广泛应用。2010年前后随着微博的兴起，公共舆论场呈现出众声喧哗的社交网络图景，自媒体大咖在经济、政治、文化领域的影响力逐渐凸显。近些年来微信应用后来居上，逐渐成为社交网络时代的重要媒介，在一定程度上改变了社会信息传播结构的媒体格局。当前，互联网的发展变化方兴未艾，大数据、云计算、人工智能等正在兴起的新应用新技术进一步改变着信息方式和媒体生态。在这样的形势下，思想政治教育要从本学科的独特视角和教育实践要求出发，透过变化着的媒介形式，分析和把握其本质特征，并在形成规律性认识的基础上推动教育理念发展与工作创新。

媒介的形式与人们的交往方式有着密切的关系。人类社会历史上每一种新媒介技术的出现，都会给人们的社会交往结构和形态带来新的改变。从口语到文字，从印刷媒介到电子媒介，媒介形式的变化伴随着人类社会交往方式的发展历程。网络时代的到来，作为人类媒介发展史上的一个重要里程碑，产生着更为深远的影响。在一定意义上，媒介的多种形式就是多样化的社会交往形式的体现。当前社会进入到社交网络媒介时代，各种形式的新型媒体与传统媒体在网络中得到了广泛而深度的融合，与之同时呈现出的是具有多样化形态的网络社会交往空间。马克思指出："社会——不管其形式如何——是什么呢？是人们交互活动的产物。"[①]网络社会依然如此。人类借助网络媒介技术保存和延续了社会既有的交往关系和互动模式，并使之更加深入，更加具有活力。当前的社交网络环境作为人存在与发展的新型网络社会场域，从其社会本质而言，不外乎是人们交互活动的产物，只是具有了新的技术条件和媒介形式而已。因此，对于网络环境而言，无论其媒介演进如何变化、呈现面貌如何多样，我们仍然可以从社会交往实践的视角来把握其中不变的规律性。换言之，依据马克思主义的交往理论，从社交网络环境作为网络时代人们互动作用产物的性质出发，我们可以把主体之间的互动关系作为分析社交网络环境的一条有效研究进路，并在此基础上研究和把握高校思想政治教育创新的路径和方法。

二、校园社交网络环境中的交往场域类型

在社会学研究中，迪尔凯姆所做的诸如机械团结社会和有机团结社会的阐述，滕尼斯关于共同体与社会的划分，以及韦伯关于传统支配、法理支配、人格魅力支配的支配社会学理论，都是以互动模式和社会整合为视角的社会类型学说。社会的技术条件和媒介形式对于社会互动模式发挥着重要的影响作用，互联网把人们的互动与交往活动推向了一个新的水平，表现出各种互动模式竞争发展的多样性、各类主体间互动关系平等共存的共生性、虚拟与现实相互渗透的整体性，以及媒介与主体互为依赖关系的依存性等特征。总体而言，社会交往视角下的网络环境

① 中央马克思恩格斯列宁斯大林著作编译局.马克思恩格斯选集（第四卷）[M].北京：人民出版社，1995：532.

不再是一种外在于人的外部实体，而是一种反映多样化的主体间互动关系与交往场域的社会性生态空间。其中，科层关系场域、熟人关系场域、陌生人关系场域是三种主要的主体交往场域类型。在科层关系的网络场域中，主体之间存在明显的社会地位和角色差异，互动关系建立在具有明确的规章和程序要求的科层结构之上。这一场域的典型体现是校园网络空间中的师生交往场所。熟人关系场域指的是主体之间主要以朋友、熟人等关系进行互动的网络场域，微信朋友圈是此类交往场域的典型体现。陌生人关系场域指的是主体间互不熟识、不存在稳定交往关系的陌生人互动模式，微博公共空间、新闻客户端的网友评论区都是此类场域的典型空间。

对于校园社交网络环境而言，根据网络主体之间互动关系的不同，可以分为师生关系场域、熟人关系场域、陌生人关系场域三种类型的交往场域。

师生关系场域指的是在校园社交网络传播圈中教育者能够以“教师—学生”的关系和互动方式对大学生施加教育影响的交往场域，如学校的综合信息网站、思想政治教育网站、学校的官微官博等。在师生关系场域中，网络媒介的建设与管理是由学校宣传教育工作者或学生思想政治教育工作者来负责，并担任信息源或“把关人”的角色；媒介的信息内容以正面的新闻报道、学校信息发布和理论宣传类信息内容为主；在网络主体之间的互动过程中，教育者能够居于主导地位，可以通过新闻报道、理论讲授、信息发布等方式向教育对象提供各种教育信息内容，而教育对象在信息接受过程中具有主动性和选择性。

熟人关系场域指的是网络主体之间主要以熟人、朋友关系进行互动的网络交往场域。如学生的班级微信群、校园BBS上的社团协会版面、学生网络社区的班级主页、社团协会的网上社区等。在这一类型的交往场域中，网络主体一般是现实中学生组织的成员或者是网上社区中的网友群体，他们之间以相同的现实身份或者以共同的兴趣爱好、感情联系为纽带，形成一种稳定的交往关系。此类交往场域中的信息内容相当广泛，包括校内外各种消息的传播、学习生活经验的交流、情感心理的沟通等；在网络主体之间的互动过程中，朋友式的互动交流是主要方式。

陌生人关系场域指的是主体之间互不熟悉、不存在稳定交往关系的网络场域。在校园社交网络中，校园BBS上的公共信息与评论版，学校新闻网站上为网友开设的评论区、校园论坛贴吧等都属于此类。在这一类型的媒介场所中，网络主体具有来源广泛，数量大，流动快的特点，其信息内容主要是校内外的各类消息以及围绕重大新闻、突发事件等热门话题而形成的舆论。

第二节　对不同类型交往场域的实证考察

在以上的分析中，通过对网络媒介特点的探讨，我们从网络主体之间互动关系的特点出发，把校园社交网络分为师生关系场域、熟人关系场域、陌生人关系场域三个不同类型的场域。本节的重点在于具体分析不同媒介场所中信息传播以及大学生网络行为的特点和规律，以此作为探讨相应的思想政治教育策略的基础。

一、师生关系场域

师生关系场域是学校正式教育场域在网络空间的延伸和拓展，是“教师—学生”交往关系模式在网络世界的具体映射。校园社交网络传播圈中的师生关系场域包括多种不同的网络媒介形式，如学校建设的思想政治教育网站、综合信息网站、生活服务网站；学生网站上的理论学习板块、校园新闻板块；校园BBS中学校、院系工作版面；学校的官网、官微、官博等。在信息传播的内容上，师生关系场域是校园网络上正面教育信息的主要传播渠道，其信息传播过程是基于“教育者—受教育者”关系结构的新闻发布、信息服务、理论教育等过程。

（一）基于信任度优势的新闻舆论引导

师生关系场域是由教育者进行建设和管理，对受教育者进行正面宣传教育的网络空间，因而正面的新闻信息发布是其重要的传播功能。在师生关系场域中，学校对媒介传播的信息内容进行有目的、有计划、有组织地采集、整理、发布、调节和控制，并通过多种媒介形式传递给学生。在这个过程中，教育者是信息的传播者，受教育者是信息的接受者，其传播方式具有明显的自上而下的信息传播特点，在信息内容上以传递教育者的声音、进行正面新闻发布和舆论宣传为主。目前，许多高校都建立起专门的新闻宣传网站或加强了学生网站的新闻宣传功能，充分发挥网络媒介所具有的多媒体化、传播快捷、覆盖面广的优势，加强新闻宣传对于大学生注意力的吸引，增强学校正面教育的影响力。与此同时，各类学校传统大众传播媒体如报纸、广播和电视等也进入网络，利用网络技术手段进一步增强主流媒体的影响力，从而形成了一个多层次、综合性的网络新闻媒体群。

2003年5月，本研究以非典型肺炎疫情流行为现实背景在清华大学进行了关于学校网络新闻媒体影响力的调查。非典型肺炎是社会重大突发性事件，在此期间，非典型肺炎疫情信息在清华大学校园网络上的传播规律具有较强的典型性。从图3-1的数据结果可以看出，师生关系场域显示出其在信息传播上具有较强的信任度优势。对于非典型肺炎疫情信息，86.7%的学生表示完全相信和比较相信综合信息网等学校网站所发布的非典型肺炎信息，而对于BBS消息的信任率只有19.8%。这说明学校网站在社会突发事件过程中具有较强的信息权威性和公信力，这为保持和维护学生思想情绪稳定、实现学校各项工作的顺利进行提供了重要保证。基于师生关系场域的信息影响力，学校可以通过及时发布关于非典型肺炎疫情传播的新闻信息来稳定广大学生的心理情绪；并通过积极宣传学校抗击非典的各项工作方针和措施来引导校园舆论，团结和凝聚学生的思想和行动，从而争取学校师生在防治非典工作上能够协调一致，形成合力。调查显示，实际上多数学生对学校防治非典工作的态度受学校网站信息传播的影响最大，受学校网站信息传播“影响很大”和“影响较大”的学生比例达到62.5%，其影响面超出了校园BBS，如表3-1所示。这使得学校能够在突发事件过程中掌握主动权，通过学校各类宣传教育网站和综合信息网开展正面的思想教育和舆论引导工作。表3-2的数据结果显示出各类校园媒介影响学生对学校工作满意度的基本状况，可以看出，包括学校综合信息网、新闻网、“学生清华”网站以及学校电子邮件系统等媒介形式在内的“师生关系场域”对广大学生实现了有效的正面引导作用。从学校网站获取相关信息的学生与从校园BBS上获取消息的学生相比，前者相对于后者对学校工作的满意率要高出近20%。这些调查数据显示，师生关系场域在新闻传播上具有较大的信任度优势，尤其是在突发事件中，这一类型的媒介能够有效吸引大学生的注意力，扩大学校宣传教育的影响面，增强教育者对大学生的凝聚力和引导力。

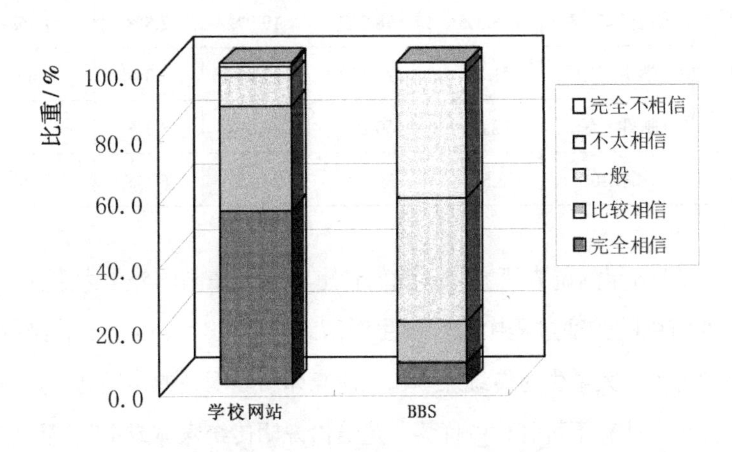

图3-1　学生对学校网站与校园BBS上消息的信任度对比图

表3-1　不同的校园网络媒介对大学生的影响程度

顺序	信息渠道	对大学生态度的影响状况				
		影响很大	影响较大	一般	影响较小	没有影响
1	学校网站	29.1%	33.4%	25.2%	6.2%	6.0%
2	“学生清华”	12.3%	31.2%	34.8%	11.5%	10.2%
3	水木BBS	9.2%	27.9%	34.5%	15.7%	12.7%

表3–2　不同的校园网络媒介对大学生态度的影响效果

顺序	媒介	大学生对学校工作的评价				
		非常满意	比较满意	一般	不太满意	很不满意
1	清华新闻网	–	85.7%	14.3%	–	–
2	综合信息网	18.2%	58.7%	19.0%	2.5%	1.7%
3	“学生清华”	11.8%	72.4%	11.8%	1.3%	2.6%
4	邮件系统	22.0%	60.2%	14.6%	3.3%	–
5	水木BBS	8.5%	59.6%	24.2%	6.1%	1.5%

在2013年的调查研究中，我们着重考察了在国内外重大事件和社会热点信息的传播过程中，大学生对网络媒体的信任度情况，结果如表3–3所示。大学生对传统媒体和主流媒体新闻网站的信任高于其他媒体。传统媒体有不可替代的优势。这恰恰说明传统媒体或主流媒体作为正式机构所具有的权威性能够产生较大的新闻舆论导向力，这与校园社交网络中师生关系场域的信息传播信任机制是相同的。

表3–3　大学生对七类媒体信任度的差异

媒体类型	传统媒体（报纸、广播、电视）	主流媒体新闻网站（人民网、新华网等）	大型门户网站（新浪、搜狐、凤凰等）	校园BBS	人人网	微博	微信群或微信朋友圈
均值	3.59	3.57	3.43	2.97	2.68	2.78	2.76

注：问卷题目：对该媒体的信任度，1代表完全不能相信~5代表最信任逐渐上升。

（二）面向大学生学习生活的信息服务与沟通

师生关系场域是学校教育者在校园网络上有目的、有计划建设的网络阵地，因而学校在建设和使用上具有主动权，可以把现实中的资源优势、组织优势、文化优势转化为网上的信息优势，通过提供丰富多样的信息服务来满足学生学习生活中的各种需要，这是师生关系场域的吸引力和凝聚力的重要来源。

在学校教学管理上，许多高校在校园网上开发运行了综合信息服务系统、办公自动化系统、电子图书馆系统、教学、科研、人事、财务、学生工作等信息子系统，使得校园网络在高校师生的学习工作中越来越发挥出基础性的作用。在许多高校中，教师可以利用网络和计算机多媒体进行授课，课程的教学课件、参考资料都放在网上；学生与教师的沟通和对问题的讨论也可以通过电子邮件进行，网络学堂等网络教学平台使得学生和教师可以在网上进行学术讨论和学习答疑；学生在学术科研中对网络的利用也越来越多，通过网络广泛查找文献、收集国内外学术资料已经成为学术科技研究活动的必然环节。在日常生活服务上，许多高校管理和后勤服务部门都在校园网上建立了专门的网站，为大学生们的学习生活提供及时快捷和丰富多样的信息服务，方便了大学生们的日常生活，加强了学生与学校的沟通与联系。如学校门户网站及其新媒体平台能够及时发布学校的各种学生活动信息，一些学校的综合信息网站为大学生提供了大量校园文化活动的信息资源和生活服务信息，满足了大学生们课余休闲娱乐的需要。在师生交往方面，学校网站是学校师生沟通的重要途径，学校网站上的教师信箱成为学生与教师交流与联系的便捷途径，校长信箱和各个学校部门的电子信箱成为学生表达意见、提出建议、参与学校公共事务的重要渠道。以中山大学为例，学校发挥学生自主性，以“自主建设、自主运营、自主管理”的方式建设“5D空间”门户网站，近年来，大力推进“校务建议”板块，重点完善“资讯空间”“互动空间”“展示空间”建设。“校务建议”板块成学校联系师生的桥梁，该板块自上线以来已有20个部门（单位）进驻，在线回复师生的提问，形成“一条龙”服务的规模效应。网站不断加强思想教育和服务资讯功能，于2013年12月上线的《师说》栏目在探索和引导教师参与支持学校网络文化建设方面发挥了突出作用，使教师传道授业解惑的阵地延伸到网上，将立德树人作用扩展至与学生日常生活密切相关的网络空间，受到师生欢迎和赞赏。天津大学早在2000年就建立天津大学学生门户网站天外天，目前拥有19台服务器，页面日访问量80多万，建成了“网上党建”“学生社区”“理论答题”等多个有影响力的栏目，并形成了手机客户端、微信公众号等多平台全方位发展建设模式。其中，“问津”网上知识问答社区是一个立足天大的校内高质量问答社区，由宣传部牵头学工部主导，并由多个与学生工作内容相关的部门联合建设。2015年4月上线以来已有两千余个问答话题，集合了一批学生关心的问题和高质量回复，学生通过查阅不同用户的回答可以从不同角度得到一个满意的信息。社区还提供了兴趣话题分类，学生可以根据自身兴趣特点加入讨论，来结识同一兴趣的同学，增加学生社交动力，平台整体为学生提供了高质量的生活学习信息服务。与此同时，学校大力建设学生党建社区，使全校509个学生党支部拥有了自己的网上家园和宣传展示平台。在党建社区推行“积分管理”考核激励机制，组织全校学生基层党支部开展“活力值”建设，开展学生党支部的标准化建设。同时设置“活力值”引入考核机制，全校学生党支部按“活力值”高低动态排序，有效地激发了各学生基层党组织的比、学、赶、超的争创活力，通过积分制激励支部建设并定期进行达标考核，经过近1年的考察，90%以上的党支部全部达标。学生党建社区推动了学生支部之间的交流，提高了思想政治教育的辐射范围。[①]

北京航空航天大学依托ihome网络社区打造“ihome网络名师工作坊”，一些深受学生喜爱的名师开设起独具特色的网上育人平台。老师们结合丰富的人生阅历和个人心得，针对学生的需求和兴趣，在ihome社区工作坊发布原创微动态、微视频、微日志与学生互动。本着“剖析核心价值、弘扬大爱精神、坚守原则底线、解读科学精神、传播人文情怀”的原则，开展形式多样、引导潮流的在线互动，对学生出现的思想迷茫和发展困惑等进行指导，开展有温度的教育和思想引领。清华大学在校园网络信息服务上的大量工作，使得校园网络吸引了大学生的关注和使用。调查显示，55.9%的学生平均每天上网时间的一半以上用在校园网络，70.1%的学生认为校园网络成为日常学习生活必不可少的工具。以上这些工作案例说明，学校通过网络媒介进行信息服务和师生沟通是吸引学生使用校园网络的有效手段，是师生关系场域吸引力的重要来源和影响力得以发挥的基础。

（三）旗帜鲜明的思想理论教育

师生关系场域是体现教育目的性和导向性的网络阵地。在理论宣传教育上，旗帜的鲜明性、理论的先进性、思想的导向性是师生关系场域赢得青年大学生关注和认同的魅力所在。

互联网是一个信息的海洋，各种各样的思想、理论、观点在网络

① 北京化工大学全国大学生思想政治教育发展研究中心.中国大学生思想政治教育年度质量报告（2015）[M].北京：光明日报出版社，2016：177.

上可以自由传播。不但有西方资本主义国家意识形态的大量涌入，对大学生思想的正确发展带来巨大冲击，而且由于经济成分和经济利益多样化、社会生活方式多样化、社会组织形式多样化、就业岗位和就业方式多样化等复杂多样的国内社会环境所造成的多样化思想观念，也凭借网络的自由传播进入大学校园，使得大学生在思想成长过程中所受到的诱惑增多，思想发展的不确定性增大。在这种复杂多样的信息空间里，以鲜明的旗帜、坚定的立场和科学的理论为主要特征的红色网络阵地能够对大学生产生吸引力和感召力，使他们追求共产主义理想的积极性得以保持和发展，不断坚定自己的发展方向，一些高校红色网站建设的成功发展实践说明了这一点。[①]因而，在互联网上高高举起马克思主义的鲜明旗帜，坚持以科学的理论武装人，以正确的舆论引导人，以高尚的精神塑造人，以优秀的作品鼓舞人，高校思想政治教育能够在互联网上赢得青年关注，并实现对大学生的思想成长的有效引导。红色网站是在校园社交网络传播圈中教育导向性体现最为突出的网络阵地，这些网站在建设目标、内容规划、服务功能上都表现出其作为思想理论阵地的鲜明特色。从南京大学"网上青年共产主义学校"的建设情况来看，南京大学团委在2000年6月组织创办这一网上理论教育阵地，他们以《共产党宣言》《毛泽东选集》《邓小平文选》等重要著作为主要内容，在网上建立了一个比较完整的理论学习体系，使广大学员能够通过系统学习这些基本文献，对党的基本知识、对共产主义信念和社会主义理想有深刻的理解和认识。同时还在"网上青年共产主义学校"中设立《时事政治栏目》，从《人民日报》《光明日报》等刊物下载有关材料作为时事政治教育的内容；针对学生中的思想问题，专门开设网上答

① 杨振斌，黄开胜.红色网站的发展和启示［J］.高校理论战线，2000（10）：35-37.

疑，对有针对性的问题进行公开讲解。[1]

鲜明的立场和系统化的理论内容奠定了网络理论阵地凝聚力的基础，但是要真正发挥对于广大学生的导向作用，更重要的在于增强其影响力。这种影响力首先来自于大学生的内在需求，来自于大学生成长成才的自觉能动性。一些高校抓住青年大学生的成才愿望，引导大学生的思想认同感和集体归属感需要，用科学理论的说服力和先进思想的感召力来吸引和凝聚青年大学生，发挥出师生关系场域在理论教育上的优势。[2]其次，这种影响力来自于高水平的网站建设。一些红色网站建设比较成功的高校，在阵地建设的组织机制上是由学校专门牵头，在各个部门和机构的通力配合下进行建设，集中优势形成品牌；内容建设上以系统的马克思主义理论为核心内容的同时，发挥历史传统、价值观念和科学理论的思想力量，鲜明地针对青年关心的热点问题；在阵地的形式上充分利用网络的交互性，以视频点播、在线讨论等贴近青年的方式展现先进思想的魅力，从而有效吸引了大学生的注意力，发挥出凝聚和教育导向作用。例如清华大学在网络文化建设工作中，直面意识形态热点难点问题，开展理论宣传和评论引导，针对师生思想困惑及时发声、主动发声、有效发声。学校大力加强“党建网”“学生红网”等红色网络阵地建设，创办“藤影荷声”新媒体思想理论宣传平台，通过“观点·声音”“理论聚焦”“理论笔记”等新媒体专栏的建设，推出了一系列高质量、有影响力的网络理论作品。如《聚焦 | 反思“民国热”》《独家 | 盘

---

① 中共南京大学委员会.发挥网络的教育沟通功能［M］.教育部社会科学研究与思想政治工作司组编.网络唱响主旋律——高等学校思想政治教育进网络工作汇编.北京：高等教育出版社，2002：320–329.

② 清华大学网络信息管理委员会.与时俱进，开创网络思想政治教育工作新局面［M］.教育部社会科学研究与思想政治工作司组编.网络唱响主旋律——高等学校思想政治教育进网络工作汇编.北京：高等教育出版社，2002：133–142.

点2014年思想理论领域的十大热点问题》等文章产生了广泛影响，得到了中宣部理论局的关注和采用。校团委“学堂路上”工作室制作的长图“那些年我们信过的谣言”，梳理了近年来反复活跃在网络上的谣言，引导大学生对网络消息的正确认知，发布4小时后即被转发200次，浏览量过10万。2015年4月27日，清华大学4门思想政治理论课全部上线“学堂在线”慕课平台，目前累计选课人次超4万。2015年9月15日，《毛泽东思想概论》（*Introduction to Mao Zedong Thought*）登陆国际知名慕课平台edX并面向全球开课，来自130个国家和地区的近3 000名学生选修，这也是中国首门登陆国际英文慕课平台的思想政治理论课。选课人数处于前十位的国家和地区分别为美国、中国、英国、印度、加拿大、西班牙、中国香港、法国、澳大利亚和德国。开课第一天，来自美国、新西兰、英国、加拿大、委内瑞拉等国的同学在课程论坛中纷纷发帖，围绕“马克思主义中国化”等问题展开热烈讨论。《马克思主义基本原理》登陆台湾全民学习平台（taiwanlife.org）和台湾育网开放教育平台（www.ewant.org），两岸累计选课人次超过1.3万。清华大学思想政治理论课的慕课建设，着力于传播中国独特的历史轨迹、独特的现实国情、独特的思想声音，受到了来自全社会的广泛关注。

总体而言，师生关系场域的主要特点是信息服务的综合性、新闻传播的真实性以及理论教育的导向性。作为校园网络的建设和管理者，学校教育者通过网络媒介进行新闻发布、信息服务、理论宣传等工作，从而形成了全面服务于大学生学习和生活的具有综合性内容的信息空间，这是师生关系场域与其他网络媒介场所相比能够有效吸引大学生注意力的一个重要优势。与此同时，由于教育者是这一类型网络媒介的信息源和把关人，这使得作为信息接受者的大学生对于信息来源具有明确的认识，能够把具体的信息内容与相应的信息发布机构对应起来。相对于陌生人场域中由于传播者的匿名而造成的信息真假难辨状况，这一媒介场所中信息来源的“实名化”使得“虚拟”的网络空间变得“现实”起来，实现了网络空间与现实的一致性，从而使得其信息内容具有真实可信的特点。导向性特点体现在师生关系场域中的信息传播是以正面信息为主。理论内容的传播体现出教育的目的性和灌输性，是导向性最强的信息内容。新闻信息内容则发挥出传递教育者的声音、发布权威性的新闻事实和对校园舆论的引导功能。丰富多样的服务类信息内容在满足大学生各种需要的同时实现了教育者对受教育者的积极沟通和有效引导。

在师生关系场域中，大学生的网络行为以获取学校新闻和生活服务信息、参与教学活动、接受理论教育、实现师生沟通等为主要形式。可以说，校园社交网络传播圈中的这一场域是学校现实中以师生关系为主的教育活动在网络空间的延伸，是学校传统教学方式与过程在网络空间的映射。因此，师生关系场域的吸引力和影响力来源于现实中受教育者对教育者的信任感、认同感和归属感。正是基于现实生活中的学生对教师的信任感、受教育者对教育者的认同感、个人对集体的归属感，网络空间中的“师生关系场域”才能够发挥出新闻宣传的权威性和公信力、正面教育的导向性和凝聚力、理论教育的有效性和影响力。在高校网络思想政治教育工作中，发挥师生关系场域的教育作用，就要充分利用这一网络场域的主要特点，使之成为教育者密切联系教育对象的重要纽带，成为开展正面教育引导的主要阵地。

二、熟人关系场域

校园社交网络传播圈中的熟人关系场域是网络主体之间彼此熟识，有着较为稳定的交往关系的网络媒介场所。熟人关系场域中的主要现象是大学生的网络交往行为及其所形成的网络群体。一类群体是现实生活中的各种学生群体，如各个院系、班级、学生会以及各类学生社团协会组织，这些群体在网上建立自己的活动空间，凭借网络快捷的信息传播和强大的交互特性增加了组织内的交流和沟通，加大了组织的凝聚力和成员关系的紧密度；另一类型的群体是基于网络交往形成的网友群体，对于这些群体来说，网络是其形成稳定交往关系必不可少的存在条件，这些群体基于网络而形成，并可以进一步延伸到现实中进行活动。

（一）网络空间中的学生集体建设

熟人关系场域为现实中的各种学生组织提供了网上的活动空间。作为大学生现实中的交往关系在网络空间的延伸，在校园社交网络上形成了各种类型的学生集体。如校园BBS上学校院系、学生会组织、学生社团协会的讨论区；高校学生网站上班级、社团协会、团委会等学生组织的主页或板块；大学生的党团、班级微信群等。在这一网络场域，各个学生组织可以开展信息发布、主题讨论、民意调查等多种学生活动，同学们之间可以互相传递消息、讨论学习问题、交流思想、聊天休闲等。通过网上学生集体的建设，大学生之间的交往频率得以提高，集体成员的日常交往更加密切。而且，网络媒介为学生集体各项活动的开展提供了便利条件，方便了组织内部的信息传递，降低了学生活动的组织成本，丰富了学生活动的方式和内容。例如，对于班集体的活动计划和决策，学生干部不再像以往那样以发通知、借场地、组织会议等烦琐的方式进行，他们可以通过网络渠道进行调查和投票的方式完成民意调查，这种基于网络的民意测验成为他们决定班级重要活动的有效手段。

2003年对大学生在网上人际交往关系状况的调查发现，院系班集体的同学、中学时代的同学朋友、学校社团协会中的同学、校园BBS上的网友是大学生在网络空间的主要交往对象，如表3-4所示。而随着年级的升高，班集体在大学生的网络人际交往中的地位更加显著，班级同学逐渐成为他们在网上最主要的交往对象。如图3-2所示，在四年级本科生中，49.3%的学生认为自己在网络交往最多朋友主要是院系班集体的同学，这一比例在研究生中更进一步上升到65%。

表3-4　大学生在网上的主要交往对象

顺序	交往对象	人数比例
1	院系班集体的同学	75.9%
2	中学的朋友或者老乡	62.8%
3	社团协会的同学	31.8%
4	校园BBS上的网友	23.4%

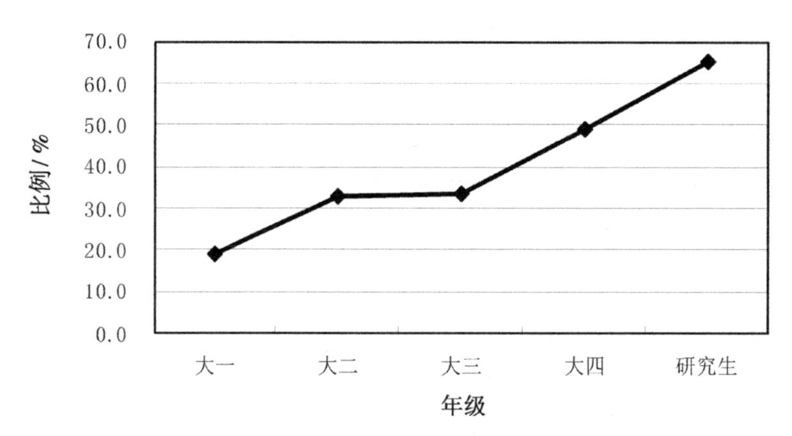

图3-2 各年级学生中以班集体同学为主要网络交往对象的人数比例

2013年对大学生使用微信聊天的状况进行调研分析，结果显示，大学生经常参与的微信群，第一位是院系班集体同学群，占64.4%，其次是亲友群，占37.1%，第三位是中小学校友或老乡群，占19.7%。对于当时大学生广泛使用的人人网校园社区，本次调研也专门考察了大学生在人人网的主要关注对象，结果显示院系班集体同学排在第一位，占76.4%，其次是中小学同学或朋友，占65.2%，社团协会里的朋友居第三位，占39.6%。2017年在清华大学的调研再次验证了这一特点，如表3-5所示，在大学生的线上交往对象中，大学同学位于第一位。

表3-5 大学生在网上主要交往对象的排序

比例（%）	第一位	第二位	第三位	第四位	第五位
大学同学	34.8	31.6	20.4	0.7	0.4
男/女朋友爱人	23.3	6.1	1.8	0.2	0.0
家人亲戚	19.8	26.8	32.0	2.2	0.5
中小学同学	14.7	20.5	21.7	1.6	0.5
社工伙伴	6.9	11.7	14.6	1.9	0.6

班集体同学成为大学生在网上交往的主要对象，这是校园社交网络传播圈的现实性特征的突出表现，大学生的网上交往与网下交往形成了密切的互动。在一些高校，思想政治教育工作者正是抓住这一规律，积极推动传统的学生组织走上网络，建立在校园网上的“电子校园”，从而实现网上网下相结合的学生集体建设，增强现实集体的吸引力和凝聚力。以清华大学为例，学校在“学生清华”门户网站中，把学生班级以网络社区的形式有机地组织成为“电子校园”。在网上班级里，学生们可以发布通知、出版电子班刊、共享班级相册，可以举行班会讨论、开展班级活动。每天中午和晚上的课余时间，“电子校园”的同时在线人数一般都在200人以上，这里实际已经成为学生在网上参与集体建设的主要空间。[①]遵循同样的思路，清华大学的“红色网站”通过升级也强化了理论交流社区的建设，学生业余党校和不少班级党课小组都在这里建起了网上集体，一些学生党支部的学习讨论活动也在网上理论学习社区内进行。

近些年来，许多学校围绕服务学生成长成才的教育任务，以“通过平台聚起来，通过服务拢起来，通过内容带起来，通过研究抓起来”为建设思路，推动“易班”逐渐成为集“思想教育、教学服务、生活服务、文化娱乐”四位一体的网络阵地。以东华大学为例，在易班建设中，学校主动建设“易课堂”，探索以“学生为建设易班的主体”的方式，在易班网建设教学资源共享平台。在“易课堂”中，学生能够找到各自相关的课堂笔记、习题、往年试卷、教材、教师课件以及科研参考材料等丰富的教学资源，能够在线与其他同学讨论学习窍门和向任课教师求教，还能通过积分、勋章、排行等网络竞赛

① 洪波，侯钟雷.向网上新阵地进军［M］.中共北京市委教育工作委员会编.互联网对高校师生的影响及对策研究.北京：首都师范大学出版社，2001：225-233.

获得学习激励，让学习变得便捷有趣。“易课堂”设有“易打印”功能，凡是在网上共享自己学习资源的学生，轻点鼠标就能在校园内所设的“易打印”网点拿到免费打印的资料，而打印纸背面则设计了学校思想政治教育的相关内容。此外，学校以科研、竞赛、创业等特长为建设维度，号召学生骨干建设网络“达人空间”，一方面分享成长经验，另一方面，以爱国、理想、责任为维度全面展示优秀学子的个人实践经历，充分发挥朋辈之间的网络思想宣传和教育力量。目前，“要学习，上易班”，在易班上查找课堂笔记、下载课件、在线找教师答疑，搜索优秀学长的“成长历程”，已成为东华大学学生的网络行为习惯之一。[①]易班自2014年正式启动以来，已在北京、上海、江苏、福建、广西、广东、四川、湖北、陕西、甘肃、宁夏、内蒙古、新疆生产建设兵团等13个省区市的280余所高校开展共建。目前作为全国最具影响力的综合性互联网教育平台，易班拥有450余万名在校大学生，汇集了各类教育资源超2 200万个，用户活跃度、汇聚的各类教育资源、生活应用、网络文化精品以及班级社群数都在加速增长，已经成为大学生网络思想政治工作的重要平台。

（二）基于网络而形成的网友群体

在校园社交网络传播圈的熟人关系场域中，网友群体主要是由那些经常参与话题讨论或参加网络游戏以及其他交往活动的大学生组成。在这些网友群体中，其成员之间彼此以“网名”相互称呼，他们的交

① 北京化工大学全国大学生思想政治教育发展研究中心.中国大学生思想政治教育年度质量报告（2015）[M].北京：光明日报出版社，2015：179.

往关系通常是基于某个相同的兴趣爱好、相似的生活经验或者近期内共同的学习工作目标而形成的，如影视明星的星迷群体、网络游戏的爱好者群体、正在毕业找工作的毕业生群体、正在考外语申请出国留学的学生群体等，这些群体的成员之间多数情况下只是通过网络进行交往，有时也会发展成为现实中的聚会活动。对于网友群体的多数成员来说，与班集体同学之间较为密切的交往关系相比，他们相互之间的交往频率不高，交往程度也不深，可以说是一种以弱关系为主的交往关系。①

网友群体对大学生思想和行为的影响主要作用于当前学校教育较少涉及的一些领域，如情感与恋爱生活、个人兴趣发展、出国留学、兼职打工以及日常社会交往等方面。在校园BBS上或主题网络论坛中，大学生围绕这些主题内容的交流比较深入，并通过经常性的交流和联系形成较为稳定的交往关系，相互提供信息支持和互惠性的帮助。以情感类内容为例，我们在2004年分别调查了北京大学、南京大学、清华大学的校园BBS上"知性感性"类主题版面的状况，见表3-6，此类BBS版面的内容非常丰富，涉及大学生日常生活中情感活动的方方面面。

---

① 社会学研究中把人们的社会联系根据其强弱程度进行划分。强关系是指人们在其中投入更多时间、更多情感，并且彼此更为亲密也更为频繁地提供互惠性服务的关系。与之相对，弱关系是指那种自我卷入不多甚至是没有卷入的关系。[美] 戴维·波谱诺.社会学（第十版）[M].李强，等译.北京：中国人民大学出版社，1999：135.

表3-6 高校BBS“知性感性”类主题版面举例[①]

北京大学北大未名BBS “知性感性”类版面	南京大学小百合BBS “感性”类版面	清华大学水木清华BBS “知性感性”类版面
祝福	温馨祝福	
男孩子	男生世界	
乡情有约	女生天地	
相约QQ	生活	你今天快乐吗
日记	似水流年	心情、故事和歌
心情故事	古都南京	乡情有约
友情驿站	空中梦想	谈情说爱
畅想未来	家	似水流年
女孩子	寝室夜话	荷塘月色
毕业生	百年好合	男孩子
且行且歌	青春有梦	快乐大一
谈情说爱	家庭生活	好朋友在一起
灰色人生	感情世界	女孩子
似水流年	友情久久	毕业班心声
充满回忆的音乐盒	游子情深	聊斋鬼话
北大校友	掀起你的盖头来	光协
亲情	情爱悠悠	
别问我是谁	永远的南大人	
心阁	心理健康	
单身一族	单身一族	
师生情谊		

网友群体能够在大学生日常生活中的个人实际问题方面发挥较大影响作用，如恋爱中的情感问题、人际冲突造成的思想困扰、学习或者经济压力带来的心理问题等。这些方面的问题一般具有较强的个人性，有的是大学生不愿意在现实集体中公开的问题，有的则是很难找到有着共同经验和情感体验的交流者，而网络则提供了匿名表达或倾诉的场所。在熟人关系场域中，校园BBS和网络主题论坛为大学生提供了一个情

① 资料下载日期：2004年3月31日。

感诉说和交流的场所。与现实相比，这些虚拟社区的讨论由于跨越了时间和空间的限制，大学生们在这里可以找到更多交流的对象，尤其是具有相似经历、体验或目标的网友能够更快地相互接纳，共同的经验使得他们的交流更加充分和深入，共同的目标也使得他们能够互相支持和帮助。如在各个高校的校园BBS上，恋爱版、家庭生活版、找工作版、创业版、心理版等类型的版面是人气值比较高的地方。在这些版内经常可以看到的现象是：如果有学生发帖子诉说自己的思想困惑或者情感问题，就会引来众多网友关注。针对该学生的具体情况，许多网友会积极回帖，或者提供信息支持、或者沟通感情体验、或者交流思想观点，版内很快会形成一个彼此真诚沟通的交流氛围，给予这位学生多方面的支持和帮助。例如，2003年4月6日，一位昵称为“红蜻蜓”的清华大学毕业生在水木清华BBS的创业版上发布了标题为《与创业无关——我要回国了》的帖子，向众多网友宣布自己即将放弃美国某大学博士生资格并回国就业的决定，并提出自己这样做的理由，由此在版内引起了网友们的关注和讨论。多数网友对她的决定给予了肯定和支持，有的网友结合自己的经历给她提出具体的建议，有的网友帮她分析找工作的方法和策略，大家的讨论给了这位学生很多具体的帮助。[①]又如在2003年8月12日，一位昵称为“如梦人生”清华男生在水木清华BBS“Love”版内发表了一个题为“痛不欲生的感觉：我绝食了”的帖子，诉说了自己与女友分手后的痛苦心情。帖子发出后，很快就有100多个回帖出现，网友们纷纷对这位失恋的同学进行劝说、安慰，帮助他缓解内心的痛苦。表3-7列出了其中部分回帖的内容，从这些回帖的内容可以看出，这些网友在现实生活中经历了与他相似的遭遇，他们从“过来人”

① 资料来源：水木清华BBS，创业者论坛版（Entrepreneur），2002年4月6日。

的角度把自己的亲身经历和感受告诉这位失恋的同学，对他起到了较大的心理安慰作用。

表3–7　水木清华BBS上网友对一位失恋学生的劝慰①

发帖人	帖子的内容
Diskbiskeith:	同样，我心碎，我失眠，我后悔，我感慨，我发泄……但是，我不会做让她为难的事情。快三年了，其间的幸福与欢乐、担心和牵挂历历在心。然而她选择放弃。想必是下了很大决心的。这时候，哭哭闹闹，绝食自杀，即使临时让她松口，两个人还有原来的感觉吗？她只会把你当成一个麻烦的人，多花些时日安慰你。在她心里你的形象只会变得更差。所以，朋友，看看我的昵称。努力适应并把握你的新生活吧！
Cdromer:	hahaha，和俺当年情况很类似啊，会过去的，现在让自己忙起来，别闲着，过上两三个月你就不会这么难受了，如果不能挽回的话，就干脆利落一点，弄得自己很受伤害就不值了，实际上，好女孩儿还多着呢。别拿不起放不下的。
Sjjsjj:	想开点，还有很多其他的事情等着你去做，还有很多其他的人等着你去爱。
Fjgd:	很正常呀！“爱”是一个动词，呵呵！谈恋爱都是失败的，成功了就不能再谈了。分手时候的表现可以看出一个男人的本质。就算关系好的如胶似漆的时候，你们两个也是独立的个体。你很爱他，那是你的事情。她爱不爱你那是她的权利和自由，如果你真的爱她，那也应该尊重她的权利和自由。如果你足够的好，肯定能找到一个比她更好的gf，让她后悔去吧。如果你没有能力，那说明你本来配不上她，分手是合情合理的，符合自然规律。她离开你感到快乐，如果你真的爱他，放弃她给她快乐才是你的爱。要死要活的男人太自私，并没有真的爱她，所以她离开你是理性选择。如果你很有本事却没有运气碰上好的mm，那就怪你自己没有缘分。先安安静静地过一段时间，然后重新找到一个mm，治疗失恋的痛苦的最好方式是重新恋爱，呵呵。
Emacs:	全身进退。如果选择爱就全心全意全力以赴对她好，不留遗憾。如果她不爱你而且没有挽回的余地，那就选择不爱，忘了她。大丈夫要拿得起放得下，很多事情不能强求。
mikej2:	兄弟，不值得这样。同样的经历我也有过，当时总想不明白为什么女友会跟我分手，回过头才觉得自己太幼稚。一切东西都是会改变的，尤其是感情。真正值得珍惜的只有自己的健康和好心情。

① 资料来源：水木清华BBS，谈情说爱版（Love），2003年8月12日。

微信公号“灼见”是清华大学新闻与传播学院的研究生张鄂创办的微信公号，张鄂在谈及灼见的名字时说：“当时想到的是真知灼见。真知，我还没有达到那样的厚度，我觉得任何人都没办法说自己的观点就是真知。但灼见却是观点类的，我有我的观点，你有你的观点，大家可以各抒己见。”“灼见”从2014年3月微信公众平台开始运营，3个月内粉丝过万。表3-8是“灼见”在第一年中转发人数最高的前10篇文章。在张鄂看来，对于微信社群而言，微信用户阅读需求强烈，微信的社交属性决定其具有情感的基因，微信朋友圈是一个充满情感的场域，情感类文章往往高居榜首。对于每一个微信公众号而言，其内容与其目标读者高度关联才能赢得关注。在2014年3月至2015年3月中，“灼见”单篇最高阅读量文章是2014年9月21日推送的专栏文章《在爱情中再次启程》，阅读人数为1 755 572，阅读率高达4267%，该篇内容是围绕明星王菲和谢霆锋进行的情感分析，与每个人都具有相关性，时机正是有传闻明星王菲和谢霆锋复合。2015年2月26日，张鄂编辑内容《少年，努力吧！88年的“青年千人”都回国了》，发布后阅读人数达327 228，并被广泛转载，其具有的激励性与青年具有关联性。

表3-8 “灼见”2014年至2015年转发人数最高的前10篇文章[①]

标题	送达人数	阅读人数	阅读率	转发人数	转发率
在爱情中再次启程	41 142	1 755 572	4 267%	34 767	1.98%
清华校长陈吉宁最新演讲：平庸与卓越的差别（好文，强烈推荐）	173 742	855 029	492.13%	17 702	2.07%

① 张鄂.机制与问题：传播学视域下的微信公众平台研究［D］.北京：清华大学出版社，2015：21.

续表

标题	送达人数	阅读人数	阅读率	转发人数	转发率
中南大学校长张尧学：青年教师不许上讲台，20万元科研经费自由支配	25 504	351 720	1 379.08%	17 441	4.96%
朋友，咱俩几年了？	21 670	191 447	883.47%	16 164	8.44%
龙应台：日子怎么过，就是文化（好文，强烈推荐）	70 996	206 682	291.12%	15 402	7.45%
张曼菱在北大演讲全文丨压抑的胜利	7 417	130 065	1 753.61%	14 408	11.08%
《肖申克的救赎》上映20年了，九句最经典的台词	59 170	186 805	315.71%	12 945	6.93%
看完你就会明白，什么叫脑洞大开	56 945	166 599	292.56%	12 214	7.33%
文化到底是什么？一个很靠谱的解释	35 380	96 159	271.79%	11 550	12.01%
老舍：抱孙（这故事就像是今天写的一样）	20 826	154 064	739.77%	10 680	6.93%

（三）对两类网络群体形成的内在机制之探讨

在校园社交网络传播圈的熟人关系场域中，网络主体之间主要存在两种不同类型的交往关系，即以现实交往关系为人际纽带的网上集体，以及基于网络交往而形成的网友群体，这两种类型的网络群体具有不同的形式，网络主体的行为具有特殊的方式和内容。网上集体的形成和发展，是现实中的学生集体建设在网络空间的映射，这是校园社交网络传播圈所特有的现实性的突出体现。这一现象充分说明，网络并不总是割裂人们在现实空间与虚拟空间中的社会角色和交往关系，网上的交往活动与现实中的交往活动之间在一定条件下可以达成一致性，从而实现人们在网络空间和现实空间中归属感取向的统一。对于大学生而言，虽然网络虚拟空间扩大了他们实践活动的领域，其交往关系的多样化为他们的归属感取向提供了更多可能；但是，现实生活中的集体交往所结成的凝聚力量仍然可以在网络空间继续保持和发展，并且藉网下与网上的联系与互动作用进一步增强大学生的集体归属感，密切他们之间的交往关系。因而，现实集体的建设与发展是大学生在熟人关系场域中网络行为方式的重要方面。在这一过程中，现实中集体生活实践的内容被映射到了网络空间，成为网上集体空间中的主要内容。现实学生集体建设向网络空间的延伸为高校利用网络开展思想政治教育工作提供了有效途径，学生集体建设在培养大学生集体主义思想、锻炼培养学生骨干、调动学生内在积极性、发挥学生自我教育等方面具有重要作用①，思想政治教育工作者可以通过参与网上学生集体的建设与发展，在现实集体生活与网上集体建设的互动关系中实现正面教育的主动性和有效性。

依赖于网络所形成的网友群体，是大学生在熟人关系场域中的另一种群体交往形式，其形成和发展具有显著的自发性特点。网友群体的活动主要在网上进行，计算机网络成为这些网友群体成员之间相互交往的中介。从前面的案例分析中可以看到，大学生在此类群体中的交往可以获得较为深入的心理沟通和情感支持。对于这种现象的解释，我们可以从目前关于CMC研究（以电脑为中介的传播）的一些理论成果中获得启示。一些研究者认为，在某些情况下，人们在使用CMC进行交流

---

① 林泰.大学德育新探——社会主义市场经济与高校思想政治工作研究［M］.北京：清华大学出版社，1997：275-276.

时，比面对面的人际交流有更多的情感投入，更渴望建立和发展社会关系。他们把这种现象称之为“超人际性传播”现象①。他们进一步分析认为，在这种以电脑为中介的群体交流活动中，信息接收者会理想化对交往对象的认识，信息的发出者会最佳化地表现自我，并且由于文本交流的方式以及信息发出者和接收者之间信息交流的及时反馈，可以在交往者之间形成良好的印象和亲密度，使得人际交流行为更加密切②。由此看来，以计算机网络为中介的群体交往可以实现与现实中面对面交往不同的交流效果，这也正是校园社交网络传播圈熟人关系场域中网友群体的吸引力所在。从其影响方面来看，网友群体对大学生的影响主要作用在情感与恋爱、个人兴趣发展、出国留学、兼职打工以及日常社会交往等学校教育较少涉及的领域。在这些方面，出于共同的爱好、经历或者目标，大学生们在网上聚集起来形成一个个的交往群体，尽管多数成员相互之间是一种弱关系的人际纽带，然而彼此之间也能够由于持续互动而产生互惠与支持，为他们带来了信息、娱乐、情感支持、伙伴关系和归属感。2013年的调研结果发现，随着年龄增长、年级升高，大学生对媒体和校园BBS的信任度下降，而对人人网、微博和微信的信任度则有所上升，如表3-9所示，这说明基于人际纽带和情感联系而结成的社交网络能够通过日积月累对大学生的信息获取和价值判断产生出相当的影响。因此，网友群体对于大学生思想和行为的影响方面与学校的学生集体建设所实现的教育内容具有一定互补性。当前，针对网络条件下大学生行为方式的发展变化，基于网络媒介的网友群体是高校思想政治教

① ［美］奥格尔斯，等.大众传播学：影响研究范式［M］.关世杰，等译.北京：中国社会科学出版社，2000：425.

② ［美］奥格尔斯，等.大众传播学：影响研究范式［M］.关世杰，等译.北京：中国社会科学出版社，2000：426–437.

育工作者需要给予密切关注和主动引导的重要对象。

表3-9 大学生的年龄与网络媒介信任度的相关分析

	传统媒体	主流媒体	门户网站	校园BBS	人人网	微博	微信群或微信朋友圈
Pearson 相关性	−0.109**	−0.105**	−0.023	−0.047*	0.002	0.043*	0.046*
显著性（双侧）	0.000	0.000	0.242	0.016	0.925	0.028	0.017

注：**在0.1水平（双侧）上显著相关；* 在0.05水平（双侧）上显著相关

三、陌生人场域

陌生人场域是校园社交网络空间中的公共广场，在这一网络场域，网络主体之间互不熟悉、不存在稳定的交往关系，而且网络用户来源广、数量大、流动很快。如水木清华BBS的“清华特快版”，平均每天登录人次能达到2万以上，在水木清华BBS400有余的各类版面中始终保持着第一位的访问率，而它的人均停留时间却排在第150位以后。可以说，在陌生人场域中，由于用户数量巨大而且流动性非常大，网络用户之间不可能有较长的交往时间来达到彼此了解和熟悉，很难存在具有稳定交往关系的网友群体，更无法实现网上的ID代号与现实中个人之间的对应，匿名化、数量大、流动快是这一网络场域的显著特征。

（一）快捷而模糊的消息传播

陌生人场域在信息传播上具有及时、快速、广泛的特点，尤其是在一些校内外的突发事件过程中，这里往往是大学校园内消息传播最快的地方。如1999年北约轰炸我国驻南联盟使馆以及2001年美国“9·11事件”等重大新闻，许多学生都是最先从BBS上得到消息。此类媒介领域在消息传播的快捷优势，一方面是因为网络媒介的技术特性，另一方面则是由于网络用户匿名而导致的责任意识弱化，而且BBS在信息发布上缺乏“事前把关”的机制，省去了调查核实的环节和时间，这在提高信息传播效率的同时也降低了信息的真实性和可信度。

陌生人场域是一个完全匿名化的网络媒介场所，这里的交往主体由一些网络符号代表，如用户代号（ID）、昵称、签名文档等，网络用户都隐藏在计算机屏幕之后，彼此的性别、年龄、社会身份、地位等都互不知晓。匿名的实质是人的社会角色和社会关系属性的隐匿。完全匿名化使人们在发布消息时隐匿了自己的身份，弱化了责任意识，因而在消息发布上具有明显的主观性和随意性。例如，2001年12月27日，水木清华BBS上出现了一条关于“核泄漏”的消息。一名ID为blank2000的学生描述了某系馆发生核泄漏的经过，称放射性物质由于人员走动已经广为扩散。该消息引发学生在BBS上的大量讨论，在部分学生中产生恐慌心理，还有一些学生对学校进行指责。而实际上，帖子中所说的放射性物质扩散只是在与该实验室相邻的办公室和实验室，其他地方没有受到影响；而且教师也及时进行了清理工作，由于该放射性物质剂量小、污染水平低，并不会对人造成任何伤害。针对BBS上的谣言，学校放射性防护室及时发布公告进行了事实澄清，稳定了学生的情绪。该消息之所以变成谣言，正是因为消息发布者只是片面地对放射性物质泄漏进行了陈述，并没有对当时学校及时采取的清理措施以及该物质的危害性大小进行说明，以至于在学校中造成不良的后果。虽然此类消息并不是完全的虚假消息，但是当事人只是看到了事件的部分内容和细节，在没有进一步调查了解的情况下，主观地把局部的细节部分说成是事件的全部，并由此推出谬误性的结论。这是完全匿名化条件下信息传播的一个重要特征。

由于这个网络场域内的用户流动快、消息广泛且数量巨大、热门话题更新快，因而要想在这里引起广泛的关注，吸引众多用户的眼球，需要经过一个争夺“注意力”的过程。例如在校园BBS上，许多网友为了使自己的消息成为十大热门话题，想出了各种各样的办法。例如，比较典型的有以下几种：一是采取题目战术。一些网络用户在发布消息时处心积虑地想出一些具有爆炸力的标题，给人以巨大的视觉冲击力，以此来吸引大家的关注。例如一些网友的文章标题往往采用刺激性的字眼如“强烈抗议……”“惊人消息……”“大吼一声：……”等。二是采取时间战术。这种方式一般出现在校内外的热点事件过程中，一些网友为了发一篇能上十大的帖子，往往是把听来的消息不假思索尽快上网，争取时间来成为事件发展的第一报道人。三是时机战术，许多校园BBS上的十大话题都出现在凌晨，因为这个时间段内上网的人比较少，一些话题经过相对较少的用户的回帖就会登上十大，而等广大网络用户早晨登录BBS的时候，这些一夜之间出现的话题能够在“第一时间”引起他们的注意，往往会引发更多的讨论而成为当天校园BBS的舆论热点。因此，校园BBS十大热门话题的产生具有较强的情绪化、无序性甚至是娱乐性的色彩，那些以追求新鲜、刺激来吸引注意力的消息给校园BBS的信息质量造成破坏，使得校园BBS上大量不实消息存在，容易产生突发性、破坏性的负面效果。

因此，陌生人场域作为校园社交网络传播圈中的消息集散地，其消息传播虽然具有及时快捷、来源广泛、内容多样的优势，但同时也存在着主观性、随意性、模糊性等负面特性。因此，这里虽然是大学生用以获取最新最快消息的首选途径，但在其消息的真实性和客观性上却又得不到大学生的肯定和信赖。表3-10所示的是大学生在获取国内外重大事件信息时的媒体信任度状况，可以看到，信任度最高的传统媒体，其次是主流媒体新闻网站，再次是大型门户网站，而社交网络信任度处于较低的水平。

表3-10　大学生对国内外重大事件信息来源的信任度差异
（从1~5信息度逐渐升高）

		传统媒体（报纸、广播、电视）	主流媒体新闻网站（人民网、新华网等）	大型门户网站（新浪、搜狐、凤凰等）	校园BBS	人人网	微博
样本量	有效	2 716	2 704	2 685	2 657	2 686	2 681
	缺失	51	63	82	110	81	86
信任度均值		3.59	3.57	3.43	2.97	2.68	2.78

（二）非人际性的网际沟通

非人际性的传播效果主要指的是在信息传受的过程中，信息媒介降低了人的影响力。①在这一场域，由于现实中的每一个人是以虚拟的网络符号来代替，彼此不熟悉对方的现实身份，而且由于大量的流动而无法形成较为稳定的交往关系，因而在网络主体之间进行交流的过程中，人的影响力大为降低，这是此类网络场域在信息传播过程中的重要特征。

一方面，非人际性的有利方面在于能够促进大学生真实表达自己

① ［美］奥格尔斯.大众传播学：影响研究范式［M］.关世杰，等译.北京：中国社会科学出版社，2000：408.

的思想。由于没有现实中的人情关系、利益关系、组织一致性压力等限制性因素的制约，大学生在网络上往往能够比较自由和充分地表达自己的思想，说出在面对面交流方式下不能说或者是不好说的真实想法，甚至对处在权威地位的人或者组织机构进行批评指责。而在现实中，这种具有批评性、冲突性的意见表达活动则很难通过面对面交流的方式来实现。如在校园BBS上，经常可以看到这样一些帖子；有的是对同宿舍舍友的生活卫生习惯进行指责；有的是对一些学生在教室、食堂等公共场所的不道德行为进行批评；还有的是学生对教师表达不满情绪；而对学校一些管理和服务部门的批评更是比较常见。例如，某高校一个宿舍楼发生连续失窃现象，在该宿舍楼住宿的学生通过校园BBS展开激烈讨论，围绕责任追究、楼内安全隐患、破案线索等几个主题提出大量意见，成为BBS连续几天的十大热门话题之首，众多的意见最后聚焦在对楼长工作方式、态度和责任心的强烈批评上，要求撤换楼长的呼声"一浪高过一浪"。学校为了全面了解学生对宿舍楼管理和服务工作的意见，组织有关人员进行调查，并组织有关管理部门负责人与该楼学生的座谈会，希望能够充分了解学生们各个方面的意见。但是这次面对面的意见会却很不成功，只有不到5位学生参加了座谈会，问题反映的焦点也只是局限在楼内安全隐患上面。此外，一些在大学生中间争论较大的现实问题往往在网上能够实现个人意见的充分表达，引发激烈的讨论。又如某大学听涛BBS上发生的关于学生党员是否有参加总理报告会优先权的大讨论、水木清华BBS特快版上关于是否允许个人购买洗衣机的争论等。这些发生在不同大学生群体之间的矛盾冲突，通常能够在BBS上形成广泛而真实的意见表达和公开辩论，BBS匿名化的特点使得争论双方都没有"情面"可讲，毫无顾忌，真实而充分地表达自己的想法。这些案例说明，在一些意见分歧较大、人际冲突性较强的现实问题上，由于现实中的人情关系、上下级的组织关系或者是其他一些人际关系因素的影响，面对面的人际交流往往不如网上匿名化的传播情境更容易促使人表达真实的想法。

另一方面，陌生人场域中这种非人际性的传播效果不利于学校教育管理者对突发性事件的调节和控制。网络传播加大了大学生在网上言论表达的自由度，使得现实中受到抑制的具有冲突性的矛盾得到释放。这种矛盾冲突的释放往往通过网络的及时性和广泛性传播引起更大的共振，使得网络舆论朝着更加偏激和非理性方向发展，一些言论往往演变为对指责对象的激烈漫骂、丑化甚至是恶意攻击的谣言。在陌生人场域中，现实矛盾所形成的张力释放是非常显著的特征，这种冲突性力量的释放具有一定破坏性，往往能够形成大量情绪化的网络舆论，甚至造成一些群体性事件。

（三）学校公共事务的舆论参与

陌生人关系场域作为校园社交网络上的公共广场，为大学生们参与学校公共事务提供了实践场所，对大学生的民主参与意识与行为习惯的发展产生了深刻影响。在大学校园中，大学生利用网络对学校公共事务参与的广度和深度不断发展，围绕着学校教学管理、校园建设以及后勤服务等各个方面，他们从自己身边的事情开始做起，在校园网络的公共论坛上积极发表意见、提出建议并展开讨论，形成了能够在一定程度上影响学校管理和决策的“校园舆论场”。这一校园网络舆论场已经成为大学生参与学校公共事务的重要方式。从参与的方面来看，主要涉及学校教学改革、校园环境建设、校内治安、后勤服务、学生管理以及影响到学校声誉的校内外事件等。表3-11列出了在

2003年5月至9月的5个月中水木清华BBS的公共论坛上有关学校公共事务的主要舆论热点。

表3-11　2003年5—9月水木清华BBS上有关学校公共事务的主要舆论热点举例

序号	时间	事　件
1	5月上旬	校园“黑车”事件
2	5月15日	学校辞退学生5＃宿舍保洁员事件
3	5月29日	球场打架事件
4	6月16日	精仪系研究生团委为李莹同学募捐
5	6月19日	北京清华诚志培训学校事件
6	7月至8月	研究生搬家与宿舍分配
7	9月上旬	力学系为徐俊东同学募捐
8	9月下旬	校园“色狼”事件
9	9月下旬	研究生选课系统的改革

从参与的过程上进行分析，我们认为，大学生对学校事务的网络参与可以分为两个阶段：首先是消息扩散、信息知情的阶段；其次是发表意见、形成舆论的阶段。第一阶段就是大学生通过校园社交网络上的消息传播及时获知学校的重要改革措施、校内突发事件以及与学校声誉、学生利益密切相关的事件等，了解学校对这些事件的处理过程以及工作措施等。由于这一场域在信息传播上所具有的及时快捷的特点，各类消息能够迅速而广泛地在校园中传播，使得广大学生能够及时了解各种重要事件的信息以及学校的工作措施。在此基础上，大学生得以发表自己的意见和建议，通过校园网络舆论影响学校的管理和决策。所以说，知情是大学生参与学校公共事务的重要阶段，在这个阶段中，如果大学生不能得到真实客观的消息，缺乏对事件过程比较全面的了解，往往会造

成舆论的不良发展。因而，高校要注重通过学校新闻网站、官微官博等阵地及时发布正面信息来帮助广大学生正确知情，避免舆论不良发展所带来的负面影响。发表意见、形成舆论是大学生参与校园公共事务的第二个阶段。通过校园社交网络，学生们可以自由发表自己的意见和建议、围绕共同关心的问题进行充分的讨论，并形成校园网络舆论来影响学校的决策。由于大学生是一个同质性很强的群体，他们在心理发展和知识水平上比较接近，有着相同或者相近的生活经验，具有共同的利益关系和好恶标准，因而容易形成对事件较为一致的解读。因此，在通常情况下，校园社交网络舆论能够表现出一致性强、持续时间长、意见强度大的特点。这些舆论不但在广大学生中具有不同程度的影响，而且能够影响学校教育管理者对于事情的判断，影响着学校管理过程中具体决策的形成和实施。可以说，校园社交网络为大学生在校园事务方面发表意见和建议提供了公共讨论平台，因此成为大学生参与学校管理决策的重要途径。

（四）基于“微博问政”的民主实践

在社交网络时代，大学生的网络行为最为突出的方面是他们对学校公共事务的公共讨论和民主参与。这是在政治领域互联网影响大学生思想观念和行为方式的最具显著意义的发展变化。当微博逐渐成为大学生关注公共事件、参与政治事务的重要手段时，“微博问政”也随即成为大学生政治参与的新形态。大学生的微博问政主要表现在：大学生使用微博来关注和获取时政新闻；对国家政策、公共事务以及热点事件发表意见、提出建议；对政府管理机构和党政干部进行网络舆论监督等。首先，大学生对重大事件信息的关注和新闻追踪是其政治参与的重要表现。本研究的一项调查显示，90%以上的大学生通过网络途径获取重大事件信息。尤其是微博，在突发事件过程中扮演了重要的信息集散地和舆论场的角色。其次，“微博围观”成为大学生参与国家重要时政、表达意见和建议的新型网络方式。例如在“李刚门事件”“药家鑫事件”过程中，大学生们通过微博广泛转帖事件的信息，密切关注事件处理过程并发表大量的评论。“微博围观”造成的舆论压力对这些突发事件的处理产生了重要的影响。再次，对于政府和党政官员的网络舆论监督是互联网环境下大学生进行政治参与的重要方面。其中较为突出地表现在针对一些干部的违法行为进行微博举报、围绕个别问题官员展开“人肉搜索”，以及对政府政策措施提出不同意见的“网络抗争”等。大学生群体具有思维活跃、创意丰富、技术娴熟等特点，他们因此而成为营造网络舆论热点、推动舆论发展演变的重要力量。如在不少网络反腐事件中，由大学生制作的网络动漫、“恶搞”视频以及流行网语在微博传播的积聚效应下迅速成为社会热点，成为网络监督的鲜活话语形式。

总体而言，陌生人场域是大学生社交网络上的消息集散地和公共舆论场所。在这一网络场域，来自于校园内外的重要新闻和突发事件的消息以及围绕这些新闻事件的大量观点和评论是其主要的信息内容。因而，大学生们对于各类公共信息的传递与共享、意见的表达和观点的交流与分享是通过这一网络场域得以实现的。然而，由于公共论坛的用户群体数量较大、流动很快，而且完全匿名化，这使得这一网络场域内的新闻信息具有模糊性大、可信度较低的特点，而且在意见和观点的形成过程中容易出现随意性大、主观性强、情绪化色彩浓厚的不良发展倾向。这些消极因素容易对大学生的思想和行为产生负面影响，尤其是在一些重大突发事件中，陌生人场域内的消息和舆论往往是引发大学生思想波动甚至导致情绪激化、造成群体性事件的“策源地”。因此，对于这一网络场域，我们要采取一分为二的态度，一方面积极肯定这一“公共广场”在及时反映大学生思想热点，表达大学生的意见与建议，加强学校教育管理工作针对性上的积极作用，并密切关注、主动引导网络舆论，使之更多地发挥正面的引导教育作用；另一方面对于那些不实消息、负面新闻等信息内容的传播，要采取鲜明的态度，坚决反对在一些学生中存在的“网络言论完全自由”的错误观念，通过对不良信息传播的主动干预、对网络规范的积极建设与倡导、对大学生网络行为道德观念的正面教育以及对现实沟通渠道的有效利用等方式，在网上网下教育工作的积极互动、密切配合下实现对校园社交网络发展的正确引导。

与此同时，要注重引导大学生的网络民主参与意识和正确行为规范的养成。校园社交网络为大学生提供了从自己身边事情做起，积极参与民主实践的有效途径。正是凭借校园网络所提供的舆论平台，大学生群体的声音在学校公共事务和校园社区生活中的影响日益显著，他们对学校管理和决策的参与程度不断得到加强。因而，我们认为，社交网络对大学生民主参与意识与行为习惯的发展正在发生着深刻的影响，校园社交网络上的公共空间将成为大学生民主意识和民主参与能力的培养和实践场所。从目前的情况来看，大学生对公共事务的民主参与热情正在逐步增高，他们利用校园社交网络参与学校管理的主动性和积极性正在逐步增强，所产生的影响也在不断增大。因此，当前情况下，引导大学生合理、有序地参与公共事务，是高校建设和保持良好、稳定的校园学习生活环境的需要，是团结、凝聚和引导广大学生健康发展的需要。作为当前大学生思想政治教育工作中的重要任务，高校思想政治教育工作者要密切关注网络公共场域对于大学生民主参与意识和行为发展的影响，通过建立相应的规范、建设和完善多层次的沟通渠道等各项工作，注重引导大学生民主参与意识和行为的健康发展。

第三节　立足社交网络的突发事件应对策略

社交网络媒介构筑了人们不同的交往模式和信息传播模式，从而塑造出不同的社会场域，生态的理论视角有助于我们观察和了解社交网络环境的特性和机制。基于以上分析，应对突发事件的思想政治教育实践应是一种立足社交网络生态的协同联动工作模式，根据三类社交网络场域的各自特点，因势利导，有效发挥各类场域的独特作用和功能，形成全方位的思想政治教育合力。

一、认知社交网络中突发事件信息传播生态

师生交往场域是一种正式的社会组织情境的网络延伸，在整个社交网络中属于可控性强的地带，其所传递的信息内容具有较强的权威性和导向性。在突发事件过程中，这一场域中的信任度建设尤为关键，筑牢具有信任度优势的正面网络宣传阵地，是立足师生关系场域做好突发事件舆论引导、实现思想政治教育主导权的基础。从网络环境自身的特性而言，虚拟与现实的关系是一对基本矛盾。虚拟是现实的延

伸，反过来虚拟对现实产生多重的作用，其中对现实权威的消解作用是其负面效应。在突发事件过程中，自媒体传播主体多元、内容混杂，信息扩散迅速但真假难辨，这是网络虚拟性所带来的信息传播效应。针对这种问题，提升虚拟与现实的同一性，实现“虚实和谐”是解决之道。师生关系场域正是网络环境中虚拟与现实最为一致的社交空间，除了学校官网官博官微之外，我们通常所看到的各级政务网站、主流新闻媒体以及党建党宣等新媒体矩阵，都与现实中的各级党政机构以及各类社会组织一一对应，实现着社会组织管理体系的网络映射。虚拟与现实的一致性是这一场域在突发事件过程中舆论引导作用得以发挥的逻辑机制，能够有效促进各类正式组织机构在现实社会中的公信力转化为社交网络中的信息传播力、群体凝聚力和舆论引导力。在突发事件过程中，虚拟与现实的良好互动可以形成危机应对的合力。从突发事件中网络舆论引导工作的开展而言，师生关系场域是正面阵地建设的网络空间，属于网络舆论斗争版图中的红色地带。思想政治教育工作者要做到始终把握社交网络发展前沿，着力打造技术先进、形态多样、具有吸引力和影响力的新媒体矩阵，形成立体多样、交叉融合的正面阵地格局。

熟人关系场域的形成具有较强的自主性，现实中的亲友、同学、朋友等社会网络，以及互联网上由共同的兴趣爱好、身份认同或价值观念等因素所产生的密切交往关系，都是熟人交往场域得以稳定存在的社会条件。从网络环境自身的特性而言，开放性是互联网的一个基本技术理念。开放的网络从社会交往的范围、方式以及程度等多个方面上很好地满足了人的交往需要，一方面扩大了人们的交往空间，反过来也增强了自组织的社会凝聚。在熟人关系场域中，互惠、归属感以及心理支持等诸多因素促使人们投入大量时间进行交流，形成了亲密关系网络的“圈层”效应。这一社交圈层往往与现实社群有着较为一致的对应关系，交互的方式具有比较显著的私密性和协商性特征。在突发事件信息传播过程中，强关系的人际纽带是网络社群得以凝聚的中介，圈层化的熟人社交网络是信息快速传播的通道和结构，亲密关系和情感嵌入加强了信息交流的社会信任基础，这些因素有利于促进人们的理性表达和对话沟通，但与此同时，也存在着由于信息的社群过滤机制带来的“信息茧房”效应，交往的圈层化所带来的封闭性容易造成“群体极化”风险。在当前社交网络的“圈层化”特征比较明显的趋势下，开放性与封闭性作为一对重要的关系范畴，是认识和把握熟人网络场域的社会功能的重要维度。在突发事件舆论引导工作中，要注重发挥熟人社交网络自组织机制的积极作用，使之成为社会整合机制的重要补充；同时要避免社交网络的圈层化所导致的社会结构碎片化，社会共识的凝聚需要对话和交流，而自我封闭的“圈层”则会带来社会分裂。

陌生人场域是社交网络环境中的公共广场，这里是一个异质的社会场域，充满着大量的自由个体和多元多样的信息。人们对周围环境变化的信息需要、在异质群体中的交换需要、对公共事务的参与以及民意表达的诉求等，都是这一网络场域得以形成和稳定存在的动力因素。在突发事件中，这一场域是新闻的集散地和公共舆论场，消息传播快速而模糊，舆论此起彼伏众声喧哗，多元社会思潮交流交锋交融。从网络特性而言，复杂性是陌生人场域的显著特征。由于巨大的规模、快速的信息传播、非线性的相互作用机制等因素，导致这一场域的信息流动不可能维持某一稳定的平衡状态，而是表现为一个开放的非平衡系统。网络主体身份的多样性、信息行为的自主性、作用要素的丰富性、舆论变化的非线性等都是这个复杂性系统的表现。对于思想政治教育而言，主体性和主导性是认识和把握陌生人场域的一对重要关系范畴。主体性体现在网络用户的自主意识、民主意识、参与意识增强，在人与人之间的交互过程中，重视不同于单向度主客体关系的主体际关系成为人际交互的普遍态度。主导性体现在掌握网络舆论斗争的思想政治教育话语权。这一场域是舆论斗争的主战场，坚持主导地位，要求思想政治教育者必须坚持做主流价值观的代言人，不管网络舆论如何汹涌，都要坚持正确的思想观点不动摇，旗帜鲜明地对错误思想和观点进行批判和斗争。

二、建立思想政治教育工作的协同联动机制

社交网络是当前思想政治教育面临的新境遇，挑战与机遇并存。我们一方面要从工具层面认识和掌握各类新型社交网络媒介，把社交网络媒介作为思想政治教育的新载体、新手段、新工具，增强新形势下的工作能力；另一方面我们更要从网络环境的生态视角来思考和开展思想政治教育工作，主动研究和把握社交网络环境的规律性问题，从机制和方法主动创新思想政治教育工作，科学应对突发事件带来的复杂影响。

（一）发挥正面宣传阵地的主导作用

师生关系场域是社交网络上的正面宣传阵地，信息的权威性和媒体的公信力是应对突发事件舆情、做好宣传舆论引导工作的基础。争夺突发事件舆论发展的主导权，首先，要做到“关键时刻不失语”，把握住

新闻发布的时效性。针对自媒体传播纷繁混杂，社交圈层自说自话，消息来源真假难辨的状况，要在调查研究和掌握舆情动向的基础上做到快速反应，抢在网络舆论形成期发布权威性的信息之前，通过“第一时间”报道来掌握舆论发展的主导权。其次，开展全面客观的信息发布和事实报道。社交网络环境下突发事件的信息传播是多元化的，大量自媒体从各自的立场和角度传播消息、发表议论、表达情绪，这些来源广泛、快速传播的消息满足了大众“信息饥渴”的需求，但同时也会产生由于信息巨量多元、新闻反转变化所导致的“信息焦虑”。正面宣传阵地的优势在于以党和政府的公信力为基础的信息权威性和传播影响力，信息发布工作要以人民群众的利益为出发点，做到及时准确、公开透明，主流媒体报道工作要尊重人民群众的知情权，做到全面、客观、真实，主动回应社会关切，解疑释惑凝聚共识，激发社会正能量。宣传舆论引导是否能够坚持全面、客观的原则，关系着公信力建设的基础和工作实效性的实现，要坚持正面引导和批评错误相结合，既正面宣传壮大正能量，又正视问题揭露不良现象。要坚持用事实说话，给广大受众提供及时客观、公开透明、值得信服的权威信息，维护好信息发布的公信力，增强新闻报道的影响力，有效引导网络舆论的发展。再次，基于网络传播规律提升宣传话语艺术。在新媒体时代，宣传思想工作要重视受众偏好和信息接受特点，通过转变话语方式来提高传播的实效性。实际工作的经验表明，网言网语、视觉传达、大众话语的传播内容更能吸引网民的关注和转发，激发情感认同和思想共鸣，带来事半功倍的宣传教育效果。而“居高临下、空洞说教、照抄照搬”“模式化、套路化、语言生硬、形式刻板”等话语宣传方式不仅无效，而且可能产生逆反效果。习近平总书记曾批评过一些“不会说话”的现象：“与新社会群体说话，说不上去；与困难群众说话，说不下去；与青年学生说话，说不进去；与老同志说话，给顶了回去。”语言具有神奇的力量。在习近平总书记的系列讲话中，他善于用讲故事、打比方的方式阐述道理、凝聚共识；用大白话、大实话的群众语言来解惑释疑、引人深思；以古典诗词、文学经典来譬喻治国理念、传递思想；以聊天式、谈心式的语气娓娓道来，触及心灵；一些地方创造性的使用山歌、顺口溜、土语、方言开展群众动员，起到了有效的宣传效果。当前，创新话语方式、消除话语差异是网络宣传教育工作的紧迫任务。思想政治教育者要真正融入群众网络生活，真切地感受网络文化，加强规律研究，转换表达方式，改进文风作风，提升话语能力，把握网络话语权，增强思想政治工作的实效性。最后，建立与民情民意的互动和回应机制。一是把社交网络舆情热点作为宣传舆论引导的工作重点，及时回应群众关切。围绕民情民意和公众情绪，开展及时性、针对性、专业性的引导工作，密切追踪和关注社交网络舆论的发展动态，及时掌握社会心态和热点焦点问题，持续性地通过正面宣传教育阵地开展宣传引导工作；二是通过多层次、高密度的权威信息发布增强正面宣传舆论的覆盖面，针对媒体的分众化传播规律以及网络社群的圈层化特点，以生态的观点和融合传播的方式开展正面舆论引导，对公共媒体、社区媒体和自媒体领域的信息传播采取有针对性的采集研判、跟踪分析和积极引导工作，防范潜在的不良舆论偏向，主动调控社交网络舆论导向；三是通过持续追踪和深度报道把控整体舆论，营造良好氛围。突发事件过程中往往会产生多个舆情热点，每个舆情热点都在爆发初期引起广泛关注和强烈的舆论震荡，也会有大量不实消息和偏激情绪得以传播和酝酿，而进入到后期则热度回落，被新的舆论焦点所覆盖。对于回落至低点的舆情潜流，不能存在等其自行消失的侥幸心理，而是保持关注和给予重视，持续追踪和整理研判，对每一个舆情焦点的来龙去脉做到整体把握，不放过任何一个负面舆情的

“着火点”；四是重视社交网络上的意见反馈，对信息发布和宣传报道的内容进行及时调整和完善。在社交网络环境下，宣传舆论工作要特别重视媒体回应力的建设，在及时发布信息的同时密切关注和分析舆论反映，对于反馈意见和问题作出及时调整和应对，力求达到有效的宣传引导效果。

（二）开展深入细致的思想沟通

在熟人关系场域，人们之间有比较紧密的人际联系和情感纽带，能够进行比较深入的思想沟通工作，同时交往社群在网上与网下也有着较大程度的对应关系，社群成员彼此之间熟悉对方的现实身份，可以展开理性的讨论。因此，思想政治教育者应充分利用熟人关系场域的特点和机制，加强社群的凝聚力建设，通过网上网下相结合的思想政治教育工作，针对突发事件中的矛盾焦点问题展开深入细致的思想工作。首先，找到社交网络上的“关键群体”开展理性讨论和平等沟通工作。突发事件过程中，作为当事人的信息发布者及其相关人员是舆论形成发展的关键人物，在意见扩散的过程中，这些“关键少数”对事件的认识方式、所表达的情绪和态度以及诉求和意见对舆论的形成和发展会产生持续的影响作用。因此，做好这些关键人的思想工作，是引导社交网络舆论正确发展的前提条件。思想政治教育者要以平等的身份沟通交流，以理性的态度分析问题，帮助处在舆论漩涡中心的当事人稳定情绪、换位思考、理性发声。熟人交往场域是社交网络环境中私密性较强的交往空间，个人可以在社交网络中获取较多的心理支持和情绪疏导，基于熟识关系和人际信任进行良好的思想交流和对话沟通。在这一场域中，要把这些“关键少数”作为重点对象，主动发挥“以情动人、以理服人”的工作传统优势，做好矛盾化解和思想疏导工作。其次，加强现实组织与网上社群的互动，开展网上和网下相结合的思想政治教育工作。网上的意见和情绪都是现实生活中具体矛盾和问题的反映，我们要善于从网上发现问题，在网下解决问题。要解决网上舆论的问题，必须首先在现实中寻找问题产生的根源，及时发现实际存在的矛盾，通过化解现实矛盾来赢得网络舆论的主导权。熟人社交网络是开展网上网下相结合的思想政治教育工作的有效载体，作为以强关系纽带为核心的交往社群，组织的凝聚力、群体的归属感、文化的同质性等都能够对实际矛盾问题的解决发挥出重要的促进作用。现实中的组织建设做得好，就能够在网上形成有凝聚力和归属感的交往社群，为网络宣传思想工作提供有力载体；与此同时，熟人社交网络的圈层互动机制则强化了群体中的社会联系和交往关系，提升了群体内部的紧密程度和沟通效率，对现实组织的建设产生了有力的促进作用。因此，在应对突发事件的过程中，网下的工作重点是通过集体讨论和组织沟通等形式进行面对面的交流，提出问题、充分讨论、澄清认识，化解矛盾；而在网上的社群空间中，则是坦诚地提出问题和进行开放性的讨论，在平等交流的氛围中引导群体共识的达成。总之，遵循熟人交往场域的群体互动机制和信息传播特点，立足网上和网下的社群空间开展思想交流和互动沟通，把解决实际问题和化解思想矛盾有机结合在一起，是突发事件过程中开展思想疏导化解舆论危机的有效途径。

（三）注重舆情收集与风险防范

在突发事件过程中，做好思想政治教育工作的前提是全面了解民情民意，建立社会舆情的收集和研判机制。陌生人场域是消息的聚合地和社会舆论场，各种消息大量汇聚，多元价值观念争相发声，主流和非主流意识形态交融激荡。要立足这一场域开展全方位的民意收集和舆情监测，把微博、微信、论坛、贴吧、短视频平台以及各类社交媒体作为对象，运用大数据技术手段进行持续的数据采集、信息挖掘和模型研究，及时发现具有倾向性和敏感性的舆论动向，掌握舆情热点的形成和传播规律，进而在全面深入掌握民意的基础上开展宣传引导工作。“知屋漏者在宇下，知政失者在草野。”习近平总书记指出网络就是现在的一个“草野”，并提出了上网了解民意的具体要求：“网民来自老百姓，老百姓上了网，民意也就上了网。群众在哪儿，我们的领导干部就要到哪儿去……各级党政机关和领导干部要学会通过网络走群众路线，经常上网看看，了解群众所思所愿，收集好想法好建议，积极回应网民关切、解疑释惑。”[①]密切联系群众是党的思想政治教育工作的优良传统，在社交网络普及应用的形势下，只有进入到广大网民的社交网络“草野”之中，才能真正在网上与群众打成一片、融为一体，走好网络群众路线。应对突发事件的宣传舆论工作，是对“走好网络群众路线”的实战考验，要切实发挥好社交网络舆论的民意反映功能，完善多层次的沟通渠道和反馈机制，及时掌握社会思想心理状况和舆情动态，开展有针对性的宣传思想工作。

在突发事件过程中，个人由于信息不足、经验缺乏、认知局限等因素容易导致情绪紧张，经由社交网络的传播扩散形成群体性恐慌，因此疏导社会心态和群体情绪是应对重大疫情突发事件的重要方面。陌生人场域是网上的公共广场，人人都有一把“麦克风”，诉求表达、情绪宣泄、争论辩驳、观点碰撞等比较常见，这些现象在一定意义上

① 习近平.在网络安全与信息化工作座谈会上的讲话［M］.北京：人民出版社，2016：7.

是群体性紧张情绪的表现，但同时也是社会张力得以释放的结果。社会矛盾和社会张力的存在一般情况下是社会的常态。而突发事件引发的群体性情绪会导致社会张力的急剧增大，容易造成破坏性的群体极化行为。社会安全阀是避免这种极端情况出现的重要机制之一，是调节和控制社会张力的有效途径。在一定意义上，互联网就发挥着“虚拟减压阀”的作用，这一“虚拟减压阀”的实现形式正是陌生人场域中群体情绪的宣泄和个体诉求的表达，网络情绪的宣泄释放了社会心理张力，自媒体的诉求表达揭示出潜在的社会矛盾问题。宣传思想工作要因势利导，把这一“虚拟减压阀”变成调节群体情绪和社会心态的有效手段，在疏导网络舆论方面发挥积极作用。而在释放社会张力的过程中，对舆论危机风险的认知和防控是非常重要的。在突发事件过程中，网络风险的“策源地”主要在陌生人场域，网络谣言、网络暴力、人肉搜索、网络串联等现象多在这一场域出现，这些都是舆论危机的触发因素或表现形态。在社交网络这个复杂性系统中，人们的信息交互和情绪感染的作用是非线性的，反转的新闻和爆发的情绪都如同新的舆论“种子”，推动着整个系统的起伏涨落，如果调控不力就会结构失衡导致舆论危机。因此，要充分认识到这一场域存在的潜在风险，在发挥“晴雨表”“减压阀”作用的同时要防范其“双刃剑”的负面危害，树立风险意识，完善预警机制，采取主动措施防止网络舆论危机的发生。要依法治理网络谣言，及时消除虚假、诈骗、攻击、暴力、恐怖等负面信息，净化网络公共舆论空间。注重心理疏导和人文关怀，调控网络情绪，引导社会心态，营造积极健康的网络氛围。加强畅通正式的政治参与途径，坦诚面对舆论批评，虚心接受网络监督，引导理性的网络政治参与行为。增强斗争意识，对网上黑色地带亮剑，深入社交网络建立统一战线，通过“运动战”“游击战”开展灵活多样的网络舆论斗争，维护网络意识形态安全。

三、立足网络场域进行突发事件的综合应对

应对校园突发事件的思想政治教育工作，要立足三类网络场域的各自特点和内在机制，有效发挥网络场域的独特作用和功能，形成全方位的思想政治教育合力，开展处理突发事件的综合应对工作。

（一）有效运用师生关系场域开展正面宣传教育和舆论引导

在校园突发事件所引发的舆论危机应对中，师生关系场域是学校思想政治教育的正面宣传阵地，思想政治教育者要抓住信息传播的主导权，在网络舆论发展过程中发挥有效的思想导向作用。第一，快速反应、让广大学生正确“知情”是师生关系场域在校园突发事件发挥舆论引导力的关键。在突发事件发生后，广大学生在第一时间内所看到的事件报道非常重要，直接影响到他们对事实情况的了解和对事件意义的解读方式。一般情况下，在由突发事件所引发的网上舆论发展过程中，来自当事人和少数舆论领袖最初对事件的发布及其意见最为重要，这些最初的消息与意见是其他学生了解事件经过、产生思考和议论的基础。虽然这些消息和意见往往带有强烈的个人情绪色彩，对事件的论述并不能够做到比较客观、全面和系统，然而这些具有明显片面化和主观化特点的早期意见却能够以先入为主的方式占领舆论空白点，触发大量的议论，造成舆论的不良发展倾向甚至引发舆论危机。因此，争取校园突发事件中舆论发展的主导权，师生关系场域的新闻发布时效性相当关键。

要在获知事件发生后的短时间内快速反应，抢在网上的意见形成阶段对事件进行报道，通过对突发事件过程中事实情况的“第一时间”报道来实现对舆论发展的导向能力。

第二，全面客观的事实报道是学校正面宣传教育说服力和影响力的基础。由于在网络信息传播条件下，各种来源广泛、观点多样的消息都会出现在校园社交网络中，对大学生的思考和判断产生影响。而作为知识丰富、受教育水平高的大学生群体在信息接受上具有理性化的色彩，更加倾向于客观全面、不具有明显倾向性的信息环境。对于突发事件的各种报道，他们更倾向于信任相对公正、没有明显好恶倾向的一方，对于事件过程他们更希望了解到与之相关的各方面情况和资料，而不是仅有某一方面或某一个角度的阐述和评论。已有的传播学研究也表明，对于受教育水平较高的受众，正反两面的信息有助于达到信息传播的劝服效果。[①]因此，学校媒体在新闻报道中要注重用事实说话，给广大学生提供全面充分的值得信服的事实真相，这样才能真正树立学校媒体的公信度，增强在广大学生中的影响力，从而有效引导网络舆论的发展。

第三，在新闻报道中讲求策略，注重对学生思想认识的引导。师生关系场域是校园社交网络上的正面宣传教育渠道，是学校思想政治教育工作者处理突发事件、应对舆论危机的主要网络阵地。因此，学校媒体对突发事件进行新闻报道的过程也是对大学生思想认识以及舆论发展的引导过程，在这个过程中，要讲求策略，发挥好学校媒体作为权威性新闻媒介的“把关人”作用。首先，要抓住突发事件的主要矛盾，以审慎务实的态度选取事实材料，引导舆论朝着积极的方向发展。突发事件发生后，学校要及时展开调查，在充分掌握事实的基础上分析原因，理

① [美]沃纳·赛佛林，小詹姆斯·坦卡德.传播理论：起源、方法与应用［M］.郭镇之，等译，北京：华夏出版社，2000：180.

清头绪，进而抓住事件脉络主线及时有效地报道关键事实，把大学生的注意力聚焦到事件的主要矛盾上来，把讨论的焦点引导到积极有效地化解矛盾解决问题的方向上来。对于一些非主要矛盾的细枝末节，有必要进行有意识的弱化和删除，防止一些学生对事件意义的偏差性解读。其次，要保持客观理性的态度。由突发事件引发的舆论危机常常带有比较强的情绪化色彩，会出现一些学生在不明真相的情况下用极端化的语言攻击他人、指责学校的情况。在这种情况下必须坚持客观理性的立场，严格避免“媒体审判”式的新闻语言，对报道的内容要审慎严密，确保客观、准确，不能够出现缺乏足够事实依据的推测或带有感情化色彩的语言，要帮助大学生排除感情因素对事件解读可能带来的不利影响，冷静理智地引导舆论朝着合理解决事件的方向发展。再次，注重对事件背景的深度报道，引导大学生的思想认识。针对在事件过程暴露出来的现实矛盾和大学生思想认识中的一些问题，学校可以组织力量，挖掘事件背景，进行深入分析和正面宣传，引导大学生关心社会的责任意识和探索精神。例如，清华大学曾经发生某学生“烧熊”事件，在校园内外掀起了大量舆论。学校通过“学生清华”网站等媒体组织了一系列有关心理健康的深入报道和专家访谈，并选择和转载一些网友评论如《从烧熊事件看中国的媒体和舆论》等来引导学生对事件的积极思考，取得较好的效果。

第四，注重与大学生社交网络的互动，形成“信息收集—事实发布—跟踪报道—反馈调整”的突发事件报道机制。首先，把大学生社交网络作为学校宣传教育媒体重要的新闻来源。校园社交网络是大学生公开发表意见的网上舆论场，校园突发事件的消息一般最先在校园BBS、微信朋友圈等社交网络上出现，大学生的各种意见也会在校园社交网络上大量出现。因此，学校在日常思想教育工作中要密切关注校园社交网络的舆论动态，及时掌握大学生思想中的热点问题，及时通过正面宣传教育阵地开展教育引导工作。各高校当前已经都形成了一整套基于校园社交网络的大学生思想动态跟踪调研工作机制，校园BBS、微博微信以及知乎论坛等都是学校宣传教育阵地的重要信息来源。其次，通过学校媒体对事件事实进行客观全面的报道，纠正网上的不实信息，及时防范可能出现的舆论误导，调控网络舆论导向。网络自媒体中的消息和评论带有明显的主观倾向性和个人好恶的价值标准，更是大量存在一些不实消息和谣言。在突发事件中一些片面的消息和不明真相者的情绪化意见会引发不良的舆论倾向，学校媒体要针对这些不实消息和错误言论，进行有针对性的正面报道和宣传引导。再次，对事件进行持续追踪报道，以权威性的新闻发布引导学生思想认识。突发事件进入到后期处理过程中，学生们很难有渠道在第一时间了解事件处理的进展情况，但他们的知情意识比较强烈。在这一时期，学校媒体要及时发布来自学校相关管理部门的工作情况和措施，有效化解一些“箭在弦上”的偏激舆论。最后，注重校园社交网络上的学生舆论反馈，对新闻报道中的不当之处及时调整。学校媒体对突发事件进行公开报道后，会与学生舆论形成互动作用。如果新闻报道立场客观、内容全面令人信服，那么就会在大学生社交网络中广为传播并吸引广泛关注，并成为舆论发展过程中的重要基础材料，从而促进舆论的良性发展。但如果新闻报道被学生认为立场不够公允、资料不够翔实，或者是带有明显的说教意味试图代替读者自身的思考，那么就会迅速被置于对立面，遭到大量的批评言论。因此，学校媒体在新闻发布之后，应及时关注和分析研究该报道在学生中的反映，发现学生在解读和接受过程中的问题及时作出相应的调整和应对措施，力求达到有效的宣传引导效果。

（二）主动引导熟人关系场域的学生集体开展自我教育

熟人关系场域是校园社交网络空间中以朋友关系为纽带的人际交往场所，在这一交往场域，大学生们之间有比较紧密的人际联系，能够进行比较深入的心理沟通。而且由于熟人关系场域中的交往群体在网下也有不同程度的交往关系，成员彼此之间能够相互熟悉对方的现实身份，可以展开理性的讨论。因此，学校思想政治教育工作者可以充分利用熟人关系场域的现实性，加强现实中的学生集体建设，通过网上网下相结合的思想政治教育工作，针对突发事件中大学生思想中的焦点问题展开深入细致的思想工作。

首先，通过现实集体的自我教育在网络空间中营造理性讨论、平等沟通的舆论氛围，是校园突发事件中大学生进行思想引导的重要环节。校园社交网络上的舆论热点，一般是由发生在少数学生身上的偶然事件所激发，经过他们在校园BBS上或微信朋友圈中传播消息而引发广泛关注，产生校园舆论。因此，在突发事件激发大量议论并形成舆论的过程中，作为当事人的学生和一些相关的学生往往是推动舆论发展的关键人物，他们在网上所发布的事件过程是各种意见和观点产生的基础，大量的议论是围绕最初这些关键人物所发布的文章而展开的。而在意见扩散的过程中，他们对事件的认识方式、情绪和态度以及要求和意见对舆论的形成会产生重要的影响。因此，做好这些关键学生的思想工作，是引导网上舆论正确发展的前提条件。作为现实集体的网上映射，网上院系、班级易班，社团协会、学生党团的微信群等网络社区为思想政治教育工作的开展提供了有效载体。在这些网上集体中，参与讨论者都是学习、生活或工作在同一组织群体中的同学和朋友，他们对事件的当事人比较了解，能够以朋友和同学的友好身份和平等交流的态度进行对话和沟通，能够进行理性的讨论和交流，从而帮助处在舆论旋涡中心的当事人稳定情绪和进行理性的思考。在现实集体中具有凝聚力和影响力的骨干成员也可以成为网络社区中的舆论领袖，辅导员、班主任、学生组织的学生干部、党员骨干可以通过自己的言论影响其他学生对问题的认识，形成正确的舆论导向。

其次，由于熟人关系场域中网上学生集体的建设与发展，有利于教育者开展网上和网下相结合的思想教育工作。网上的不同意见、具有冲突性的言论都是现实生活中具体矛盾和问题的反映。思想政治教育工作者在思想认识上必须充分明确，网上的热点舆论是学生中的潜在意见受到偶然性外界因素的刺激而引发，反映了现实中一些潜在的矛盾和问题，其之所以在形成过程中表现出一定的规模性和爆发性，正是因为现实矛盾长期积累的张力释放。因此，要解决网上舆论的问题，必须首先在现实中寻找问题产生的根源，及时发现学生群体中存在的矛盾，在现实中解决问题。现实中的各类学生集体的建设是学校思想政治教育的基本载体，在应对校园突发事件的过程中，立足现实集体开展充分的思想交流和沟通，是解决事件过程中重点学生和重点群体思想工作的有效途径。在网下，可以及时通过开展班会、党团支部组织生活以及社团协会的讨论会等形式，在面对面的沟通中开展思想交流的工作，帮助同学澄清认识，解决思想心理中的问题。在网上，充分发挥网络平等参与性和交互性，可以调动更多相关人员的参与，发动更多的学生来参与讨论，形成良好的舆论氛围；而且由于网络交流不受时间和空间的限制，使得交流能够更加充分，各种意见可以充分表达，思想的沟通和交流也能够更加深入。这种基于网上网下互动的交流和讨论可以形成集体舆论的合力，营造出良好的自我教育的集体氛围。

（三）充分发挥陌生人场域的释放机制和疏导功能

陌生人场域作为信息集散地和校园舆论场，是大学生自由发表评论、表达意见的社交网络空间，其形成的舆论能够对学校的公共事务管理与决策发挥一定的影响作用。尤其是在校内外突发事件发生发展过程中，最新最快的消息通常会在这个媒介场所内首先出现，引发大学生们的广泛关注，形成大量的讨论。随着意见的扩散和讨论的深入，讨论的主题往往会逐渐趋向特定的焦点，形成具有一定规模的较为明确的舆论倾向。

在学校思想政治教育工作中，首先要注重发挥陌生人场域的“释放”机制，即通过网络虚拟空间释放现实生活中的问题和矛盾所形成的张力。例如在一些高校BBS上或校园论坛贴吧中，经常可以看到由于现实生活中的矛盾和问题所产生的网络热门话题，一般来说，这些热门话题的内容主要包括学生之间的人际冲突、日常生活中的权益纠纷，社会不公正现象、有损学校声誉的事件、触动民族感情的事件等，这些问题一般具有较大的刺激性、冲突性，往往会很快触动大学生敏锐而活跃的思维，引发他们强烈的情绪反应。而网络公共空间通常是他们的发泄情绪、释放张力的地方，在这样一个不存在现实利害关系的虚拟场域，大学生们可以把他们在现实中受到抑制或是无处发泄的心理情绪尽情抒发。因此，基于情绪化表达的非理性言论是陌生人场域的显著特征。在这里，经常可以见到各种偏激的观点、极度强烈的情绪发泄以及相互“顶牛”式的争吵，甚至是污言秽语的人身攻击。如果排除那些别有用心的恶意攻击，这些情绪化的表达是一种有助于缓解紧张感、压力感的自我心理“释放”机制。由于这里去除了现实利益关系所形成的“压力阀”，使得各种矛盾所产生的张力能够迅速在网络空间得以释放。从学校思想政治教育的角度来看，这种释放机制可以及时暴露现实中具有一定隐蔽性的矛盾和问题，释放大学生群体中存在的情绪潜流，有利于学校思想政治教育工作者及时发现和处理现实中的一些潜在矛盾和问题，把它们解决在发展的萌芽阶段，避免那些具有爆发性、破坏性的危机事件的发生。例如，在校园BBS上，经常可以看到有学生表达对学校一些管理和服务部门极度不满的激烈言词，事件的起因往往是学生与个别管理和服务人员之间发生的摩擦，如校医院医生的态度问题、学校超市中学生与售货员的冲突、学生宿舍区内学生与社区管理服务人员的矛盾等。事件发生后，这些学生往往就会在BBS上发泄自己的情绪，对有关的学校部门进行指责。实际上，在很多情况下，这些学生是在非常情绪化的心理状态下上网发布消息和言论的，他们对事件的描述以及自己的观点都有较大的片面性，有的还带有较强的攻击性、污辱性。对于这些言论而言，通常情况下不会在校园中引起群体性反应，在多数学生看来，这只是个别人的情绪发泄。而对于学校思想政治教育工作者和管理工作者而言，应该非常重视这些少数人的言论和行为，认真分析和调查他们所反映的问题，根据具体的情况采取相应的教育和管理措施，及时发现和消除工作中的隐患。

其次，针对陌生人场域的舆论引导，学校思想政治教育要注重运用疏与导相结合的教育原则。疏与导相结合，是党的思想政治教育经验的科学总结，反映了思想政治教育的规律性[①]。疏，即是疏通，是指广开言路，集思广益，让大家敞开思想，把各自的观点和意见都充分发表出来。导，即是引导，就是要在思想政治教育中循循善诱，说服教育，把

---

① 张耀灿，郑永廷，刘书林，吴潜涛.现代思想政治教育学［M］.北京：人民出版社，2001：338.

各种不同的思想和言论引向正确、健康的轨道。[1]突发事件发生之后，网上往往会出现大量的言论，随着意见的扩散也会形成一定规模的舆论。在这个时期，多样的意见和观点、复杂的思想以及心理状况和模糊的发展形势是网络舆论形成初期的主要特征。面对这种情况，思想政治教育工作要坚持疏与导相结合的教育原则，不能去堵塞和压制言论、采取捂盖子、掩盖问题的做法，而是要尊重大学生的主体意识与参与热情，以相信群众和依靠群众为工作出发点，让各种意见和观点充分得以表达。而在大学生们的意见充分表达、思想观点得以真实展现的过程中，教育者通过耐心观察、认真研究，在掌握大学生思想状况之后，采取教育引导的具体策略，促进他们的思想和行为沿着正确的方向发展。在校园突发事件的处理过程中，校园网上的公共论坛可以成为学校广开言路、集思广益的沟通渠道。教育者要积极利用这些网络渠道，了解大学生们的所思所想，尊重他们的参与意识、参与热情和参与能力，实现学校与学生的充分交流。这样，思想政治教育工作者可以及时了解突发事件对大学生思想、心理所产生的多方面影响，密切观察事件过程中学生思想发展的动态，发现事件背后存在的深层次矛盾，抓住主要思想症结，展开有针对性的思想政治教育对策。

---

① 郑永廷.思想政治教育方法论［M］.北京：高等教育出版社，1999：137.

第四章　校园社交网络传播圈的用户主体研究

大学生的网络交往实践是他们在网络社会空间中进行的自主、能动的创造性活动。作为校园社交网络传播圈的用户主体，不同类型的大学生群体在信息内容获取、网络人际交往、网络舆论参与等网络行为方面都显示出特殊性和差异性。从思想政治教育的角度来看，思想政治教育对象的实际状况制约和决定着思想政治教育的出发点和落脚点[①]。这一原则体现在网络思想政治教育过程中，要求教育者树立“以用户为中心”的互联网思维、遵循“分众传播”的新媒体规律等。因此，研究和掌握大学生的思想和行为状况是加强高校网络思想政治教育的重要基础。对于校园社交网络传播圈，我们要深入分析不同类型的学生群体与校园社交网络媒介及其信息内容之间相互联系和相互作用的具体规律，从而开展有针对性的思想政治教育工作。

① 张耀灿，郑永廷，刘书林，吴潜涛.现代思想政治教育学［M］.北京：人民出版社，2001：155.

第一节　大学生网络用户群体的类型划分

一、对大学生群体类型和层次的已有研究

关于大学生的群体类型和层次的研究一直是思想政治教育研究的重要内容，针对不同类型和层次的学生群体开展有针对性的教育工作是高校思想政治教育的基本原则和方法。

20世纪80年代以来，我国思想政治教育的理论与实践发展过程中，关于教育对象类型和层次结构的研究一直受到重视，根据教育对象的不同特点开展分类型、分层次的有针对性的思想教育工作，形成了思想政治教育工作的优良传统。从已有的文献资料来看，我国思想政治教育理论与实践中已经积累了许多对教育对象进行分类型、分层次教育的规律性认识，形成了关于大学生类型结构的认识模式。有研究者提出要针对不同时期、不同类型、不同层次学生的状况，进行有的放矢的教育，他们具体分析了大学生的不同类型，针对优等生（冒尖生）和后进生、走读生、少数民族学生、研究生等不同对象群体提出了相应的教育方法。[①]也有研究者则认为个体教育对象可以

① 朱江，张耀灿.大学德育概论［M］. 武汉：湖北教育出版社，1986：314.

分别按照年龄结构、职业结构、文化层次和政治面貌等分作不同的类型。[①]在一些思想政治教育专著中，教育对象的研究是重要的章节内容。如《大学德育学》一书中着重分析了大学本科四个年级学生的不同心理特点，提出大学德育要把握不同年级学生的心理差异，加强德育工作的针对性，提高大学德育的效果。[②]《思想政治教育学原理》一书中也专门列出一章论述思想政治教育的对象，提出只有掌握教育对象的特点，才能使思想政治教育具有针对性；并具体把教育对象分为集体教育对象和个人教育对象两大类型。在层次分析上，提出正式的集体教育对象层次可以分为领导人、骨干人员和人民群众，非正式集体教育对象的层次可以分为核心人物和普通成员，个体教育对象的层次可以分为先进、中间和后进三个层次。[③]近年来关于思想政治教育原理的研究提出了思想政治教育对象具有受控性、能动性和可塑性的特点，并根据思想政治教育对象在社会中所处的地位、所起的作用和所具有的特点不同，区分出重点与非重点之分，提出青少年和领导干部是思想政治教育对象的重点。[④]由此可见，重视对教育对象类型与层次的划分，开展有针对性的思想政治教育是我国思想政治教育理论研究与实践工作的传统，从而形成了一些较为系统的教育对象的类型模式。

---

① 苏振芳.思想政治教育原理［M］. 厦门：厦门大学出版社，2000：93-94.

② 王殿卿.大学德育学［M］. 石家庄：河北人民出版社，1988：180-186.

③ 陆庆壬.思想政治教育原理［M］.北京：高等教育出版社，1991：157-168.

④ 思想政治教育学编写组.思想政治教育学原理［M］. 北京：高等教育出版社，2016：214.

二、网络环境带来大学生群体类型的新变化

随着网络广泛进入到大学生日常的学习生活，从而形成大学生的生存实践和社会交往的新环境，教育者对于大学生群体类型和层次的认识也有了新的发展。一是由于在网络信息环境中，信息的丰富多样、各类网络媒介数量的激增及其相互之间的竞争促进了网络用户群体在媒介使用行为上的分化。不同的网络媒介吸引特定的传播对象群，大量出现的网络媒体把用户群体分化为一个个“小众传播”的对象群体，出现了网络社群的长尾效应。二是在网络信息传播条件下，用户群体在信息获取、网络人际交往等网络行为上的独立性、主动性和选择性大大增强，他们自身的兴趣、需要等个性特点得以充分发挥，个人差异以及社会群体类型的差异在他们的网络行为中得到充分展现，形成网络行为的多样化。

由于网络行为的特殊性和差异性，大学生的群体类型结构出现了新的特点，主要表现在以下两个方面：一方面，一些原有的学生群体类型仍然在网络上显示出其群体网络行为的特殊性。如由于年级差异而形成的不同学生群体在信息接受方式和网络行为上显示出一定的区别，以水木清华BBS为例，在2000年之前，清华特快版一直是水木清华BBS上唯一的面向全体学生的校内公共信息与评论版。2000年之后，随着研究生数量的增加，以公共信息与评论为主题的版面又分化出“研究生之家”版和“紫荆”版，这两个版面分别锁定了研究生和本科生作为自己的受众对象，形成了具有鲜明的本科生和研究生群体特点的校内公共信息传播与评论区。在这两个版面内，其信息内容、舆论热点、用户的网络行为都表现出各自的特点，现实中的本科生群体和研究生群体之间的差异充分地体现出来。在当前的大学生社交网络中，群体差异更为

显著地表现出来。清华大学在校园新媒体建设中，专门针对研究生群体建设“清华研读间”公众号，主要面向本科生建设“小五爷园”的公众号，从而形成了“微信公号+社群”的新媒体宣传工作架构。在本研究中，为了对那些在网络行为上具有特殊性和差异性的大学生群体类型有较为全面的了解，我们通过对清华大学两次问卷调查数据的统计分析，并对北京市委教育工作委员会在北京高校所进行的问卷调查的数据结果进行二次分析。结果显示：年级群体、学生干部、贫困生群体在校园网络使用、信息内容获取、网上人际交往以及网络舆论参与等多种网络行为上表现出特殊性。这一特点在2013年北京市15所高校大学生网络行为调查研究以及2017年清华大学学生网络行为调研结果中得到进一步的验证，性别、年级、政治面貌、社会工作等变量对大学生的网络行为有着显著的影响作用。这些不同类型的学生群体是学校网络思想政治教育所要关注的重点群体。另一方面，网络为大学生进行信息交流和交往活动提供了新的空间，由于他们在网络行为上的差异而形成了新的群体类型。如在校园BBS上，一些学生总是作为沉默者去浏览信息，很少在网上发布消息、参与讨论，而一些学生则喜欢在网上发布信息、发表意见和观点，这两类学生群体构成了校园社交网络上的沉默者群体和活跃者群体。在微信时代，同样存在着相当典型的“二八现象”，一部分活跃的学生经常在朋友圈、微信群中发布信息、进行点赞和评论等，而一部分学生则是默默的浏览者。对于网络环境中所出现的新的学生群体类型，同样应当受到学校思想政治教育者的密切关注和重点引导。

校园社交网络信息环境中大学生群体类型的发展变化对思想政治教育的对象研究提出了新要求。立足于校园社交网络传播圈开展思想政治教育工作，就需要研究和把握学生群体类型结构在网络信息环境中的发展变化，具体分析不同类型的学生群体在网络行为方面的差异性和特殊性，以利于加强网络思想政治教育的针对性和有效性。基于这个思路，本章的研究内容围绕着网络行为具有特殊性和差异性的学生群体类型而展开，具体分析这些学生类型群体在校园社交网络使用、信息内容获取、网络人际交往以及其他网上行为等方面的规律性，并在此基础上，有针对性地探讨思想政治教育方法。因此，在本章的研究中，我们根据多次实证调查所得到的分析结果，把年级群体、学生干部以及校园社交网络中的活跃者和沉默者群体作为主要研究对象，采用交互分类分析和相关分析等统计分析方法，对这些类型学生群体的网络行为特点进行具体分析和探讨。

第二节　不同类型学生群体的网络行为

一、年级群体

重视年级群体之间的差异是学校进行分层次、有针对性的思想政治教育工作的重要原则。大学生处在身心发展的重要时期，在不同的年级阶段，他们个性心理的社会化处在不同的程度，在适应大学学习生活、人际交往、对校园文化的接受和融入以及社会参与等方面处在不同的层次，思想和行为处在不同的发展阶段。与此相应的是，在网络环境中，不同年级大学生的行为和思想观念具有较大的差异。

（一）上网时间的状况

各个年级的学生使用网络的时间有着较大差异，基本的规律是随着年级的升高，大学生对网络的使用时间越来越多。清华大学近年来的调研工作显示，学生日均上网时间达到5.9小时，主要的网络活动为学习、工作、娱乐和社交，其中学生参与网络社交的时长已经基本与现实社交持平。从一年级到四年级再到研究生，平均每天上网的时间逐渐增加（表4-1）。每天上网时间超过6小时的学生群体中，高年级学生的比例较大（表4-2）。

表4-1　各个年级学生平均每天的上网时间（2003）

一年级	二年级	三年级	四年级	研究生
1.75小时	2.44小时	2.94小时	3.52小时	4.03小时

表4-2　各个年级学生平均每天的上网时间（2017）

	一年级	二年级	三年级	四年级
0~1小时	2.6%	0.8%	0.6%	1.7%
1~3小时	36.1%	24.4%	17.5%	9.6%
3~6小时	43.9%	50.0%	46.1%	36.5%
6~8小时	11.6%	15.6%	21.4%	29.6%
8~10小时	3.2%	4.6%	7.8%	13.0%
10小时以上	2.6%	4.6%	6.5%	9.6%

（二）信息获取途径的差异

不同年级学生对于信息来源途径的选择有着比较显著的差异。在2003年的调研中，我们已经发现在获取校外信息方面，不同年级的学生对于信息途径的选择具有较大的差异。一年级学生主要是通过报纸、广播、电视以及校外网站获得校外信息，而在本科高年级学生和研究生中，校园网络则成为主要的信息来源途径，见表4-3。进一步对大学生获取校内信息的途径选择情况，调查的数据分析显示，在突发事件过程中，低年级学生倾向于从学校网站来了解相关信息，而高年级的学生则主要依赖于校园BBS获知消息，见表4-4。而在通常情况下，一年级学生获取校内信息的途径主要是学校的综合信息网以及校内报纸刊物，随着年级的升高，校园BBS成为多数学生获取校内信息的主要途径。在研究生中，则有92.1%比例的学生是通过校园BBS来获知校内信息的，见表4-5。

表4-3　年级与校外信息途径的选择

	传统媒介	校外网站	校园网络
一年级	43.4%	52.2%	4.4%
二年级	18.8%	54.1%	27.1%
三年级	10.2%	50.0%	39.8%
四年级	8.5%	39.8%	51.1%
研究生	10.9%	35.6%	53.5%

注：卡方检验值为134.185，显著性水平P=0.000

表4-4　年级与校内信息途径的选择

学生类型	校内疫情信息的来源途径				
	水木BBS	"学生清华"	综合信息网	学校邮件	其他途径
一年级	7.4%	8.6%	19.1%	16.4%	48.5%
二年级	34.1%	10.6%	14.7%	14.7%	25.9%
三年级	58.2%	6.6%	9.4%	7.3%	18.5%
四年级	72.7%	3.3%	3.7%	8.1%	12.2%

注：卡方检验值为452.742，显著性水平P=0.000

表4-5　通常情况下不同年级学生获取校内信息的途径

学生类型	校内信息的来源途径					
	水木BBS	"学生清华"	综合信息网	校内报纸	校外媒体	其他途径
一年级	6.3%	8.9%	45.5%	17.9%	10.7%	10.7%
二年级	38.9%	9.0%	30.6%	5.6%	6.9%	9.0%
三年级	62.2%	8.7%	18.9%	2.4%	6.3%	1.5%
四年级	79.9%	2.2%	10.8%	0	2.9%	4.2%
研究生	92.0%	1.0%	5.0%	0	2.0%	0

注：卡方检验值为342.748，显著性水平P=0.000

在2013年的调研中，我们发现年级差异仍然是影响学生信息途径选择的重要因素。如表4-6所示，对于一年级学生而言，学校新闻网、组织通知和口头交流是他们了解校园热点事件信息的重要途径。而在高年级学生中，社交网络所占比例不断增加，显示出社交网络对于学生获取校园信息的影响程度大大增强。同时，在国内外重要事件和社会热点的新闻舆论传播过程中，传统媒体对于一年级学生影响较大，然而随着年级升高不断降低，社交网络的影响力则不断增强（表4-7、表4-8）。

表4-6　不同年级学生获取校园热点事件信息的途径（2013）

第一位	一年级	二年级	三年级	四年级
A.学校新闻信息网	17.5%	19.4%	12.5%	16.1%
B.校内传统媒体（报纸、广播、宣传板等）	8.0%	6.7%	7.9%	7.4%
C.校园BBS	3.4%	3.4%	8.8%	6.8%
D.人人网	13.5%	28.8%	26%	28.9%
E.微博	4.0%	5.6%	9.2%	14.0%
F.微信	17.1%	13.5%	8.4%	4.5%
G.同学口头交流	20.7%	13.3%	16.3%	13.1%
H.院系或学生组织通知	14.2%	7.9%	9.5%	6.5%
I.校外媒体报道	1.5%	1.4%	1.5%	2.7%

注：卡方检验值为253.764，显著性水平P=0.000

表4-7　不同年级学生获取国内外重要事件和社会热点新闻信息的途径

第一位	一年级	二年级	三年级	四年级
A.传统媒体（报纸、广播、电视等）	31.6%	28.1%	25.4%	21.2%
B.主流媒体新闻网站（人民网、新华网等）	18.5%	18.1%	18.5%	13.1%
C.大型门户网站（新浪、搜狐、凤凰等）	22.7%	23.2%	26.5%	27.2%
D.人人网	4.8%	6.7%	7.7%	9.6%
E.微博	9.1%	14.9%	13.8%	22.1%
F.微信	11.4%	6.1%	5.4%	4.2%
G.国外新闻媒体	1.5%	1.4%	1.9%	2.1%
H.国外网络社区平台（Facebook、Twitter等）	0.4%	1.5%	0.7%	0.6%

注：卡方检验值为138.399，显著性水平P=0.000

表4-8　不同年级学生获取国内外重要事件的评论类信息的途径

第一位	一年级	二年级	三年级	四年级
A.传统媒体（报纸、广播、电视等）	37.2%	27.8%	27.8%	22.3%
B.主流媒体新闻网站（人民网、新华网等）	16.8%	20.7%	19.1%	19.9%
C.大型门户网站（新浪、搜狐、凤凰等）	24.4%	23.6%	25.7%	21.4%
D.人人网	4.9%	7.7%	7.1%	9.0%
E.微博	9.1%	14.6%	15%	23.5%
F.微信	7.0%	4.7%	4.1%	3.0%
G.公共网络论坛（例如天涯猫扑论坛等）	0.4%	0.6%	0.8%	0.9%
H.其他	0.2%	0.2%	0.4%	0

注：卡方检验值为103.027，显著性水平P=0.050

（三）信息内容的偏好

从获取信息内容的差别上来看，低年级大学生在网上比较关注身边发生的事情，而高年级大学生对于社会新闻时事类信息方面的关注度增高。北京市教育工作委员会在北京高校师生中的调查研究表明①，对于各类新闻信息、学习方面的内容，随学生年级递增而递增，收集商业、娱乐、体育等信息的低年级本科生比例较高，而收集科技、教育、新闻、政策法规等信息的研究生比例较高。其中，对时事新闻的关注程度从大一、大四到研究生学生比例依次升高，如表4-9所示。

① 中共北京市委教育工作委员会.互联网对高校师生的影响及对策研究［M］.北京：首都师范大学出版社，2002：12-53.

表4-9 在网上获取时事新闻信息的学生在各年级中的比例分布（2001）

一年级	二年级	三年级	四年级	研究生
49.1%	68.0%	71.7%	77.5%	83.3%

从清华大学2003年度问卷调查中进一步发现，低年级大学生对校内信息的关注程度要高于校外信息，而高年级的大学生则更加关注社会信息，对学术科研信息的需求程度也是随着年级的升高而不断加大。我们从校内信息、社会信息、情感心理、学术科技等四类信息来对比二年级学生和四年级学生信息兴趣的不同，结果如图4-1所示。2017年在清华大学的问卷调研显示出本科生群体和研究生群体在上网目的方面的差异，研究生的上网目的在学习科研活动和浏览新闻方面要重于本科生，而本科生在网络人际交往和休闲娱乐的偏好则要强于研究生，如表4-10所示。

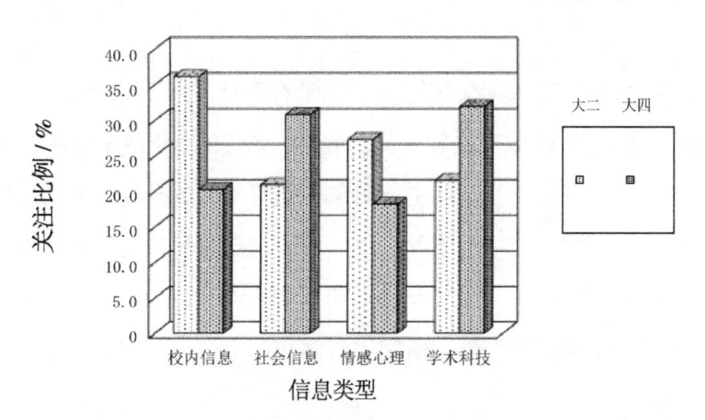

图4-1 二年级学生与四年级学生在获取信息内容上的比较

表4-10 本科生和研究生上网目的的差异（2017）

数量/比例（%）	本科生	研究生
搜索信息	30.2	30.5
浏览新闻	8.2	11.3
学习/科研	16.8	35.3
人际联系	21.7	12.6
网络购物	0.5	1.0
记录生活与发表意见	1.2	0.4
玩游戏	5.4	1.6
娱乐休闲	13.5	6.0
无聊打发时间	2.6	1.2

（四）网络交往的倾向

网络为大学生的人际交往提供了便捷的手段，由于年级的差异，大学生在网上的交往群体有比较明显的差异。在2003年的调研中，同学和朋友是大学生在网上交往的主要对象；随着年级的升高，大学班集体的同学成为他们网上交往的主要对象。而同时随着年级的升高，网友也成为大学生在校园网上的主要交往对象，如表4-11所示。2017年的调研同样也显示出本科生群体和研究生群体在网上交往对象的差异，如表4-12所示。

表4-11　不同年级的大学生在网上交往对象的差异

学生类型	在网上主要的交往对象				
	院系班集体的同学	社团协会等学生组织的同学	校园BBS上的网友	中学校友或者老乡	其他
一年级	19.0%	4.8%	2.9%	68.6%	4.8%
二年级	32.8%	9.7%	6.0%	48.5%	3.0%
三年级	33.6%	9.6%	11.2%	43.2%	2.4%
四年级	49.3%	5.2%	12.7%	30.6%	2.2%
研究生	65.0%	8.0%	16.0%	10.0%	1.0%

注：卡方检验值为101.471，显著性水平P=0.000

表4-12　本科生和研究生网上交往对象的差异（2017）

数量/比例（%）	本科生	研究生
家人亲戚	19.8%	24.8%
男/女朋友爱人	23.3%	39.4%
中小学同学	15.2%	6.0%
大学同学	34.8%	23.8%
社工或工作伙伴	6.9%	6.0%

（五）网络参与的状况

在校园社交网络中发表意见、展开讨论是大学生参与校园公共事务的重要途径，在这个方面高年级学生要比低年级学生活跃得多，受网络舆论的影响程度也比低年级学生要高。2003年调查数据显示，在水木清华BBS公共论坛上比较活跃的网民以高年级学生和研究生居多，表示最喜欢在校园网论坛上“表达意见、参与讨论”的学生在一、二年级中的比例约为10%，而在高年级本科生和研究生中的这个比例则上升到20%左右。而且，在网上经常“发表文章引发讨论”的学生主要是以大四年级、研究生等高年级学生为主。对于校园社交网络上各种关于热点事件的讨论，高年级学生的关注和参与程度也要比低年级学生要大一些，图4-2是各个年级中表示受到校园网络舆论影响的学生数量比例的比较图，结果显示。随着年级的升高，大学生越来越容易受到校园网络舆论的影响。

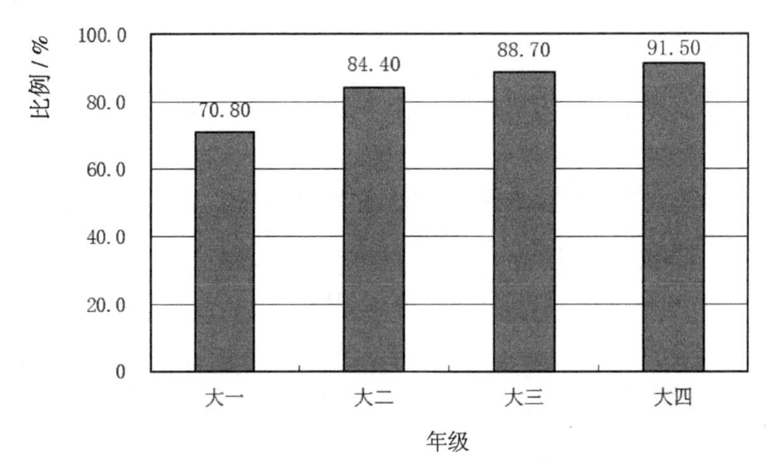

图4-2　各个年级中受校园社交网络舆论影响的学生人数比例

在进一步的研究中，我们对年级与校园网络参与的相关性进行了更深入的探讨。发现年级的升高与学生的校园社区参与、上网时间增加有着密切的关系，而后两者对大学生的网络公共参与有着不同方向的影响。调研发现，社区参与活跃、参与度高的大学生更愿意选择人际渠道而非网络渠道发表对公共事件的意见。另外，使用互联网越频繁的大学生越倾向于选择网络渠道而非人际或组织渠道进行意见表达。也就是说：每天在网上花费时间越多的大学生，越倾向于使用网络渠道进行意见表达；反之，上网时间越短，则越倾向于选择人际渠道进行意见表达。[①]

综合以上分析，我们可以得出，在校园社交网络传播圈中，年级是影响大学生网络行为的重要因素。归纳起来说，大一学生群体的信息获取还是以报纸、广播、电视等传统媒体和门户网站为主，而对校园社交网络的依赖性不是很强；在信息获取内容方面，大一群体中有更多的人把注意力放在网络上的休闲娱乐类信息内容。在网络行为方面，多数人仍然以中学时代的同学和朋友作为他们在网上的主要交往对象，而且他们对校园公共事务的参与热情和主动性不高，在受校园网络舆论的影响程度以及在对于校园网络文化的认同程度上都相对较低。而随着年级的升高，大学生们在信息获取上逐渐依赖于校园社交网络，在信息获取的内容上更加关注社会时事新闻。班集体同学之间的人际交往逐渐成为他们在网上的主要交往关系；而且，高年级学生对于校园网络文化的认同感不断增大，对于学校公共事务的舆论参与主动性不断增强。

对于不同年级学生之间在网络行为上的差异，我们认为，不同年级的学生在个性心理的发展水平、对大学学习方式的适应状况、对校园生活的融入程度以及学习的阶段和任务要求等方面都具有自身的特殊性，这些方面都是影响大学生网络行为产生差异的因素。此外，群体内的相互影响对于各年级学生群体网络行为特殊性的形成同样具有重要作用。大学生在同年级群体中人际交往关系的发展变化是影响他们网络行为发展的重要因素。传播学的研究指出，传播行为的变化程度与同一社会系统中其他行为的变化是相关的。[②]对于同一年级的大学生而言，他们网络行为的发展变化正是与其群体交往关系的发展变化密切相关。具体来看，对于绝大多数大学生而言，他们刚刚进入大学校园之初，彼此之间

---

① 楚亚杰，张瑜，金兼斌.当代大学生意见表达渠道的选择偏好［J］.青年探索，2016（7）.

② 张国良.20世纪传播学经典文本［M］.上海：复旦大学出版社，2003：315-317.

是互不相识的关系，因而一年级的新生交往最多的对象还是他们在中学时代的同学和朋友。而随着年级的升高，他们在学校中的人际交往面不断扩大，建立了多种纽带关系的人际交往网络，如班集体、学生社团协会、学生会组织、科研群体以及有着共同兴趣爱好的交往群体等。一般来说，由于学习阶段、生活经验以及思想观念等多方面具有相似性，同年级的同学往往是大学生人际交往的主要对象，那些相互之间具有密切交往关系，思想沟通和情感交流比较深入的朋友圈一般是在同一年级的大学生中形成的。因而，在高年级学生中，这种紧密的人际交往关系以及深入的思想和情感交流使得他们相互之间的影响变大，容易形成相对一致的思想观念和行为方式。可以说，随着年级的升高，大学生彼此之间人际交往网络的紧密化和相互影响的加强，使得同一年级学生的网络行为表现出更多的共同性，而各个年级之间则表现出特殊性和差异性。因此，在高校网络思想政治教育工作中，教育者要善于抓住各年级学生在网络行为上的共同性和特殊性，并针对不同年级学生网络行为的主要特点，加强教育的层次性和针对性，增强思想政治教育的效果。

二、学生干部群体

学生干部是高校思想政治教育工作中的一支重要队伍，是在大学生中开展教育与自我教育的骨干力量。在各个高校，学生干部队伍的建设是思想政治教育工作中一项重要内容。从当前情况看，学生干部队伍的数量在大学生中占有相当比例，2001年北京市委教育工作委员会在北京市15所高校的调查显示，42.8%的学生担任学生干部。清华大学在

2003年5月的问卷调查中也显示出，在大学阶段中，曾经或者正在担任学生干部的学生比例达到62.1%。2013年北京市15所高校的问卷调查结果显示，现在或曾经担任过学生干部的人有1 616人，占58.4%。由于学生干部在整个大学生群体中占有较大比例，这个特殊群体在网络上的作用应当受到足够重视。

（一）学生干部群体是对网络使用较多的学生群体

学生干部对网络的使用时间比较长，他们平均每天上网的时间要高于其他学生。清华大学的调查数据显示，学生干部每天平均上网时间为3.05小时，非学生干部的学生每天平均上网时间则只有2.5小时。从他们对于各类校园网络媒体的使用情况看，学生干部中每天或经常上校园BBS的占66.8%，而非学生干部中的比例只有44.2%；对于学生网站“学生清华”，学生干部群体中每天或经常访问“学生清华”网站的有27.3%，非学生干部群体中的比例只有17.2%；对于理论学习类的红色网站，51.9%的学生干部利用红色网站进行学习交流，非学生干部中的比例则只有32%。

（二）学生干部群体是校园社交网络中的活跃群体

调查发现，学生干部群体是校园社交网络上的活跃群体。学生干部不但对校园社交网络的使用频率较高，而且把校园社交网络作为获取校内信息的主要来源。2003年清华大学的调查数据显示，对于学校里面的各类信息，63.8%的学生干部把水木清华BBS作为他们首选的信息途径，而在非学生干部中这个比例只有38.2%；对于校内突发事件及其评论信息，有71.0%的学生干部把校园BBS作为获取信息的主要途径，比非学生干部中的比例要高出14.2%；而在生活经验类信息和缓解心理困扰的帮助类信息方面，学生干部对校园BBS的利用也要多一些，高出非学生干部12%以上。显示出学生干部群体对校园BBS较高的认同感。在BBS公共论坛上的活动中，学生干部与非学生干部的学生相比，“灌水”“凑热闹”的人数比例要小；积极发言、提出意见和建议、参与讨论的人数比例大。这显示出学生干部群体在BBS论坛中的行为更加理性和主动。2013年的问卷调研仍然验证了这一规律性，如表4-13所示，相对而言，学生干部群体的网络行为是比较活跃的，参与网络表达和讨论的主动性较强，而且在发表网络评论中要更加理性一些。

表4-13　通常情况下在网上发表评论的行为方式

	学生干部	非学生干部
从不发表评论	32.2%	37.4%
理性分析之后发表自己的意见	42.1%	32.3%
随兴而发	21.5%	22.8%
娱乐消遣，凑热闹	4.2%	7.5%

注：卡方检验值为35.105；显著性水平P＝0.000

（三）学生干部在突发事件中更信任学校媒体

在突发事件过程中，网络会成为各种消息的集散地，来源广泛的大量消息会使得许多学生无所适从，引起学生群体思想和心理状况的不稳定。在这种情况下，学校及时发布权威信息进行舆论引导尤为重要。但是在新媒体分众传播的趋势下，大学生的信息获取途径有较大分化，因此学校所发布的信息能否及时进入广大学生的视野，是其能否发挥有效影响作用的关键。调查显示，学生干部是在突发事件过程中关注学校正面信息传播的重要群体（表4-14）。我们在2003年5月非典疫情流行期间的问卷调查显示，学生干部更倾向于相信学校媒体“学生清华”对于非典疫情信息的报道，他们对于学校抗击非典疫情工作的态度也更倾向于接受“学生清华”报道的影响，如表4-15所示。而对于当时在水木清华BBS上出现的发牢骚、传播不实消息的网络行为，学生干部的参与率要低于其他学生。2013年的调研显示，学生党员群体会更多地使用正式媒体网站及其客户端来获取评论类信息，如表4-16所示。进一步对担任过学生干部和没有担任过学生干部的两类学生群体对网络媒介的信任度进行比较发现，担任学生干部的学生对于主流媒体的信任度高于没有担任过学生干部的群体。

表4-14　学生干部与非学生干部对于“学生清华”新闻报道的信任度比较

学生类型	大学生在了解学校非典疫情信息过程中对“学生清华”网站的信任度				
	非常不相信	不太相信	一般	比较相信	完全相信
学生干部	0.8%	2.4%	16.9%	46.8%	33.1%
非学生干部	2.7%	4.7%	18.9%	51.6%	22.1%

注：卡方检验值为22.906；显著性水平P=0.000

表4-15　学生干部与非学生干部在接受“学生清华”影响上的差异

学生类型	大学生在评价学校防治非典工作中受“学生清华”网站的影响程度				
	根本没有影响	影响较小	一般	影响较大	影响很大
学生干部	9.5%	10.8%	33.2%	32.1%	14.4%
非学生干部	11.6%	12.3%	37.0%	30.1%	8.9%

注：卡方检验值为9.292；显著性水平P=0.054

表4-16　评论类信息渠道选择的影响因素的回归分析

	（1）	（2）	（3）	（4）
	传统媒体	主流媒体新闻网站及其客户端	大型门户网站及其客户端	网络社区
性别（女性）	0.002	−0.138	−0.251**	0.198*
	（0.09）	（0.08）	（0.09）	（0.09）
年龄	−0.019	−0.014	0.021	−0.027
	（0.02）	（0.02）	（0.03）	（0.02）
学历（研究生）	0.229	−0.098	0.383**	−0.142
	（0.14）	（0.13）	（0.14）	（0.14）
政治面貌（党员）	−0.123	0.247*	−0.086	0.204
	（0.11）	（0.10）	（0.11）	（0.11）
学生干部	0.011	0.073	0.190*	0.020
	（0.09）	（0.08）	（0.09）	（0.09）
专业（基准组：人文社科类）				
理工农医类	0.157	−0.265**	−0.269**	0.055
	（0.09）	（0.09）	（0.09）	（0.09）
艺术体育类	−0.038	−0.255	−0.769***	0.368
	（0.17）	（0.17）	（0.17）	（0.19）
其他类	−0.274	−0.154	−0.312	0.183
	（0.20）	（0.20）	（0.20）	（0.22）
居住地	−0.070	0.139	0.119	0.020
	（0.11）	（0.10）	（0.11）	（0.11）
生活支出	−0.001***	−0.000	−0.000	0.000
	（0.00）	（0.00）	（0.00）	（0.00）
网龄	0.019	−0.043	−0.000	0.073**
	（0.03）	（0.02）	（0.03）	（0.03）
平均每天上网次数	−0.056**	−0.018	0.023	0.033
	（0.02）	（0.02）	（0.02）	（0.02）
每天累计上网时长	−0.055***	−0.002	−0.002	0.023
	（0.01）	（0.01）	（0.01）	（0.02）
常数	2.049***	1.289*	0.646	0.249
	（0.53）	（0.50）	（0.56）	（0.52）
N	2 767	2 767	2 761	2 767

注：括号内标出的是标准误；* $p<0.05$、** $p<0.01$、*** $p<0.001$

（四）学生干部群体在网络空间发挥出集体建设的作用

学生干部在现实中是学生集体中的骨干，发挥着团结和凝聚广大学生的作用。在校园社交网络上他们仍然保持了较强的活动能力，能够起到对学生群体的凝聚作用。调查数据显示，学生干部在网上人际交往的主动性较强，与非学生干部相比，他们在网上与同学朋友进行交流的频率较高，而且他们在网上交往最多的是班集体的同学。从表4-17的数据来看，学生干部在网上交往最多的朋友中42.9%的人是院系班集体中的同学，比非学生干部的这个比例高出10.1%；与此相反的是，非学生干部在网上交往最多的是中学校友或者老乡，占到49.7%的比例。从表4-18的数据分析，学生干部在网上与学生集体中的同学进行联系和交往的主动性较强，这对于在校园网络上开展学生集体的建设、引导网络群体的发展起到积极作用。

表4-17　学生干部与非学生干部在网络人际交往对象上的差异

学生类型	在网上交往最多的朋友				
	院系班集体的同学	社会协会等组织中的同学	校园BBS上的网友	中学校友或者老乡	其他
学生干部	42.9%	8.8%	9.8%	36.5%	2.0%
非学生干部	32.8%	4.4%	8.7%	49.7%	4.4%

注：卡方检验值为16.358；显著性水平P＝0.038

表4-18　学生干部与非学生干部在网络人际交流程度上的差异

学生类型	在网上与朋友交流的程度				
	没有交流	很少交流	一般交流	交流较多	交流很多
学生干部	6.0%	26.6%	44.8%	18.2%	4.3%
非学生干部	12.2%	36.2%	35.2%	13.3%	3.1%

注：卡方检验值为17.540；显著性水平P＝0.025

综合以上的分析可见，学生干部群体对校园社交网络的使用时间比较长，能够比较理性地参与网络讨论，网络交往的对象也以班集体同学为主，能够在校园社交网络中发挥团结和凝聚同学的作用。在信息获取方面，学生干部对学校主流媒体的认同度较高，在突发事件过程中能够更加主动地关注学校的正式信息。可以说，学生干部是校园社交网络上的活跃群体，也是校园网络舆论的理性主体。

研究认为，学生干部所从事的学生社会工作实践对于他们的价值观形成和发展具有重要的影响作用。学生社会工作是学生干部在各类学生组织中所承担的自我教育、管理和服务工作。从信息传播的角度看，学生干部开展工作的过程就是他们与教师、同学以及相互之间进行信息交流和互动的过程。因而，校园社交网络是他们在工作中主动用以信息传递、人际交流的有效手段。而作为网上集体建设的骨干力量，学生干部更需要对校园社交网络进行积极的使用，以开展和实现集体建设的目标和任务。这些因素促使学生干部对校园社交网络的利用率较高，从而成为校园社交网络中的活跃群体。而在社会工作过程中，学生干部逐步建立起来的对学校的组织认同感、对教师的信任感提升了他们对学校正式媒体的信任度，增强了他们在突发事件舆论过程的理性表达和参与。有研究者对上海市9所高校1 717名大学生进行抽样调查，分析了大学生对政府新媒体平台信任状况以及可能影响其信任度的因素。结果发现，受访大学生对人际信任、政治信任、社会总体信任状况评价越高，其政府新媒体平台信任度越高；从相关系数上来看，受访者政治信任与政府新媒体平台信任度之间的相关性大于人际信任和社会总体信任。研究认为，政治信任是影响受访者对政府新媒体平台信任度的主要因素，其次为人际信任。政治信任在信任体系中占据重要地位。政治信任状况、政府新媒体平台的使用率和政府满意度是影响其信任度的主要因素。[①]另一方面，学生干部的角色意识也是影响其网络行为的重要因素。在传播学关于信息受众的研究中，有学者就提出了信息受众的自我形象认知在他们接收信息过程中的重要影响作用，即“个体对自身的角色、态度和价值观的感知，构成了他在接收传播时的态势。”[②]学生干部作为校园社交网络中的信息主体，他们对自身的角色认知也会影响到他们的网络行为。因为学生干部是各类学生组织中的骨干，他们在学生组织中承担了组织目标的制定者、组织信息的传达者、集体活动的组织者、人际关系的协调者等多种重要角色，他们要按照这些角色规范的要求采取行动，树立起自己的良好形象，才能赢得组织中其他成员的尊重和支持。因而，在学生社会工作的实践过程中，强烈的角色意识和角色规范行为逐渐在学生干部身上得以形成和发展，培养了他们良好的思想观念和行为方式。在校园社交网络空间中，学生网上集体的建设与发展同样是学生干部的实践内容，而校园社交网络传播圈的现实性特征也对学生干部的角色意识起到强化作用，这使得学生干部在网络行为上比较理性，对学校媒体的认同感更高。对于高校网络思想政治教育而言，学生干部的这些网络行为特点，为教育者在网上引导大学生开展自我教育活动提供了有利条件。

三、网络沉默者与活跃者群体

沉默者和活跃者群体是基于大学生在校园社交网络中的参与行为特

---

① 陈虹，等.政府新媒体平台信任度影响因素研究［J］.新闻与传播研究，2015（4）.

② ［英］丹尼斯・麦奎尔，［瑞典］斯文・温德尔.大众传播模式论［M］.祝建华，武伟译.上海：上海译文出版社，1997：52.

征而划分出的学生群体类型。其中，沉默者群体指的是通常在校园社交网络中浏览信息却并不发表言论的学生用户群体；活跃者群体指的是那些经常在校园社交网络中发布信息、表达观点、参与讨论的学生用户群体。具体而言，网络活跃行为包括在校园BBS或论坛中发言、在人人网中撰写人人状态或日志发表观点、在微博平台上撰写微博阐述观点或参与讨论、在微信公号平台上发布信息、在微信朋友圈中发表观点、更新动态或分享文章等。

（一）沉默者与活跃者群体的分布比例

多次调研结果显示，校园社交网络中沉默者与活跃者群体的比例在大学生群体中具有比较稳定的分布。较早的一次研究是北京市委教育工作委员会2001年在15所高校进行的问卷调查，结果显示，在BBS活动中最喜欢“只浏览他人文章”的学生占59.0%的比例，说明校园网上的沉默者群体是大学生中的多数；而在那些活跃者群体中，包括了“参与讨论者”“版内聊天灌水者”“自己发文章引发讨论者”等多种类型，其中，“参与讨论者”有20.6%的比例；“版内聊天灌水者”有12.3%，“自己发文章引发讨论者”最少，只有6.5%的比例。

2003年5月和12月，我们先后在清华大学的两次问卷调查中发现，校园社交网络中的这两类学生群体的分布基本保持较为稳定的状况。5月份的调查数据显示，在水木清华BBS上最喜欢“只浏览文章”的人数比例占67.5%，“参与讨论、表达意见”的有14.6%，“灌水聊天”的占10.1%，“自己发文引发讨论”的占2.9%。12月份的调查显示，“只浏览文章”的有64.1%，“灌灌水、凑热闹”的有10.7%，“参与讨论，表达意见”的有18.4%，“自己发文章引发讨论”的有3.1%。

2013年在北京市15所高校的问卷调研中显示，在国内外重大事件或社会热点事件信息传播过程中，56.5%的学生只是浏览信息，浏览相关信息并发表评论有13.7%，撰写人人状态或日志发表观点的占5%，撰写微博或博客陈述自己观点的有3.6%，还有4.5%的人在微信朋友圈内表达观点。

2017年在清华大学的调研结果显示，在关注国内外重大事件或社会热点事件的过程中，只是浏览信息的学生网络用户占64.9%，转发信息或他人评论的有6.9%，能够理性分析后发表自己意见的是17.3%，“随性而发，由情绪决定”的占10.2%，还有0.8%的人是“娱乐消遣，灌水凑热闹”。

从以上调查数据分析来看，校园社交网络中的沉默者群体与活跃者群体基本上具有比较稳定的分布比例，虽然网络媒介形式不断发展演变，然而学生的网络行为却表现出一定的“不变”规律。在重大新闻和热点事件所引发的舆论过程中，一半以上的大学生是校园社交网络中的沉默者，网上的活跃者只是大学生群体中的少数。当然，在这些活跃者中，网络意见领袖又是其中的“关键少数”。

（二）沉默者与活跃者群体的网络行为和观念差异

在2003年的研究中，我们把校园社交网络的学生用户群体分为“沉默者”“灌水者”“参与讨论者”“发文引发话题者”四类进行了分析和讨论，得出了以下研究结果。

第一，沉默者、灌水者、参与讨论者、发文引发话题者这四类学生群体在上网目的上存在差异。从表4-19来看，沉默者和灌水者这两类学生群体之间在上网目的方面的差异主要集中在“收集信息”和“娱乐休闲”。74.1%的沉默者把收集信息作为自己最主要的上网目的，而只有7.9%的人选择了休闲娱乐；相比之下，在灌水者中，只有42.9%把收集信息作为第一位的上网目的，而选择娱乐休闲的却达到了17.6%。

进一步比较灌水者和参与讨论者之间的区别，这两类网络群体虽然都是BBS上的活跃群体，但是他们对于使用网络的态度却有较大的差别。在上网目的方面，灌水者与参与讨论者两类群体之间的差别仍然在“收集信息”和“娱乐休闲”方面，参与讨论者把收集信息作为上网首选目的的人数比例要比灌水者高出近30%；而灌水者中把娱乐休闲作为上网首选目的的人数比例，比参与讨论者高出近12%。

表4-19　不同类型学生群体的上网目的

网上群体的类型	上网目的（第一位）			
	收集信息	日常联系	学习	娱乐休闲
沉默者	74.1%	13.8%	2.8%	7.9%
灌水者	42.9%	23.2%	6.4%	17.6%
参与讨论者	70.4%	17.8%	4.4%	5.7%
发文引发话题者	66.1%	23.4%	2.4%	8.1%

注：卡方检验值为106.335；显著性水平P=0.001

第二，这四类不同的网上学生群体对于网络行为规范的态度有着较大差异。北京市教工委在北京市高校学生中的问卷调查结果显示，对“网络是个自由的世界，在网上的任何活动不应该受到任何干涉”这一观点，不同的群体表现出认识上的差异。如表4-20所示，在灌水者中，超过50%的人对这一观点持赞同态度，在那些喜欢发文引发话题的学生中，对这一观点持赞同态度的人数比例也较高；而沉默者和参与讨论者中持反对观点的人数则占据优势，分别占其全部人数的39.3%

和47.1%。从对这一问题的分析来看，那些喜欢发文引发话题的学生与喜欢灌水的学生之间在使用网络的观念上具有一定的相似性，在这些学生中间，推崇网络行为完全自由观点的人占据多数；与之相反的是，那些同样是网上活跃者的“参与讨论者”却与“沉默者”之间表现出思想观念的一致性，在他们中间，反对网上行为完全自由这一观点的人是多数，这说明在“参与讨论者”这一学生群体中，理性的意见表达和舆论参与者是他们中的主流。

表4–20　不同类型的学生群体关于网络行为自由的态度

网上群体的类型	网络是个自由的世界，在网上的任何活动不应该受到任何干涉		
	同意	一般	不同意
沉默者	32.4%	23.6%	39.3%
灌水者	50.2%	17.4%	27.7%
参与讨论者	27.9%	21.5%	47.1%
发文引发话题者	42.7%	19.4%	35.5%

注：卡方检验值为126.161；显著性水平P=0.000

第三，对于网络上关于社会消极面的消息和报道，这四类网上群体在态度上存在差异。比较来看，喜欢在网上参与讨论的学生最为看重网络上关于社会消极面的报道，他们对于“网络对社会消极面的报道是网络的职责，应该比传统的媒体更加强调这个方面的报道”这个观点的支持率最高，达到57.5%。这类学生群体关注和参与社会问题的积极性较高，往往是那些以社会重大新闻和突发事件为中心议题的网络舆论的制造主体。而对于上述观点支持率最低的却是那些最喜欢在网上“自己发文章引发讨论”的学生，他们中只有43.4%的人表示赞同这一观点。值得关注的是，正是这些最喜欢在网上发文章引发话题的学生，他们中

30.9%的人却把网络上的社会负面报道看作“闲谈的资料”，采取无所谓的态度，数据如表4-21所示。结合前面的分析，我们认为，在这些喜欢在网上发文引发话题的学生中，有一定数量的人比较崇尚网络完全自由的观点，在网络行为上缺乏社会责任感，他们对于自己在网上所发的文章没有责任意识，对自己所传播的消息和发表的言论采取无所谓的态度。而实际上，网上的不实消息和偏激言论往往是引发网络谣言甚至是大学生群体事件的导火索。因此，在学校的思想政治教育工作中，对这些主动在网上发表文章引发话题的学生，我们要给予充分的关注。

表4-21　不同类型学生对于网络上社会消极面报道的态度

网上群体的类型	对于网络上社会消极面报道的态度			
	这是网络炒作自己	这是网络的职责	无所谓闲谈资料而已	其他
沉默者	17.0%	52.3%	26.1%	4.5%
灌水者	26.6%	48.5%	19.7%	5.1%
参与讨论者	16.2%	57.5%	19.6%	6.7%
发文引发话题者	17.9%	43.1%	30.9%	8.1%

注卡方检验值为142.148；显著性水平P=0.000

第四，在网络信息传播条件下，网络舆论成为影响大学生思想和行为的重要因素。校内外的各种重大新闻和突发事件都会成为校园BBS上的热门话题，引起大学生的广泛关注并产生大量舆论，这些突发性强、覆盖面大的网络舆论对于大学生的影响状况是高校思想政治教育工作者十分关注的问题。在校园网络舆论形成和发展过程中，沉默者和活跃者在接受网络舆论的影响上具有一定的差异。调查数据显示，最喜欢在网上“参与讨论、表达意见”的学生群体是接受网络舆论影响面和影响程度最大的学生群体，在这种类型的学生中，只有3.4%的人认为自己对事件实际状况的了解和判断不会受到舆论倾向的影响，41.6%以上的人表示自己在判断事件实际情况中会受到网络舆论“较大”或“很大”影响。相比之下，只是在网上浏览文章的沉默者受网络舆论的影响程度相对较低，只有19.7%的人表示自己对事件的判断以及在情绪上会受到网上舆论的较大影响（表4-22）。

表4-22 沉默者与参与讨论者在接受网络舆论影响程度上的差异

网上群体的类型	BBS舆论对大学生事件了解和判断事件实际情况的影响程度			
	没有任何影响	有点影响	影响较大	影响很大
沉默者	11.5%	68.7%	17.0%	2.7%
参与讨论者	3.4%	55.1%	38.2%	3.4%

注：卡方检验值为80.988；显著性水平P=0.000

通过以上的分析，我们可以认为，网络空间为大学生提供了新的活动领域，由于他们在网络行为上的特殊性和差异性而形成新的学生群体类型：沉默者群体和活跃者群体。总体上说，校园社交网络中活跃者和沉默者之间在网络行为上的主要差异在于，活跃者在网络信息传播过程中更多地扮演了传播者的角色，而沉默者则在多数情况下是信息的接收者。具体来看，在活跃者中间，参与讨论者表现出与灌水者以及发文引发话题者在网络行为观念上的差异，他们中反对“网络行为绝对自由”这一观点的人数居多，而灌水者和发文引发话题者中的多数人则认为在网上的活动应该绝对自由。关于各类学生群体对信息内容的接受状况，我们重点关注了他们对于社会消极面消息以及校园网络舆论的接受特点。对于社会消极面信息内容影响的分析显示，在发文引发话题者中，有三分之一的人对网上的社会消极面消息持有一种无所谓的态度，这个人数比例比其他学生群体都要高，这种现象对于良好校园网络舆论环境的形成是不利的。在校园网络舆论的影响方面，参与讨论者对于校园网络舆论的认同度最高，他们的情绪也最容易受到网络舆论氛围的感染，与之相反，沉默者群体对校园网络舆论的认同度相对较低。对于学校思想政治教育工作而言，校园网上的活跃者群体是需要给予密切关注和积极引导的特殊群体。这一群体虽然在数量上占大学生中的少数，但是由于在校园网上更多地充当了传播者的角色，他们对于校园网络空间中的信息传播和网络舆论的形成发挥了重要的影响作用。因此，高校思想政治教育工作者要把此类学生群体作为教育工作的重要对象，注重发挥他们在网上的积极影响，避免消极影响。

（三）对于活跃者群体的进一步研究

通过对2013年问卷调研数据的分析，我们进一步研究了网络活跃者在学生群体中的分布状况。我们对网络活跃者群体作出以下界定：1）人人网的用户，粉丝数500以上、访问量达5 000以上且撰写人人状态或日志发表观点；2）微博用户，粉丝达300以上且撰写微博陈述自己观点；3）微信用户，使用微信朋友圈发表观点、更新动态或者分享文章链接，并且使用微信朋友圈的三种功能以上。根据上述界定，我们从2 767名观察对象中筛选出311名网络活跃者，描述结果如表4-23、表4-24所示。可以发现，网络活跃者中女性略多，研究生比例相对更高，党员和学生干部的比例也略高，人文社科类专业的学生和艺术体育类专业的学生比例略高一些，这类学生平均网龄更长，每天平均上网次数更多，每天累计上网时间也较长。

表4-23　网络意见领袖的人群描述统计

	性别		学历		政治面貌		学生干部	
	女性	男性	研究生	本科生	党员	非党员	学生干部	非学生干部
网络活跃者	53.54%	46.46%	39.16%	60.84%	33.00%	67.00%	66.56%	33.44%
其他	49.88%	50.12%	31.51%	68.49%	26.53%	73.47%	57.63%	42.37%
总体	50.29%	49.71%	32.37%	67.63%	27.26%	72.74%	58.64%	41.36%

表4-24　网络意见领袖的人群描述统计

	专　业				平均网龄（年）	平均每天上网次数（次）	每天累计上网时间（小时）
	人文社科类	理工农医类	艺术体育类	其他类			
网络活跃者	49.84%	35.69%	10.29%	4.18%	6.17	5.07	5.15
其他	39.50%	49.96%	5.90%	4.40%	5.32	4.15	4.27
总体	40.75%	48.46%	6.41%	4.38%	5.42	4.25	4.36

进一步的研究以“是否网络活跃者”作为二值因变量，使用logistics回归模型，得到结果如表4-25所示。从结果分析可以发现：人群背景方面，本科生比研究生、理工农医类专业的学生相比人文社科类专业的学生而言成为网络活跃者的概率显著更低；网络行为特点方面，网龄、平均每天上网次数、每天累计上网时长均能显著正向影响学生成为网络活跃者，即网龄时间越长、每天上网次数越多，每天累计上网时长越长，则其成为网络活跃者的概率显著更高。

表 4-25 回归模型分析结果

	网络活跃者
性别（女性）	0.062
	（0.13）
年龄	-0.041
	（0.04）
学历（研究生）	0.425*
	（0.20）
政治面貌（党员）	0.131
	（0.16）
学生干部	0.211
	（0.14）
专业（基准组：人文社科类）	
理工农医类	-0.418**
	（0.14）
艺术体育类	0.391
	（0.23）
其他类	-0.134
	（0.32）
居住地（农村）	-0.518*
	（0.20）
生活支出	0.001***
	（0.00）
网龄	0.206***
	（0.05）
平均每天上网次数	0.112***
	（0.03）
每天累计上网时长	0.040*
	（0.02）
常数	-4.327***
	（0.85）
N	2 751

为进一步探讨网络活跃者的行为规律，本研究于2017年开展了基于知乎平台的网络意见领袖案例分析。研究以基于知乎平台中“清华大学”精选话题下的数据内容，筛选出知乎论坛中的网络意见领袖，进而分析这些网络意见领袖的行为特点。研究选择了知乎社区中清华大学话题下的39 266个用户作为研究对象，通过分析其全部关注用户，获得该话题下用户的主要特征。在此基础上，提取用户的被关注度、回答问题的总回答数、总赞成数、总反对数、回答字数、回答时间、回答频率等关键数据，并根据上述数据，提出了关注度、传播性、权威性、争议性、回答质量、活跃度、在线度等七个指标，具体定义如表4-26所示，通过数据计算识别出“清华大学”话题下的意见领袖。

表4-26 识别指标定义

关注度	直接统计用户的被关注数
传播性	利用链接排名算法计算
权威性	Log（总回答数）×Log（总赞同数/总回答数）
争议性	Log（总回答数）×Log（总反对数/总回答数）
回答质量	Log（回答总字数/总回答数）×权威性
活跃度	-Log（总回答问题数）×Log［（最后一次回答时间-第一次回答时间）/（总关注度×时间）］
在线度	-Log（总关注问题数）×Log［（最后一次关注时间-第一次关注时间）/（总关注度×时间）］

对“清华大学”话题下全部用户的这些指标数据进行计算和排名，从图4-3中可以看出，关注度呈现明显的长尾曲线，直接反映了知乎用户群体的关注主要集中在前100名左右的用户；传播性反映了该用户传播信息以及把自己的想法传递给其他用户的能力，也呈现长尾曲线。回

答质量、权威度、争议性曲线较为相似，表现为较不明显的长尾曲线，活跃度、在线度曲线也较为相似，较为平均，没有明显的长尾特征。根据长尾模型，关注度、传播性、回答质量、权威性和争议性五个指标可以作为进一步识别意见领袖的关键指标。我们以80%以上的单项指标排名进入前100为标准，筛选出该话题下的意见领袖。经过计算，共9个用户满足这一条件，其指标数据见表4-27。通过我们对这九个用户的单项排名进行分析，发现权威性最为重要，而在线度排名最不重要，这9个用户的在线度排名均大于100名。

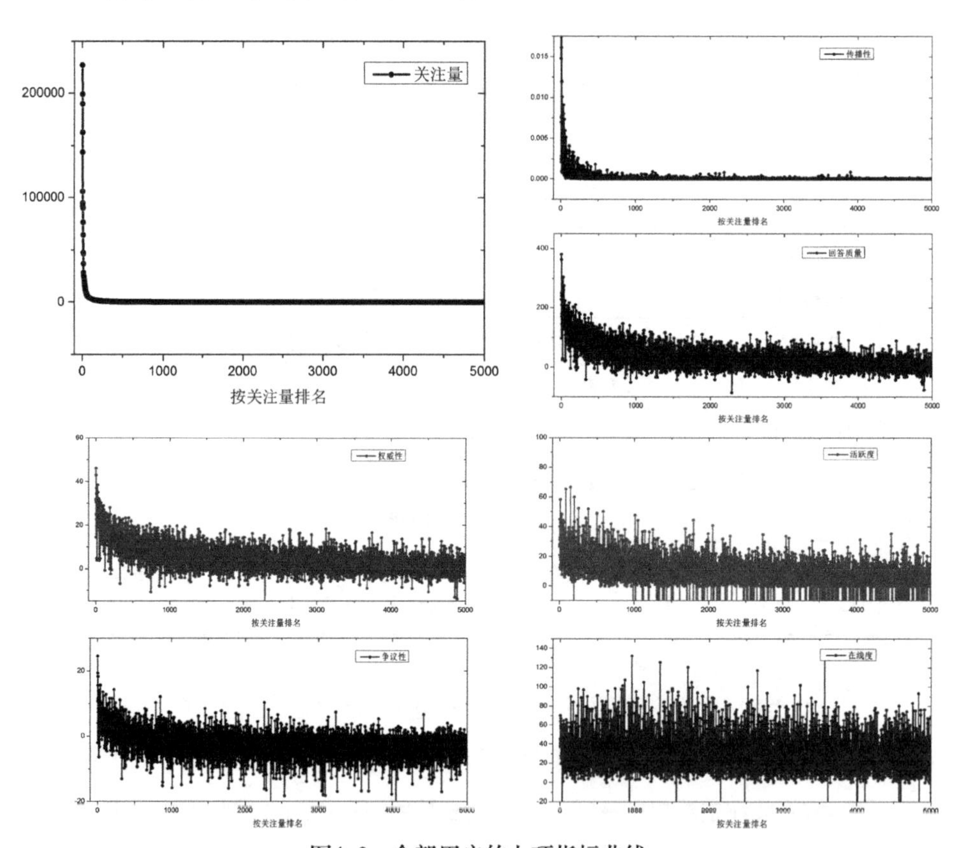

图4-3　全部用户的七项指标曲线

表4-27　意见领袖指标排名

用户ID	关注度	传播性	回答质量	活跃度	权威度	在线度	争议性
3586869	1	4	1	13	1	1 850	1
302494	3	15	12	31	11	255	20
139631	7	52	57	93	36	2 149	15
2108413	8	1	20	4	4	322	21
10642856	11	11	8	23	7	765	41
3803540	17	33	5	26	6	2 465	7
17353370	18	8	29	53	21	2 714	17
1787987	24	19	3	39	3	1 849	10
4793482	28	16	6	86	5	11 663	19

我们进一步通过雷达图来比较这些意见领袖与其他用户指标数值的差异，从图4-4中可以直观看出，意见领袖的各项指标均超出所有用户的平均数值，其中关注度、传播性、回答质量尤其明显。而在线度、活跃度、争议性较不明显。

研究发现，回答质量高、点赞或批评数多的用户更容易获得关注，更可能成为意见领袖。这与知乎社区的特点有着密切关系。知乎是一个问答社区，用户的基本行为是提出或回答问题，并对其他用户的回答进行评价，社区平台会自动对某一个问题下的回答进行排序，排序排在前面的回答者更容易得到社区用户的关注。一般而言，对于回答的排序方式有两种：一种是默认排序；另一种是按时间排序，而只有点击查看全部回答时才会出现第二种排序方式。知乎问答社区默认的排序标准就是点赞数，因此回答质量越高，点赞和反对数也会相应增多，使其回答排

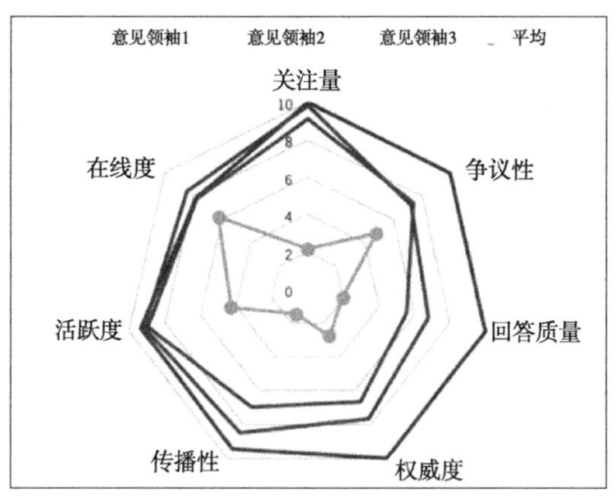

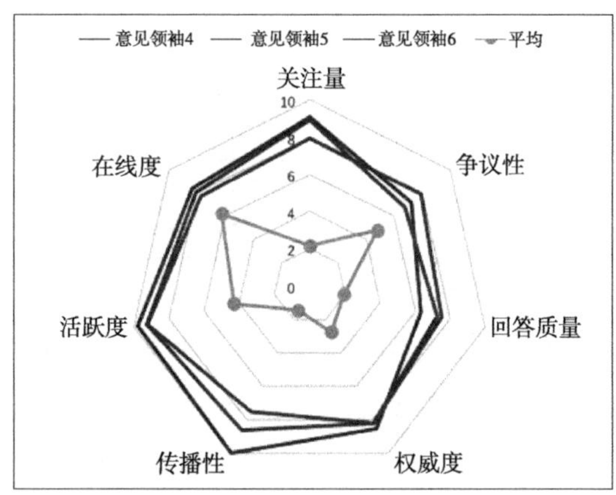

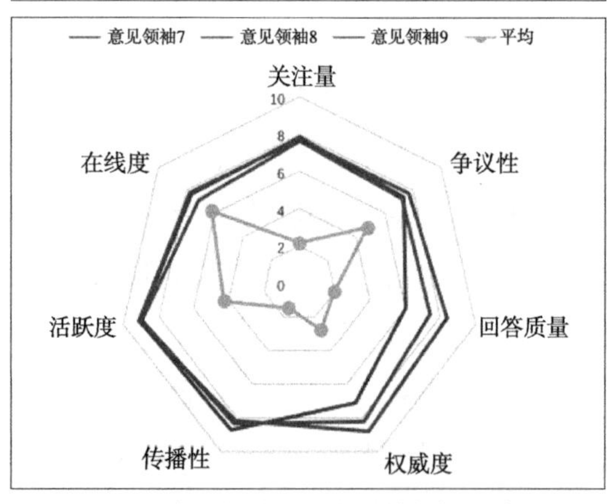

图4-4　意见领袖及用户平均指标雷达图

在前面被更多的用户关注到[①]。关注度的增加会进而提高用户的传播性，随着时间的积累，该用户的权威性也会得到增加。研究发现，知乎问答社区意见领袖的重要形成因素是高质量的回答，其直观的标准是关注度高，影响力的体现是权威性高。在知乎社区，用户的活跃度、现实身份因素等传统社区意见领袖的形成因素作用较弱。在按点赞数和内容排序的机制作用下，拥有丰富专业知识和经验的用户，凭借其优质的回答获得大量点赞，从而排序靠前，进而有更大的机会被其他用户所关注，可以快速获得高关注度。同时，这一机制有助于用户识别意见领袖，在大量的关注度和靠前排序的共同作用下，其权威性和传播性大幅提升，推动其成为知乎社区的意见领袖。[②]

四、其他类型群体的状况

在研究过程中，我们还发现了性别、专业差异等因素对大学生网络行为的影响，虽然没有以之作为重要类型进行系统的分析，但是研究中一些有意思的发现对于网络思想政治教育工作实践和研究具有参考价值。

（一）性别群体

研究发现，在信息获取过程中，相对于那些选择传统媒体作为接受事件类信息的首要渠道的同学，女生显著地更少通过大型门户网站和客

① 张荣玲.知乎意见领袖的形成机制及影响探析［J］.今传媒，2017，25（7）：69-70.

② 2017年10月由清华大学研究生谷水鑫、郭志凡、韩旭、鞠镇毅、马也、王亚晋、徐铭拥组成的调研团队开展了知乎问答社区意见领袖的实证分析工作。

户端来获取事件类信息，而是更倾向于选择网络社区作为首要渠道；男生更倾向于选择主流媒体新闻网站和大型门户网站及其客户端作为首要渠道。在评论类信息获取过程中，相比男生，女生依然更少地使用大型门户网站获取评论类信息。在网络热点事件的网络参与行为上，女生与男生之间也表现出了一定的差异性，如表4-28所示。

表4-28　性别对大学生网上行为的影响

性别＼行为	从不发表评论	理性分析之后发表自己的评论	随性而发	娱乐消遣	合计
男	467	552	245	76	1 340
百分比	34.9%	41.2%	18.3%	5.7%	100.0%
女	469	477	350	72	1 368
百分比	34.3%	34.9%	25.6%	5.3%	100.0%

注：卡方检验值为23.821；显著性水平P=0.000

研究发现，性别会显著正向影响微信和微博的使用频率和使用方式的丰富程度，对微博的影响程度最大，但不会显著影响人人网的使用情况。2013年的调研数据分析显示，女生使用微信和微博的频率显著高于男生，使用的方式也显著地更为丰富。

研究还发现，女生对主流媒体新闻网站和微博的信任度显著高于男生。如表4-29所示，男生对网络媒介的信任度由高到低依次是：主流媒体新闻网站、大型门户网站、校园BBS、微信群或微信朋友圈、人人网和微博。女生对网络媒介的信任度由高到低依次是：主流媒体新闻网站、大型门户网站、校园BBS、微博、微信群或微信朋友圈、人人网。

其中，在男女生之间有显著差异的渠道为主流媒体新闻网站和微博，女生对这两种网络媒介的信任度显著高于男生。特别是微博，女生相比微信更相信微博，而男生则相对更相信微信。除此之外，两者对于其他渠道的信任度没有显著差异。

表4-29 信任度的性别差异（$\bar{X} \pm s$，N=2 752）

性别	N	主流媒体新闻网站	大型门户网站	校园BBS	人人网	微博	微信群或微信朋友圈
男	1 368	3.41 ± 1.14	3.40 ± 1.01	2.99 ± 1.04	2.68 ± 1.01	2.68 ± 1.06	2.75 ± 1.10
女	1 384	3.72 ± 1.07[a]	3.47 ± 0.93	2.95 ± 0.98	2.67 ± 0.94	2.88 ± 1.01[a]	2.77 ± 1.03

注：与男生相比较有显著差异，ap < 0.01

（二）专业群体

研究发现，艺术体育类专业的学生比人文社科类专业的学生更少使用大型门户网站。相较于人文社科类专业的学生，艺术体育类专业的学生显著更多地选择网络社区来获取理论类信息。人文社科类专业的学生和理工农医类专业的学生在获取理论类信息时进行的渠道选择没有显著差异。在评论类信息获取过程中，人文社科类专业的学生有更高的概率选择大型门户网站获取评论类信息。

在社交媒体的使用上，研究发现理工农医专业的学生使用微信和微博的频率显著低于人文社科类的学生。相较而言，艺术体育类专业的学生使用人人网和微信的方式显著地更为丰富。

在媒体信任度方面，研究发现艺术体育类专业学生显著地更为信任微信群或朋友圈，对主流媒体新闻网站和大型门户网站的信任度相较于其他专业最低。理工农医类专业的学生则对校园BBS的信任度显著最高。如表4-30所示，人文社科类专业和理工农医类专业的两类学生群体对网络媒介信任度的次序没有差别，由高到低依次是：主流媒体新闻网站、大型门户网站、校园BBS、微博、微信群或微信朋友圈、人人网。艺术体育类学生对于网络媒介信任度由高到低依次是：主流媒体新闻网站、大型门户网站、微信群或微信朋友圈、校园BBS和微博、人人网。

相较于人文社科类专业和理工农医类专业的学生群体，艺术体育类专业的学生对于主流媒体新闻网站以及大型门户网站的信任度是显著最低的，但是对于微信群或微信朋友圈的信任度是显著最高的，并且远高于整体平均值（2.76）。此外，理工农医类学生对于校园BBS的信任度是显著最高的。

表4-30　信任度的专业差异（$\bar{X} \pm s$，N=2 640）

	N	主流媒体新闻网站	大型门户网站	校园BBS	人人网	微博	微信群或微信朋友圈
人文社科类	1 125	3.63 ± 1.11	3.48 ± 0.91	2.91 ± 0.97	2.65 ± 0.96	2.80 ± 1.03	2.74 ± 1.06
理工农医类	1 338	3.56 ± 1.12	3.41 ± 0.98	3.02 ± 1.04[a]	2.67 ± 0.96	2.75 ± 1.03	2.74 ± 1.06
艺术体育类	177	3.27 ± 1.19[ab]	3.22 ± 1.10[a]	2.88 ± 1.04[b]	2.85 ± 1.13	2.88 ± 1.15	3.04 ± 1.17[ab]

注：与人文社科类相比较有显著差异，ap < 0.05ap < 0.05；与理工农医类相比较有显著差异，bp < 0.05bp < 0.05

第三节　针对不同类型学生群体的思想政治教育方法

网络为大学生提供了一个新的活动领域，使得他们的行为方式具有了新的特点。在以上分析和讨论中，我们根据大学生在网络行为中所表现出的特殊性和差异性，把年级群体、学生干部群体以及网上的活跃者群体与沉默者群体作为重点对象，分析了这些学生群体在校园社交网络使用、信息内容获取、网络人际交往以及舆论参与等方面的具体特点，探讨了不同类型学生群体在网络行为上的规律性。在此基础上，我们结合高校网络思想政治教育的工作实践，对不同类型学生群体的思想政治教育方法作出具体分析。

一、增强对年级群体的思想政治教育针对性

不同年级的学生群体在网络行为上具有一定的差异性，网络对他们思想和行为发展的影响也具有特殊性。因而对于年级群体而言，学校思想政治教育工作者要抓住其网络行为以及思想发展阶段上的主要矛盾，开展层次分明、重点突出的教育工作，增强教育的针对性。

第一，针对低年级学生的网络行为特点，通过加强教育和管理来避免网络的消极影响，帮助他们尽快适应大学学习生活是教育工作的重

点。大一学生刚入校，对网络上的内容和活动表现出很大的兴趣，喜欢在网上“冲浪”，而且对网络游戏、网络聊天等网络活动的自制力不足。多次调查结果都显示，大一学生在网络使用上更多地倾向于游戏类和休闲娱乐类的活动。有调查还发现，在大一学生中，“整天泡在网上，几乎不上课”“经常因为上网而影响作业”“经常入侵他人计算机”“在聊天室骚扰他人”“每天聊天两个小时以上”等不良网络行为也较多见。[①]在一些高校，由于沉迷于网络游戏而耽误学业，导致学习成绩大幅下降甚至不得不退学的事件也时有发生。有研究者认为，大一新生的网络成瘾率最低，成瘾程度最浅，引导教育难度最低，并且进行监管的时机最恰当，要抓就要从新生抓起，待到新生成为老生的时候，我们的一切努力恐怕都要加倍。[②]因此，大一年级的学生是学校网络思想政治教育工作的重点对象，必须加强上网行为的管理，帮助他们顺利度过适应大学学习生活的转变期。在教育方法上，要根据大一学生心理发展所处的阶段，利用他们在思想和行为上可塑性较强的特点，重点进行说服教育和管理引导，以自上而下、先入为主的方式引导他们树立正确的观念和进行合理的网络行为。以清华大学的工作实践为例，为了避免大一学生在入校之后由于沉迷网络和计算机游戏等而耽误学业，在学生宿舍楼接入互联网之后，学校思想政治教育工作者就主动加强对新生上网行为的管理，班主任和辅导员在学期之初组织主题班会向学生进行宣传教育工作，部分院系还采取了与学生签订“计算机使用公约”或“上网公约”的方式帮助新生加强自我管理和教育，这些教育管理措施的实施收到了

① 北京市委教育工作委员会.互联网对高校师生的影响及对策研究［M］.北京：首都师范大学出版社，2002：111.

② 高晚欣，李冰.大学新生网络监管问题探究——哈尔滨工程大学新生网络成瘾情况调查报告［J］.教育探索，2011（8）.

较为良好的效果。作为大一年级学生思想政治教育工作的重点内容之一，网络行为规范的建设和引导工作对于大学生在尽快适应大学生活、正确树立大学学习发展目标、养成良好道德行为规范、实现思想和行为的顺利发展方面起到了积极有效的促进作用。

第二，针对高年级学生群体，完善多层次、规范化的沟通渠道，引导青年大学生民主参与形式的健康发展是学校网络思想政治教育工作的重点内容。随着年级的升高，大学生对校园学习生活逐渐适应，他们的身体心理发展状况也不断趋于成熟，自主意识逐步发展，自我控制能力增强，而且随着网龄的增加，他们使用网络的目的性增强、对信息内容的比较和选择能力大为提高，因而高年级学生在网络行为上更加理性，网络失范行为减少。与此同时，高年级学生在网络行为上表现出新的特点，他们使用网络时间长、在学习生活和信息获取上对校园网络依赖性强、在网上与大学班集体同学交流多、在校园网络上发表意见参与公共事务的主动性增强。因此，高年级的本科生和研究生作为校园网络的主要用户群体，他们在校园网络上的行为具有较大的能量，是校园网络舆论的主体力量，对于学校公共事务的参与表现出较强的积极性和主动性。从实践上看，在一些高校中出现的网络舆情事件中，高年级学生群体是其中的主要力量。例如，2000年发生的北京某大学大一女生遇害事件中，在网上提出意见、制造舆论从而引发群体性事件的学生，以及后来积极参与集会并与校领导对话的学生都是以高年级为主；又如，在2003年8月清华大学学生宿舍调整过程中，研究生们在校园网络上发起了宿舍调整方案的大讨论，一些研究生通过在网上招募志愿者的方式自发组织起来，开展调研活动广泛征集意见和建议，并与学校进行对话，积极参与宿舍调整方案的制定。有研究者举出发生在多所大学的学生政治参与行为开展案例分析，如上海交通大学一研究生向哈尔滨市建委提出公开阳明滩大桥垮塌事故的设计、施工、监理单位的请求。三峡大学一学生要求公开该省安监局局长杨达才的工资收入。西北师范大学一女生要求原铁道部公开花费亿元的“新一代客票系统一期工程项目”的具体项目内容以及各项目所花费的金额。[①]这些案例说明，在高年级学生中，利用校园网络舆论进行自我宣传动员和组织已经成为他们参与学校管理与决策的重要方式。而在这一过程中，他们的民主观念和民主参与行为的发展应该得到有效的教育引导。

因而，针对高年级学生网络行为的主要特点，网络思想政治教育的重点在于规范和引导高年级学生群体对学校公共事务的民主参与形式的健康发展，通过规范、有序的民主参与实践活动来实现对大学生思想和行为正确发展的有效引导。在具体方法上，学校要积极建设与完善多层次、规范化的沟通渠道，引导大学生合理、有序地参与公共事务。首先，学生思想政治教育工作要与学校教学、管理和服务工作紧密配合，围绕学校各项公共事务，建设与完善学校与学生之间多层次的沟通渠道，以信息畅通、反馈及时的意见沟通和平等交流的协商机制建设来主动引导大学生有序参与学校公共事务。在现实中的沟通渠道建设上，通过建立和完善“校长接待日”“服务咨询日”等制度化的沟通机制，加强学校领导与大学生的交流，促进各个管理服务部门广泛接受学生的意见和建议，不断提供管理与服务水平。在网上的沟通渠道建设中，注重建设和完善学校网站平台、社交网络中的“师生关系场域”，充分利用校园网所具有的传播快捷、交互性强、覆盖面广等特点，通过校领导与学生的在线交流、校长信箱、部门信箱等网络渠道建立有效的交流机制，增强沟通效果，扩大正面影响；其次，把了解学生思想、表达学生

① 吴铭，孟祥栋.当前大学生政治参与的新特征及教育对策［J］.思想理论教育，2013（10）.

意愿、代表学生利益、引导青年学生有序地民主参与作为学生会等青年组织重要的组织目标，发挥其桥梁和纽带作用。例如，一些高校学生会建立学生常设代表会议制度，设立了权益部等工作机构，通过这些制度化建设和组织工作为广大学生表达意见、提出建议提供了规范化的组织渠道，增强了学校与学生之间的交流和沟通，促进了大学生民主参与行为的规范化发展。再次，在加强和完善大学生民主参与的规范化渠道建设的同时，要有意识地弱化网上公共论坛对学校管理决策的影响力，避免网络虚拟性对大学生民主参与行为的发展产生不良影响。学校教育管理者可以把公共论坛作为了解大学生思想动态的重要窗口，但是却不能把它当作与学生对话交流的场所，也不能作为采纳学生意见和建议的正式渠道，要主动引导大学生通过规范化的渠道表达意见和建议。

二、发挥骨干群体的思想政治教育主体性

学生干部是学生组织中进行自我管理、自我服务和自我教育的主体力量，我国高校思想政治教育在长期的工作实践中，已经形成了学生干部队伍建设的优良传统，在学生干部的选拔、培训、激励和使用上形成了较为完善的机制。因此，在高校思想政治教育工作中，学生干部队伍是一支重要的骨干力量，在日常的思想政治教育工作中发挥了良好的作用。前文的分析显示，学生干部是校园网络上的活跃群体，在网络行为上比较理性，而且能够在网络空间发挥团结和凝聚集体同学的作用。因此，高校网络思想政治教育要重视学生干部群体在校园社交网络中的角色和影响作用，做好学生干部队伍的建设，充分发挥他们在学校网络思想政治教育工作中的骨干作用，教育引导学生干部在教育与自我教育的

工作实践中锻炼成长。

第一，要提高学生干部在互联网上开展工作的自觉性，增强与网上不良信息和言论做斗争的主动性。互联网已经成为一些国内外敌对势力与我们党争夺青年的重要场所，他们利用网络对青年学生进行思想渗透，影响着高校和社会的政治稳定。此外，由于网络的虚拟性特点，使得一些学生在网络行为上抱有“网络活动绝对自由”的态度，他们在网络活动中容易出现不良言论和行为，从而对校园网络信息环境带来较大的负面影响。对于这些网上的错误信息以及不良的思想言论，学校加强网络治理是一个重要的方面，与此同时，教育引导广大学生在网上发挥教育与自我教育的作用也是非常重要的方面，要注重培养学生干部主动利用校园社交网络开展工作的自觉性，增强他们与错误信息和不良言论做斗争的主动性。在具体方法上，首先，要注重培养提高学生干部的信息素质。信息素质包括了知识层面和能力层面。在知识层面，要注重加强学生干部对于新闻媒体的运作方式、新闻信息的制作过程、信息传播的理论和规律等知识的学习和了解；在能力层面，要注重加强学生干部对信息的敏锐度、提高信息的收集、筛选、选择和判断能力，使得他们成为网络时代的信息领先者。通过信息素质的培养，可以促使学生干部提高网络技能和议程设置的能力，提高他们主动利用媒介开展工作的能力和水平，从而增强学生骨干的引领作用，把握好校园社交网络的舆论主动权。其次，要增强学生干部在校园社交网络中与不良言论做斗争的主动意识。校园BBS或公共论坛是网络不良言论和行为的“高发区”，由于这一媒介场所中消息传播和人际交往上的特殊性质，经常会出现一些不实消息或者虚假消息，这些消息来源多样、传播迅速，容易造成较大的负面影响。尤其是在一些校园突发事件过程中，一些不实消息的传播往往会误导广大学生对事实情况的了解和判断，甚至引发群体事件。

在突发事件的信息传播过程中，如果单单靠学校教育和管理部门来进行调查了解和事实澄清，就会影响教育工作的时效性，丧失有效控制事态发展的时机。学生干部人数众多、分布广泛，他们在及时了解事件过程和发展情况上具有优势；而且作为大学生中的一员，他们对于那些在网上传播的不实消息和不良言论的产生原因以及发布消息者心理状态的了解更加深入，能够进行有效的事实澄清和说服教育工作。因此，要在学生干部中树立在网上快速反应、及时澄清事实的工作意识，增强针对网上不实消息和言论的斗争意识，维护学校良好的网络信息环境。

第二，要注重引导学生干部在网上开展积极沟通、化解矛盾的工作，避免网络舆论的负面影响。在网络信息传播条件下，一些发生在个别学生与学校管理服务部门之间的矛盾和问题经常会引发学生的网上讨论，形成校园社交网络中的负面舆论，造成消极影响。通常情况下，在矛盾和问题出现后，当事人往往会在网上发牢骚、发泄情绪，引发那些有着相似经历或者感受的学生回帖参与讨论。随着参与该话题的人不断增多，在网上就会形成一个具有相似观点的“志同道合者”群体，他们的意见彼此呼应，情绪不断高涨，所持的观点也会朝着更加偏激的方向发展，最终形成情绪激化和观点极端化的后果。这种网络舆论现象在BBS论坛上经常可以见到，其背后具有一定的社会心理学原因。有研究者认为这是一种“群体极化”现象，这种现象的产生是由于参与讨论者是观点一致的同质群体，他们为了维持和保护自身既定立场，会导致极端主义；而其他那些持不同观点的人会出于维持一种心理平衡的心理机制而保持沉默或者表示赞同，从而使得这一种意见发展到极端化的程度。[1]针对这种以“群体极化”为特征的负面舆论，学校思想政治教育者

① 凯斯·桑斯坦.网络共和国–网络社会中的民主问题［M］.上海：上海人民出版社，2001：47–49.

要引导学生干部在网上开展积极沟通、化解矛盾的工作，发挥他们的沟通和疏导作用。在具体的工作方法上，学生干部要主动承担起“网上宣传员”和“网上疏导员”的角色，在那些不良舆论的发展过程中，不当“沉默的旁观者”，而是主动地去了解情况，与当事人进行沟通和交流。对于冲突性较大的问题要采取客观的态度，进行理性的分析，积极在网上提出有利于问题解决的意见和建议。在沟通方法上，要以平等的身份介入，多使用轻松、幽默的语言，避免板起面孔教育人的方式。对于那些极端错误的意见，尤其是攻击性的、煽动性的意见，要善于采用嬉笑怒骂的态度进行回帖，从情绪色彩上强化错误意见的非严肃性，同时从内容分析上鲜明地指出其错误性。①这样，在校园社交网络中，通过学生干部的积极介入形成一支正面的舆论力量，积极沟通、化解矛盾，可以有效地避免错误意见和观点的发展，促进对问题的合理解决，实现对大学生思想认识的正确引导。例如在2003年春季非典流行期间，清华大学实行了“封校”措施，要求所有的学生和老师凭“出入证”进出校园。5月初，学校的员工中出现了非典疑似病例，这在学生中引发了轩然大波。一些学生认为学校把学生封在校内而对教师员工及其家属没有做到严格管理，致使校内出现非典疑似病例。由此在校园网上出现了大量针对学校管理措施和教师家属的攻击性言论，造成在校学生情绪的不稳定状态。在这种情况下，学校主动利用网络展开思想沟通工作。学生干部作为学生和学校管理部门的桥梁和纽带，站在学生的立场上了解广大学生所关心的主要问题，又以学生的口气在网上把学校的实际情况、工作中的困难和采取的各项措施进行宣传，使得多数学生理解了学校的一些困难，真正了解学校的工作情况，有效化解了学生中的紧张和不满

① 胡钰.信息网络化与高校思想政治教育创新［M］.北京：高等教育出版社，2003：141.

情绪。

第三，要注重发挥学生干部在校园社交网络中的凝聚力和影响力，通过学生干部的工作推动网上集体建设的发展和新媒体阵地的建设。学生网上集体的建设，可以把学校在现实思想政治教育工作中的组织优势转化为网上的凝聚力优势，有效引导大学生在网上的归属感取向，继续在网上保持和发展集体教育在大学生思想和行为发展中的积极作用。在学生网上集体建设的过程中，学生干部是最主要的骨干力量。学生干部是现实中学生集体的骨干成员，在团结同学、凝聚集体，开展各项教育和自我教育活动中起到组织和带动作用。而他们又是校园社交网络中的活跃分子，不但上网时间长，而且通过校园网络社区与同学交往多，对学校媒体的认同度高，是学校网络思想政治教育工作的主要依靠力量。因此，注重发挥学生干部在网络思想政治教育工作中的骨干作用，通过学生干部的凝聚作用在网上把大学生组织起来，把大学生在网络空间中的归属感引导到学生集体中来，这是有效发挥学生干部队伍的自我教育功能、增强学校网络思想政治教育工作主动性的重要方面。以清华大学为例，学校团委积极发挥学生骨干的主体作用，主动建设基于微信公众平台的思想舆论宣传主阵地，倡导积极向上的校园文化。在新媒体矩阵建设中，注重吸纳学生骨干的参与，鼓励学生干部队伍开办和运营新媒体账号，并把一批敢于亮剑、善于发声的学生意见领袖凝聚起来，壮大主流声音，引领网络舆论。新媒体矩阵中既有面向全校学生传播主流价值的“小五爷园”“清华时事大讲堂”，又有面向公众传播清华历史与精神的“松鹤山房”“清华大学微博协会”；既有面向团员骨干传播班团工作理念方法的“探求纵坐标”“团小晓”，又有面向社会讲述清华故事、关注研究生科研生活的“清华研读间”“清华大学小研在线”；既有引导同学们多样化成长的“清华青年科创”“清华青年创业”“基层研究会”，又有为同学们提供学习生活服务的“清华大学紫荆之声”“艾生权”等，各类新媒体平台相互配合，形成了网络思想政治教育的合力。

三、提升对重点群体的思想政治教育主导力

沉默者和活跃者两个群体类型的出现是由于大学生使用网络媒介的行为方式差异而形成群体分化的结果。其中，沉默者群体虽然人数众多，却在网上没有自己的声音，他们主要是作为网络信息内容的接收者而存在。而那些活跃者虽然人数不多，但是作为校园网络信息的主动传播者，他们对公共事务的参与意识比较强，喜欢在网上传播消息、发表意见和建议，在校园社交网络的信息传播和网络舆论的形成过程中发挥了重要的影响作用。因而，对于学校思想政治教育工作而言，校园社交网络中的活跃者群体是需要给予密切关注和积极引导的特殊群体，高校思想政治教育者要把此类网络群体作为工作的重点对象。

对于校园社交网络中的活跃群体，学校在思想政治教育工作中要注重以下几方面：一是要坚持正面引导的原则，注重教育引导网络活跃群体在建设晴朗校园网络空间中发挥骨干作用。在网上的活跃者中，喜欢灌水、凑热闹的人是少数，参与讨论、表达意见的占多数。因此，学校要对大学生的网上言论和行为采取鲜明的态度，对于理性的讨论大力支持和赞同，对于不负责任的言论要坚决反对，并采取及时有效的管理措施。在具体的方法上，一是注重网络法规、网络道德规范的宣传教育。网络是大学生行为发展的新领域，如果缺乏相应行为规范的教育和引导，容易使一些大学生形成不良的网络行为习惯，对他们思想和行为的发展带来负面影响。因而在大学生的思想道德教育上也要把网络道德

行为的教育作为一项重要的内容，通过课堂教学、专家授课、团日班会等形式对大学生进行相应的法律和道德行为规范教育。二是加强校园网络的管理。一方面，要通过不断健全和完善校园网络管理制度建设，约束、规范和引导活跃者的网络行为；另一方面，教育引导网络活跃者在加强大学生的自我管理和自我服务方面发挥骨干力量，充分发挥他们的教育和自我教育作用，通过他们的行为示范作用和严格管理营造良好的网络信息环境。三是注重通过正面宣传引导大学生的网络行为。通过学校主流媒体开展网络热门话题引导，以正面新闻宣传阵地与校园社交网络之间的互动来引导大学生积极、理性的网络行为取向。

二是要通过规范化沟通渠道的建设，把网上活跃者对学校公共事务的参与行为从无序的BBS或贴吧论坛引导到有序的网上师生沟通渠道，从网上引导到网下的正式组织渠道，引导他们民主参与行为的规范化发展。一方面，学校要主动加强学校网站、官微、官博的建设与利用，建立规范化的意见表达和建议程序，完善快捷及时的信息反馈工作机制，把这些网上活跃者的参与热情和行为引导到专门化的沟通渠道中去。另一方面，校园社交网络的现实性是学校思想政治教育工作者对网上活跃者群体实现有效引导的有利条件，针对大学生参与学校公共事务的行为，教育者要主动加强现实沟通渠道的建设，完善诸如“校长接待日”等学校和学生的现实沟通机制，搭好台、铺好路，把网上的活跃者群体引导到现实中来，在合理有序、积极有效的沟通工作中实现对他们参与热情和行为的有效引导。

三是要注意区分灌水者、参与讨论者以及发文引发话题者这三种活跃者类型之间的差异，因势利导，对不同的群体采取有针对性的教育工作。利用参与讨论者这一类型学生群体网络行为比较理性的特点，注重发挥他们在校园网络上的正面影响作用，主动引导他们在网络舆论的形成和发展过程中发挥正面导向作用；对于灌水者群体，则要密切关注他们在网上的不良网络行为，从网络信息监控、网络行为规范建设以及网下的思想道德教育等多个方面展开正面教育工作，在监督与引导、教育与服务的过程中实现对此类学生群体网络行为的观念和方式的有效引导。要关注那些在网上异常活跃的少数人，把他们作为网络思想政治教育工作的重点对象。学校在开展网络思想政治教育工作中可以建立网上异常活跃的学生数据库，了解他们在现实中的学习和思想状况，对于他们在网上的过激言论，要及时通过班主任、辅导员或者党员干部在现实中进行思想交流和沟通工作，教育并引导他们正确发展网络行为。

第五章　基于校园社交网络的思想政治教育模式

本研究的创新之处在于围绕社交网络环境下思想政治教育的理论与模式问题，基于对大学生社交网络演变和高校网络思想政治教育实践发展的长期考察，通过持续地实证观察和理论分析，创新性地提出了“校园社交网络传播圈”的概念，并对这一网络信息传播系统的要素、特性、机制、生态及其所蕴含的思想政治教育规律进行了深入研究，在此基础上，本章系统地提出了基于校园社交网络的思想政治教育的模式与方法。

第一节　思想政治教育视域下的网络观

在思想政治教育领域，长期存在着对互联网的不同认识和理解。一种有代表性的观点是“工具论”，即基于对互联网技术特征和工具属性的理解，把互联网视为开展思想政治教育的一种新技术、新手段和新方法。另一种代表性观点是“环境论”或“社会论”，即从网络环境、网络社会的视角来认识互联网，将互联网视为思想政治教育新的环境和社会空间。这两种观点恰恰说明了互联网在思想政治教育领域的多重影响效应：互联网既是思想政治教育的新技术，同时互联网也构成了思想政治教育的新环境。前者我们可以称之为思想政治教育“+互联网”，讨论的是思想政治教育对互联网的工具性应用；后者则是通常所说的“互联网+”思想政治教育，研究的是整个互联网环境下思想政治教育的创新与发展问题。这两个方面彼此不同而又相互联系，建构了互联网时代思想政治教育创新发展的重要向度。

一、互联网是思想政治教育的新技术

技术是人们改造世界的工具和手段。从构词来看，“技”为“技艺、本领”，“术”为“方法、手段”。在现代意义上，技术包括了生产工具、设备器具、工艺程序等丰富的内涵。因此，技术是一个复杂的概念，可以视之为人类实践活动的工具和技能要素所构成的系统，其中既有物质工具，又包括操作工具的方法。互联网作为广泛应用的现代技术，成为社会生产生活中不可或缺的工具和手段。思想政治教育是人类社会实践的重要领域，对网络技术的把握和应用成为推进思想政治教育活动的必然要求。

作为一种新的信息技术，互联网影响着思想信息的生产方式。电子计算机是网络的信息生产设备。不同于文字书写和机器印刷，计算机是数字化的信息生产方式，具有高效率、多媒体化、大规模同时兼具个性化的特点。伴随着网络智能终端的日趋多样和丰富，信息内容的大量生产引发了大数据时代的到来。对于思想政治教育而言，网络信息是人的思想行为信息的显现，对思想信息的采集、分析和运用是网络思想政治教育的重要功能。当前大数据技术手段在思想政治教育中的应用：一方面是通过信息技术采集和分析教育对象所产生的大数据，了解总体的思想行为状况和变化规律，从而为思想政治教育工作的宏观推进和系统设计提供重要基础；另一方面可以通过对教育对象个体行为的数字化采集和信息积累，清晰展现其思想行为特点，从而为开展个性化、定制化的思想政治教育工作提供有力支撑。

作为一种新的传播技术，互联网改变着思想信息的传播方式。网络技术在诞生之时就蕴含着开放、创新等技术理念。正如互联网的创建者们所言，互联网的关键概念在于，它不是为某一种需求设计的，而是一种可以接受任何新的需求的总的基础结构。[1]网络架构的开放性和主体需求的无限性，激发着人们不断创造出新的网络技术应用。从Email、BBS、WWW网站到Blog、QQ、Wechat、VR等，每一种新的网络技术都带来崭新的信息交互方式和思想文化传播载体。不同网络技术在设计理念、技术功能、使用目的等方面的差异，造成不同类型的使用群体以及信息传播的内容和形态的特殊性和差异性，这种变化不但促进思想政治教育技术手段的丰富和拓展，而且影响着思想政治教育的目标、内容、对象和方法之间的联系与结合，推动着思想政治教育模式的发展创新。

作为一种新的实践工具，互联网提升了思想政治教育主体的能力

① Barry Leiner. A Brief History of Internet. http：//www.isoc.org/ internet history.

素质。技术从其本义上就包括主体在实践中的技能、技巧、技艺、方法等。网络技术也体现在教育者在网络实践中自身所具有的能力和方法，例如对新媒体应用的技能、网络表达和沟通的技巧、网络舆论引导的艺术、信息挖掘和舆情分析的方法等。思想政治教育者如果不掌握网络技术手段，在互联网上不但难以对教育对象产生影响，甚至连找到教育对象都会成问题。互联网是人类能力的延伸，它要求思想政治教育者必须与时俱进、“善假于物”，不断提升在网络实践中的认识能力和实践能力，善于运用各类新媒体新技术新手段，提高思想政治教育工作的技术含量和科学水平。

二、互联网建构起思想政治教育的新环境

互联网在产生之初是作为人的工具而存在，网络思想政治教育也是从网络教育手段出现后逐步发展起来的。然而随着互联网对人的影响日趋深入，逐渐产生了“去中介化”的效应，网络与人的界限日趋模糊，与主体逐渐融为一体。例如在自媒体社交网络中，人与网络媒介形成了紧密的“绑定”，每个人都成为一个信息网络中的“节点”，人与人的互动即网络自媒体之间的交互。从技术哲学的视角来看，这种现象是技术被主体所同化而融入主体。网络与人的融合，产生出“网络主体”或“虚拟主体”，网络主体的广泛连接更加促进了人与人之间的普遍联系。此时，互联网不只是单纯的技术或工具，它成为一个有机的社会连接体，建构起人类的“地球村”。在网络思想政治教育实践中，思想政治教育自媒体是教育主体与新媒体融合的产物，互联网成为教育者与教育对象实现连接与互动的社会空间，形成了思想政治教育新的环境。

互联网不仅建构起主体之间普遍连接的社会空间，它也日趋发展形成万物互联的物联世界。信息技术不但融入主体，而且也全面融入了人的对象世界。目前正在实现的物联网，是互联网功能和领域上的又一大发展，它是互联网向现实物理世界的深度延伸，形成了物与物、人与物之间的大连接。物联网可以被“看作是信息空间与物理空间的融合，将一切事物数字化、网络化，物品之间、物品与人之间、人与现实环境之间实现高效信息交互方式，并通过新的服务模式，使各种信息技术融入社会行为，使信息化在人类社会综合应用达到更高境界。”[①]马克思认为：“人创造环境，同样，环境也创造人。”[②]物联世界是一种新的生存方式和活动空间，建构起人与人、人与物的联系和沟通的新时空新形态，深刻影响着人的思想和行为发展。对于思想政治教育实践而言，互联网环境构成了对人们思想行为和社会发展具有广泛影响的外部条件。这是一个既有自然性也有社会性，既有物质层面也有精神层面的复杂环境系统，具有多维的环境层次、丰富的环境要素、普遍的主体交往、变化的技术形态等特征。

总体而言，思想政治教育对互联网的认识已经经历了从“网络工具论”到“网络社会观”的演变，并将进一步得以深化。这反映了互联网逐步进入到社会的各个领域，最终引起整个社会形态发生变化的过程。“作为一种历史趋势，信息时代支配性功能与过程日益以网络组织起来。网络建构了我们社会的新社会形态，而网络化逻辑的扩散实质地改变了

① 孙其博等.物联网：概念、架构与关键技术研究综述［J］.北京邮电大学学报（社会科学版），2010（3）.

② 中共中央马克思恩格斯列宁斯大林著作编译局.马克思恩格斯选集（第1卷）第3版［M］.北京：人民出版社，2012：172–173.

生产、经验、权力与文化过程中的操作与结果。”[①]互联网作为信息社会的基础技术架构，建构了人的新的生存状态、交往空间和发展条件，从而深刻改变了思想政治教育的整体环境，催生出网络思想政治教育新形态。因此，我们要充分认识到互联网既是一种作为信息技术的工具性存在，同时也是一种作为整体环境的社会性存在，在全面把握互联网规律的基础上推进理论与实践创新。

第二节 “+互联网”的思想政治教育模式

思想政治教育“+互联网”的关键，是要走在互联网技术创新的前沿，不断探索和把握思想政治教育运用网络技术的模式和方法。从技术形式上而言，互联网包括传统的网站和微博、微信、手机客户端等为代表的新媒体；从功能形态上而言则有网络电视、网络电影、网络广播、网络报纸、网络书刊等。无论其形式和功能如何多样和变化，思想政治教育对互联网工具性的把握和运用，主要是把它定位于思想政治教育的新载体。在思想政治教育发展实践中，互联网作为教育载体，与教育对象、教育内容之间发生着复杂的互动关系。教育者对于网络载体的选择和运用，既要考虑其本身的技术形式和传播功能，又要符合思想政治教育内容和教育对象的特点和要求。在网络思想政治教育的创新实践中，

① 曼纽尔·卡斯特.网络社会的崛起［J］.夏铸九，等译，北京：社会科学文献出版社，2001：569.

可以分为以教育内容为中心的模式、以网络载体为中心的模式及以教育对象为中心的模式。

一、以教育内容为中心的模式

以教育内容为中心的网络思想政治教育模式，指的是把教育内容放在中心地位，根据教育内容的特点和要求，选择相应的网络载体，制定有效的教育方法。这一模式主要应用于日常思想政治教育，包括开展网络理论教育和新闻宣传教育工作。

利用网络开展思想理论教育工作，是把既定的思想理论内容通过各种网络载体和方式方法有效地传递给教育对象。在此过程中，要把握互联网的传播特性，注重把主动灌输与互动交流密切结合起来。习近平总书记指出："宣传思想阵地，我们不去占领，人家就会去占领。"[①]网络思想理论教育要坚持主动灌输的原则，旗帜鲜明地以马克思主义理论主导网络意识形态的建设，通过各类网络阵地扩大马克思主义理论教育的覆盖面，根据网络载体的多种形式和功能采取多样的方式方法，增强思想理论教育的影响力。要加强建设马克思主义理论学习研究的各类网络互动社区，鼓励思想理论教育工作者创建博客、微博、微信公众账号、手机APP等自媒体阵地，从整体上形成马克思主义理论传播的新媒体矩阵，增强和提高思想理论教育的吸引力和实效性。新闻宣传教育工作担负着宣传党的理论和路线、方针、政策的重要任务，要利用网络信息技术不断改进方式方法，提升工作效果。以高校新闻宣传教育工作为例，

① 中共中央宣传部.习近平总书记系列重要讲话读本［M］.北京：学习出版社 人民出版社，2016：196.

要把学校门户信息网、新闻网以及官微、官博等建设成为具有权威性、公信力的网络思想政治教育主阵地，通过及时全面的新闻发布和丰富多样的信息服务功能实现正面宣传教育的效果。与此同时，新闻宣传教育要注重研究和把握校园社交网络，加强校园网络舆论引导。通过校园BBS论坛、学生自媒体等社交网络及时把握学生思想热点，利用大数据技术手段全面分析舆情状况，有效回应学生诉求，牢牢掌握高校新闻舆论工作的主导权。

思想政治教育的本质是坚持主流意识形态的主导和灌输，这决定了思想政治教育具有导向性的特征，要以正确的政治方向为指导，坚持社会主义主旋律，以马克思主义引领社会思潮和新闻舆论发展。在以教育内容为中心的模式下，思想理论教育和新闻舆论引导工作的根本任务就是马克思主义理论武装，要通过各种途径和方法，把主导意识形态有效地传递到教育对象的头脑中，内化为个体的思想政治素质。在这个过程中，思想政治教育的内容受思想政治教育目标所决定，是思想政治教育任务和要求的具体展开，具有既定性和稳定性。各类网络载体是实现教育内容有效传受的途径和方法，具有灵活性和多样性。

二、以网络载体为中心的模式

以网络载体为中心的思想政治教育模式，指的是网络的特点、类型和功能决定了所承载和传递的思想政治教育内容和对象。网络具有融媒体的特点，包括大众媒体、社区媒体和自媒体等主要类型。思想政治教育通过发挥不同类型媒体的传播特点和功能，有利于形成立体化传播的合力，建构网络思想政治教育工作的全方位格局。

网络思想政治教育的大众媒体，一般指的是以网络报刊、广播、电视、网站、手机APP为代表的正式媒体。传播活动一般由专业化、固定化、制度化的传播机构实施，传播的接受者是社会大众。传播结构以传播者为中心，实现一对多、少对多的传播效果。思想政治教育通过运用大众媒体可以有目的、有计划地进行内容生产和信息发布，实现信息把关和有效管理；可以组织协调各类报纸、广播、电视以及网站等各类媒体平台，主动增强正面教育的覆盖面和主流思想舆论的引导力。在网络信息时代，大众媒体传播的时效性非常关键，这是掌握思想政治教育主导权的前提。同时，要把握客观性原则，注重用事实说话，真实地反映客观存在，并坚持开展持续、有深度的宣传报道，引导大众正确认识主流和支流、整体和局部，形成全面客观的认识。要始终坚持正确的舆论导向，不断提高水平和质量，增强吸引力、感染力和影响力。

网络思想政治教育的社区媒体，指的是社区报刊、广播、电视以及社区网络论坛等在一定地域范围内传播和沟通信息的网络媒体，如高校的各类校园网络媒体以及校园BBS等。和大众媒体相比，社区媒体的传播对象主要针对某一特定的区域，内容焦点着重在该特定区域内所发生的事情。对于学校、企事业组织、大型生活社区而言，社区媒介有助于增强归属感、维护社群利益、培育社区文化、凝聚群体共识。网络思想政治教育对社区媒体的建设和运用，有利于开展网上和网下相结合的教育工作。思想政治教育要主动走上网络，促进“网上”社群和“网下”社群的同构，通过虚实互动，优化思想政治教育的微观环境，增强教育工作的感染力和实效性。互联网信息传播具有多重性，产生的是一种自发影响，而且其信息内容复杂多变、良莠不齐。网络社区媒体建设有助于思想政治教育主动应对这些不良信息和错误舆论，通过信息过滤、议程设置、文化营造等手段和方法，主动创设和构建晴朗的社区网络空间，以良性的载体有效传递思想政治教育内容。

网络思想政治教育的“自媒体”，主要包括博客、微博、微信等新型媒介形式。自媒体具有个人化、自主性、多样化、快速性等传播特征。思想政治教育自媒体具有信息“发布者”“把关人”、网络舆论引导主体的性质，发挥出思想政治教育主体性、目的性和导向性的重要价值。通过运用微博、微信等自媒体开展思想政治教育，教育者与教育对象之间可以形成“双向关注”的沟通模式，实现“平等对话”的思想交流，建构起具有“主体间性”特征的交往式思想政治教育。面对“网络原住民”，思想政治教育工作者需要主动自觉地创建自媒体阵地，运用好个人博客、微博和微信公众号等来联系、吸引和凝聚起教育对象，从而开展基于日常生活的思想交流、心理沟通、行为指导，并在突发事件过程中做好思想疏导和舆论引导工作。高校网络文化建设工作实践证明，正是源自于大学生对教师的信任感、受教育者对教育者的认同感、个人对集体的归属感，思想政治教育自媒体才能够发挥出教育者的权威性、正面教育的影响力和舆论引导的实效性等作用。

三、以教育对象为中心的模式

以教育对象为中心的模式是把教育对象的特点及其思想行为的实际状况作为网络思想政治教育的出发点。不同类型的教育对象在网络认知、信息接受、媒介素养以及受网络影响等方面的特殊性和差异性，影响着网络思想政治教育的目标、内容和方式。根据教育对象特点开展相应的教育活动，要注重思想政治教育的层次性和针对性原则。

领导干部是思想政治教育对象中的重点人群。习近平总书记在讲建设社会主义法治国家时强调："必须抓住领导干部这个'关键少数'，首先解决好思想观念问题。"[①]领导干部要树立起做好网络意识形态工作的政治意识，认识到互联网已经成为我国舆论斗争的主战场，努力成为运用新媒体新手段的行家里手，掌握研判和应对网络舆情的方法，提高网络意识形态工作的能力水平。同时，领导干部既是受教育者，又是教育者，思想作风的状况直接影响和引领着社会的风气。网络是一面镜子，折射着领导干部的一言一行。因此，广大领导干部要做到"打铁还须自身硬"，不断加强自身建设，提高思想修养和作风建设。要主动走上网络与群众"打成一片"，正确认识和对待网络监督，自觉接受人民群众的监督和批评。

青少年群体是思想政治教育的重点对象。不同年龄阶段的青少年群体对网络的使用以及受到网络影响的特点和状况不同，要抓住他们思想和行为发展阶段上的主要矛盾，开展有针对性的思想政治教育。少年儿童的感性认知较为突出，网络对他们的吸引力和影响力较大，思想政治教育的重点在于通过教育、管理等多种手段和方法帮助他们养成良好的网络使用习惯，树立正确的媒介观念，防止有害信息内容带来的思想侵蚀和不良网络行为造成的心理失范；青年学生的理性认知程度较高，新媒体应用能力较强，思想政治教育的重点在于引导他们合理使用网络，提高媒介素养，加强自我教育，主动参与网络互动社区建设，在虚实互动、知行合一的网络实践中提升思想道德素质。对于已经步入社会的广大青年群体而言，随着他们社会经验逐渐增加、思想心理不断成熟，其网络行为的自觉性增加、自我调控能力增大。但与此同时，经济利益、生活方式、就业方式、思想观念的多样化促使个体之间的差异性极大增

---

① 中共中央文献研究室.习近平关于全面依法治国论述摘编［M］.北京：中央文献出版社，2015：113.

强，他们的网络公共参与意识和民主参与行为也大大增加。因此思想政治教育要重点引导青年网民树立正确的民主参与观念，培养良性的网络参与行为方式。

学生群体是我国网络用户中规模最大的群体。学校在开展网络思想政治教育工作中，对网上和网下不同的学生群体类型都要给予区分和关注。具体而言，对于学生骨干队伍，注重提高他们在网上发挥引领作用的自觉性，主动传播正能量，多做网络沟通、化解矛盾的工作。提高学生干部的网络素养，提升其在社交网络中的影响力，增强学生网络集体建设的教育功能。对于学生党员群体，发挥他们在“红色网站”、理论学习社区建设中的核心作用，在网上组织起来同错误的网络舆论做斗争。对于网上的活跃者群体，坚持正面教育引导的原则，注重教育引导和监督管理相结合；通过网络阵地建设，把学生们的网络公共参与行为引导到有序、正式的校园渠道上来；主动干预一些学生的网络沉溺行为，预防有害信息和不良行为产生的负面影响。

第三节　“互联网+”的思想政治教育模式

“互联网＋”思想政治教育的关键问题是要深刻认识互联网时代思想政治教育环境的巨大变化，在研究和把握网络社会环境的特点和规律的基础上发展和创新思想政治教育。马克思指出：“社会——不管其形式如何——是什么呢？是人们交互活动的产物。”[1]网络社会环境从其本质而言，也不外乎是人们交互活动的产物。无论网络社会的媒介形态如何变化，然而人们的交互活动却有着较为稳定的关系模式，呈现出不变的规律性。其中，科层关系场域、熟人关系场域、陌生人场域是三种主要的网络社会交往场域类型。由此，我们以主体交往实践的关系性视角找到了一条分析网络社会环境的有效进路，并以之为基础构建出师生情境模式、同辈情境模式和社会情境模式等三类思想政治教育模式，推进“互联网+”思想政治教育实践创新。

一、师生情境模式

师生情境模式是基于师生交往场域的网络思想政治教育模式。师生交往场域是一种正式的交往关系场域，其实质上是科层社会组织的结构化力量与社会关系形态的网络延伸，因而表现出正式性、制度化和等级关系的显著特征。杜威曾有针对性地指出，教育“本质上是一个使个人特征和社会目的和价值协调起来的问题”[2]。在教育社会学的视域下，这一场域是受到社会决定和制约的教育场域，其中的网络主体具有真实的社会身份和明确的社会角色，交往结构表现为正式的师生互动关系，所承载的信息内容具有较强的权威性、导向性和系统性，因而这一场域中的教育活动体现了社会的要求，发挥出学校教育所必须承担的“传承知

① 中共中央马克思恩格斯列宁斯大林著作编译局.马克思恩格斯选集.第3版（第4卷）［M］.北京：人民出版社，1995：408.

② 杜威.杜威教育论著选读［M］. 赵祥麟，王承绪编译. 上海：华东师范大学出版社，1981：320.

识、承载价值、引领生活、追求理想的神圣使命。”[①]在学校育人工作实践中，教师作为各类校园网络平台的建设管理者和信息传播的“把关人”，承担着网络教育的主体角色，在网络空间中凭借其真实身份居于教育者的主导地位，通过信息发布、知识传授、理论教育、时政评论等方式向大学生传递主流价值观；学生用户则是知识的接受者、理论的学习者，处在信息追随者的客体位置。当然与此同时，社交网络的传播特性也使得学生的主体性大为提升，他们可以自主地选择和取舍信息，在互动交流中进行思考和判断。但总体而言，在这样的师生关系场域中，教师和学生对自身的身份和角色、职责与义务有着明确的认知，信息行为遵循各自的规范和准则。因此，有效发挥学校教育的主导性影响是师生关系场域的显著功能。

首先，把教育者的主导性力量延伸至虚拟网络空间。互联网对于学校育人带来的重要挑战来自于网络的虚拟性。网络虚拟在引发认识方式和实践方式变革，从而极大激发人的创造潜能的同时，也使得网络空间信息混杂，真假难辨，消解权威，弱化规范，这对于学生的人格发展和身心成长造成较大的负面影响。为了应对这一挑战，化解负面因素，教育者要把握好网络环境虚拟与现实之间的平衡关系，努力达成虚实和谐的状态。而师生关系场域正是现实社会向网络空间的发展延伸，是真实社会关系和社会结构力量的网络映射。因此，通过主动构建网络空间的师生互动场域，教师可以有目的、有计划地进行内容生产和信息发布，实现信息把关和有效管理；可以组织协调各类媒体平台，主动增强信息传播的覆盖面，并针对不同类型学生群体的特点传递有效的教育内容。当前，高校都建有官博、官微，校内各级部门单位、院系机构也有微信

---

① 张传燧，赵荷花.教育到底应如何面对生活［J］.教育研究，2007（8）：47-52.

公众账号，不少教师开通了自己的微博微号以及学生班级的微信群等。要注重建设好、运用好这些网络阵地，通过及时客观的信息发布和丰富优质的内容建设来吸引和引导广大青年学生，把师生关系的结构化力量和学校媒体的资源优势转化为正面教育的影响力和主流价值的主导力。

其次，在多元的信息空间坚持一元导向的引领。互联网是一个多元信息的海洋，各种各样的思想文化在网络空间交流交锋交融，对青年学生的思想成长带来巨大的冲击和挑战。青年学生在获取信息方面的能力较强，但是在有效选择、判断、鉴别和取舍的能力上需要培养和提高。面对多元化的巨量信息，许多学生或无从选择，或食而不化。因此，在这样纷繁芜杂、汹涌激荡的信息环境中，学校教育者要做青年学生思想成长的压舱石，要以坚定的立场、科学的理论和鲜明的观点指引青年学生思想发展的方向。一些高校网络文化建设与发展的经验说明，互联网上的舆论越是复杂多样，教育者的正面声音就越是要旗帜鲜明。师生关系场域所具有的鲜明立场、主流价值、目标导向，就如同海上的灯塔，对身处信息海洋中的青年学生们施以吸引、感召和指引。教师要在互联网上筑起社会主义核心价值观的高地，坚持以科学的理论武装人，以正确的舆论引导人，以高尚的精神塑造人，以优秀的作品鼓舞人，努力在互联网上赢得青年，实现对青年学生思想成长的正确导向。

最后，基于良好师生关系实现主流价值观的有效传递。教育说到底是师与生的交往活动。古典的目的论教育观认为，良好的师生关系具有亲密性、友爱性和敬畏性。[①]我们对古代教育智慧的汲取有助于推动今天的教育实践。网络信息时代极大地提升了青年学生的主体性，赋予了青年学生主动寻找、选择和接受信息的主动权。那么，什么因素能够影

---

① 长伟.师生关系的古今之变［J］.教育研究，2012（8）.

响到青年学生的信息选择？从一些教学名师、优秀辅导员创办博客、微博等自媒体平台赢得了大量学生粉丝的现象可以看出，教师在现实生活和教学工作中对学生的亲和力、感染力以及人格魅力，是他们在网络空间赢得吸引力和影响力的关键因素。因此，在师生关系场域中，青年学生对教师的尊敬与信任是他们主动关注和接受教育信息内容的前提和基础。当前，95后大学生们作为网络“原住民”，他们的生活方式、思维方式等已经与网络深度融合，在学习工作、信息获取、人际交往、心理需求等方面都形成了不同程度的网络依赖。在这样的形势下，高校要大力推动具有师生关系场域性质的新媒体平台建设，主动把现实中学生对教师的尊敬与信任以及师生之间的良好关系有效转化为网上的吸引力和影响力，主动把现实工作中的组织优势、资源优势、思想文化优势等有效转化为网上信息服务和价值引导的优势，努力把广大学生吸引、凝聚到正面教育阵地上来，通过网上与网下工作的紧密结合，实现主流价值观的有效传递。

二、同辈情境模式

同辈情境模式是基于熟人交往场域的网络思想政治教育模式。在熟人交往场域中，教育者与受教育者之间、受教育者与受教育者之间具有良性的主体际关系。这种主体际关系极大地提升了人的主体性，促进了教育者与受教育者的主体作用的有效发挥，从而在教育过程中实现了对话式的沟通理解和平等互动的思想交流。在一定意义上，这一场域中所呈现的是一种主体与主体之间基于熟识关系、情感联系和平等互动的交往式思想政治教育形态。教育者和受教育者都以网络主体的身份进行平等交往并关照共同的客体——各类网络信息内容。教育活动的发生，正是由于教育者与受教育者共同针对信息内容展开的认识与对话、互动与影响。教育的过程是教育者与受教育者之间以平等的关系、真诚的情感、网络的话语、朴素的逻辑进行交流与沟通的过程。“人的活动的有效性的源泉就在人的活动本身，在于这种活动的投入过程中主体作用的有效性。”[①]正是在这样的互动结构和情感纽带的作用下，教育者与受教育者的主体性都得到充分发挥，主体间实现了积极、深入的对话与交流，极大增强了教育作用的效果。如果说，师生交往场域更多作用于教育者主导性的发挥方面，那么熟人关系场域的思想政治教育功能则主要体现在受教育者的主体性的有效发挥。在这一场域的教育工作中，要注重发挥源自同辈文化认同的凝聚作用、基于理性交流的沟通功能和基于信任关系的传播影响。

首先，青年亚文化是青年群体在交往实践中共创共享的文化，承载了青年的归属感、认同感、独特感和创造力。虽然开放的网络空间扩大了青年大学生交往活动的对象和领域，使他们的交往关系、情感联系和归属取向具有了更多的可能。但是，基于大学校园的集体生活和同辈交往所结成的人际情感纽带依然是网络空间中强大的凝聚核，它以一种自发的力量把青年学生们吸引、凝聚在一起，并且借助网下与网上的互动作用进一步增强了群体自身的团结。大学生的熟人交往场域就是各种形态的校园网络互动社区，这是大学生群体的亚文化社区，具有自愿加入、情感沟通、平等互动、校园文化等特点。在这一场域，大学生们通过积极地网络创造和交往实践，在多元文化的网络空间中建构出属于自己的文化场域，创造出属于青年的精神交往空间。当前，在高校的社交

① 郭湛.人活动的效率［M］.北京：人民出版社，1990：43.

网络平台上有着大量的网上班级、社团协会以及凭借兴趣纽带而结成的各类网络社群，这些社群多是以大学生的现实交往关系为纽带而形成，它们不仅与各类学生组织、学习团体产生对应与互动关系，而且还包括大量的弹性交往群体，例如大学校园中的各类“微沙龙”社群等。学校要把握校园网络文化发展中的规律性因素，因势利导地规范各类网络文化社群的发展，挖掘学生社交网络中同辈互动的教育价值，积极开展学生网上集体的建设，发挥好学生自我教育的主体作用。

其次，熟人交往场域中的人际纽带、熟识关系、情感联系等因素使得人们的理性交流、对话沟通和价值共识在网络虚拟空间成为可能。网络空间中大量存在的非理性表达、情绪宣泄、人身攻击等不良现象常常为人们所诟病。尤其是在突发事件过程中，在微博平台或公共论坛上呈现出的往往是众声喧哗的舆论交锋场景，与之相伴随的是不加控制的情绪发泄、毫无底线的语言暴力等现象；然而熟人朋友圈里的讨论却与之不同，即使存在不同的观点争论，人们在多数情况下也会表现出相互倾听的态度，理性客观的讨论和力求达成共识的沟通，从而维持社群的和谐状态。这种良性的网络对话模式的产生，正是由于其互动结构是现实生活中的朋友关系及其交往模式的网络延伸。因此，在这一网络场域中，可以通过在日常工作中大力构建立足社交网络的师生朋友圈、情感共同体，主动营造出一个情理交融、有效对话的沟通情境，实现与青年学生积极的情感交流、深入的心理沟通和理性的分析讨论。当前校园危机应对已经成为学校教育管理工作的重要内容，要注重熟人交往场域所具有的沟通优势，立足校园网络互动社区建构有效交流平台，营造客观理性的校园舆论氛围，实现深入有效的思想引导。

再次，熟人交往关系中所蕴含的人际信任因素极大地增强了信息传播的影响力。作为一种交往态度和价值倾向，信任是人们建立社会关系的基础，也是社会互动实现有效性的前提。反之亦然，稳定的社会联系、互惠的交往行为可以增强人们之间的信任。在熟人关系场域中，真实而可信的人际关系是形成朋友圈和社交群的基础，同时主体之间稳定而持久的交往又进一步加强人际联系和相互信任。因此，人际信任成为熟人社交网络的重要基础和信息传播的有效机制。一项研究表明，对于信任的三种主要形态即人际信任、社会信任和政治信任而言，人际信任在信任评价中占据主要位置；从媒介使用的角度看，网络、手机等新媒体对信任评价的影响远高于作为传统媒介的电视与报纸。[①]作为人际信任与新媒体结合的产物，熟人社交网络成为人的信息接受过程中的重要环节，对于人们的信息获取和价值判断产生重要的影响作用。当前高校学生普遍使用基于手机通信录的微信社交网络，不但提高了其群体交往的紧密度，更赋予了社交网络信息传播的信任基础。他们越来越习惯于通过自己的微信社交网络彼此分享、评价、转发、推荐各类信息内容，逐渐形成了一种基于人际网络与媒介网络相融合和交叠的新型信息结构。教育者要注重把握和运用好这种信息传播结构和机制，主动融入大学生的“朋友圈”中，建立与学生的信任与沟通网络，实现主流价值观的有效传递。

三、社会情境模式

社会情境模式是基于陌生人场域的网络思想政治教育模式。作为网络空间中的“陌生人社会”，这一场域是一个开放的普遍交往场域，同

① 姚君喜.媒介使用、媒介依赖对信任评价的影响——基于不同媒介的比较研究［J］.当代传播，2014（2）.

时也是一个多元的公共舆论空间。借助自媒体的自由表达，多种多样的利益诉求、社会思潮、价值观念、社会心态在这里涌现演变、交锋交融。从高校思想政治教育的视角来看，微博等自媒体社交网络作为现代新型公共媒介，建构了一个电子网络架构之上的社会公共场域，从而打破了大学校园的围墙和边界，使得青年学生直面复杂多样的社会现实和多元竞争的价值观念。由此，大学不再是远离社会的象牙塔，教育活动不再局限于教育者所创设的情境之中，而是要面对真实的社会生活和多元的社会主体，回答复杂多变的现实问题。在这一意义上，陌生人关系场域所产生的教育功能，正是在于其通过现实社会情境的呈现，让学校教育真正与政治、经济、文化和社会生活大环境发生了密切的关联，使得教育内容不再与社会现实脱节，话语体系不再空洞抽象，教育对象也不再同质化、单一化。换言之，由于社交网络所形成的社会大连接，使得社会公共交往场域进入到大学生的日常生活，成为他们成长环境的重要组成部分。这使得学校“实现与社会现实的视域融合，克服学校教育与现实社会的脱节，贴近学生生活实际，赋予学校德育更多的生活趣味，丰富和扩展学校的德育资源。”[①]因此，高校思想政治教育工作更加需要直面来自现实生活实际的“真问题”，聚焦社会广泛关注的“热问题”，扣准社会思潮脉搏的“大问题”，做到正视社会问题，把握思想动态，满足学生需要，引导价值共识。

对于陌生人关系场域，首先要注重其作为青年思想动态的“晴雨表”的教育功能。作为网络信息的聚合地和众声喧哗的舆论场，这一场域所呈现的公共舆论在一定程度上折射出社会心态、表达着社会的诉求。“知

---

① 檀传宝，班建武.实然与应然：德育回归生活世界的两个向度［J］. 教育研究与实验，2007（2）.

屋漏者在宇下，知政失者在草野”[①]，互联网公共广场是国家了解社情民意、把握社会思潮的重要途径。正如习近平总书记在国家网络安全与信息化座谈会上所指出的，网民来自老百姓，老百姓上了网，民意也就上了网。群众在哪儿，我们的领导干部就要到哪儿去，不然怎么联系群众呢？各级党政机关和领导干部要学会通过网络走群众路线，经常上网看看，潜潜水、聊聊天、发发声，了解群众所思所愿，收集好想法好建议，积极回应网民关切、解疑释惑。网民大多数是普通群众，来自四面八方，各自经历不同，观点和想法肯定是五花八门的，不能要求他们对所有问题都看得那么准、说得那么对。要多一些包容和耐心，对建设性意见要及时吸纳，对困难要及时帮助，对不了解情况的要及时宣介，对模糊认识要及时廓清，对怨气怨言要及时化解，对错误看法要及时引导和纠正，让互联网成为我们同群众交流沟通的新平台，成为了解群众、贴近群众、为群众排忧解难的新途径，成为发扬人民民主、接受人民监督的新渠道。[②]青年大学生是社交网络的深度使用群体，他们的思想和心理通过网络平台得到充分表达。在知乎论坛、微博平台这样的网络场域，通过公共讨论形成焦点话题和热点舆论是大学生进行公共事务参与的重要方式。当前各类热点事件中出现的大学生政治参与现象，充分体现出大学生对公共事务的参与意识和热情不断高涨。在学校开展宣传教育工作中，要注重把握社交网络环境下大学生公共参与的发展特点和趋势，充分发挥校园网络公共论坛的舆情反映功能，及时了解学生群体的思想心理状况，把握学生思想认识的关键问题，进而开展深入细致的思想沟通，完善多层次多渠道的回应机制，在广泛收集和积极回应学生关切的热点难点重

① （汉）王充.《论衡》.

② 中央文献研究室，中国外文局．习近平谈治国理政（第二卷）[M]. 北京：外文出版社，2017：236.

点问题的工作中不断加强正面教育和舆论引导的效果。

其次，主动发挥网络减压阀的机制，在日常工作中加强学生的心理疏导和心态引导。由于陌生人关系场域所特有的用户匿名化、弱关系结构、广场性情境等特点，非理性的意见表达、冲动化的情绪宣泄、狂欢式的网络恶搞是这一网络场域的典型现象。布迪厄指出："作为一种场域的一般社会空间，一方面是一种力量的场域，而这些力量是参与到场域中去的行动者所必须具备的；另一方面，它又是一种斗争的场域，就是在这种斗争场域中，所有的行动者相互遭遇，而且，他们依据在力量的场域结构中所占据的不同地位而使用不同的斗争手段，并具有不同的斗争目的。与此同时，这些行动者为保持或改造场域的结构而分别贡献他们的力量。"[①]在这一陌生人关系网络场域中，网民通过贴吧、论坛、微博、微信、微视频等网络平台充分表达个人诉求、进行观点博弈，释放心理压力。宣泄冲突情绪，在一定意义上，互联网实际上产生了一种"社会减压阀"的效果。社会冲突论的代表人物、美国社会学家刘易斯·科赛认为，在不毁坏结构的前提下使对抗的情绪释放出来以维持社会整合的制度，是一种社会安全机制。[②]在网络公共广场上，社会问题与矛盾所激发的群体性情绪通过网络宣泄释放出来，可以避免导致更激烈的社会冲突，就像锅炉里面的过量蒸汽通过安全阀及时排出而不会导致爆炸一样，是从总体上缓解社会压力。互联网的"减压阀"机制在学校教育管理工作中有着积极的实践价值。通过观察学生社交网络中出现的问题、矛盾、思想困惑等，教师可以及时了解和掌握学生的思想心理状况，开展有针对性的心理辅导，主动疏导学生不良情绪，通过"疏"与"导"的过程把消极因素转化为积极因素，实现对学生思想心理问题的

① 高宣扬.布迪厄的社会学理论［M］.上海：同济大学出版社，2004：55.

② 侯钧生.西方社会学教程［M］.天津：南开大学出版社，2001：186.

及时发现和正确引导。

再次，陌生人关系场域作为思想文化百花齐放、百家争鸣的公共空间，有助于青年学生的现代公民素质的培育。思想文化观念是社会生活的反映和体现，社会生活的丰富多彩，纷繁复杂，必然促使社会思想文化多样发展，大众精神文化生活日益丰富。网络公共空间是体现社会思想文化开放多元特征的典型场域。在论坛贴吧、微博广场上，各类新闻事件、社会热点的消息和评论在这里汇聚、传递、转发；不同社会思潮、思想观点在这里交流、交锋、竞争；各种社会心态、利益诉求在这里发酵、表达、演变。在一定意义上，陌生人关系场域中百家争鸣的社会思想文化状况，恰恰打破了由于熟人社交网络所导致的社会“圈层化”趋势，避免“群体极化”现象[①]对社会思想意识领域、政治生活领域的侵蚀，有助于打破交流壁垒，促进社会多样观点的交换、讨论、比较与鉴别。对于大学教育而言，这一场域促成了校园环境和社会环境之间的信息对称，使得大学生成长过程中的信息环境更加广阔和平衡。青年学生在互联网上关注热点、传播消息、转发文章、参与评论的过程，实际上是在社会多样化大环境中进行认知、思考、判断和选择的过程。而要实现正确地把握，不仅仅是要努力提高媒介素养、善于获取有效信息；更重要的是面对复杂多变的信息世界和相互激荡的社会思潮，学会既把握主流、坚守方向，又尊重差异、包容多样，养成责任、尊重、理解、耐心、宽容、节制、协商、合作等现代公民品质以及批判性思维和能力素质。学校要注重引导大学生不断提升道德选择和道德判断力，在多元舆论环境中做到理性思考、全面分析、正确抉择，从而稳重自持、从容自信，坚定自励。

① 群体极化指的是，团体成员一开始即有某些偏向，在商议后，人们朝偏向的方向继续移动，最后形成极端的观点。[美] 凯斯·桑斯坦.网络共和国 [M].黄维明译，上海：上海人民出版社，2003：47.

参考文献

[1] 中共中央马克思恩格斯列宁斯大林著作编译局.马克思恩格斯选集 [M].北京：人民出版社，1995.

[2] 毛泽东.毛泽东选集 [M].北京：人民出版社，1991.

[3] 中共中央文献编辑委员会.邓小平文选 [M].北京：人民出版社，1993.

[4] 习近平.习近平谈治国理政 [M].北京：外文出版社，2014.

[5] 习近平.习近平谈治国理政（第二卷）[M].北京：外文出版社，2017.

[6] 阿什比.科技发达时代的大学教育 [M].滕大春译.北京：人民教育出版社，1983.

[7] 巴比.社会研究方法（第八版）[M].邱泽奇译.北京：华夏出版社，2000.

[8] 波谱诺.社会学（第十版）[M].李强，等译.北京：中国人民大学出版社，1999.

[9] 卜卫.媒介与性别 [M].南京：江苏人民出版社，2001.

[10] 陈力丹.舆论学——舆论导向研究 [M].北京：中国广播电视出版社，1999.

[11] 陈力丹.精神交往论——马克思恩格斯的传播观 [M].北京：中国人民大学出版社，2018.

[12] 陈万柏.思想政治教育载体论 [M].武汉：湖北人民出版社，2003.

[13] 陈向明.质的研究方法与社会科学研究 [M].北京：教育科学出版社，2000.

[14] 陈秉公.思想政治教育学原理 [M].沈阳：辽宁人民出版社，2001.

[15] 戴元光，苗正民.大众传播学的定量研究方法 [M].上海：上海交通大学出版社，2000.

[16] 邓利平.负面新闻信息传播的多维视野 [M].北京：新华出版社，2001.

[17] 董焱.信息文化论 [M].北京：北京图书馆出版社，2003.

[18] 方兴东、王俊秀.博客——E时代的盗火者 [M].北京：中国方正出版社，2003年。

[19] 菲德勒.媒介形态变化－认识新媒介 [M].明安香译.北京：华夏出版社，2000.

[20] 费斯克，等.关键概念：传播与文化研究词典（第二版）[M] 李彬译，北京：新华出版社，2004.郭庆光.传播学教程.北京：中国人民大学出版社，1999.

[21] 冈特利特.网络研究：数字化时代媒介研究的重新定向 [M].彭兰，等译.北京：新华出版社，2004.

［22］国家科委政策法规司编.马克思恩格斯列宁毛泽东周恩来邓小平论科学技术［M］.北京：科学技术文献出版社，1990.

［23］郭湛.主体性哲学 人的存在及其意义［M］.昆明：云南人民出版社，2002.

［24］胡钰.信息网络化与高校思想政治教育创新［M］.北京：高等教育出版社，2003.

［25］罗杰斯.传播学史——一种传记式的方法［M］.殷晓蓉译.上海：上海译文出版社，2002.

［26］教育部社会科学研究与思想政治工作司组编.网络唱响主旋律——高等学校思想政治教育进网络工作汇编［M］.北京：高等教育出版社，2002.

［27］教育部课题组.深入学习习近平关于教育的重要论述［M］.北京：人民出版社，2019.

［28］金兼斌.我国城市家庭的上网意向研究［M］.杭州：浙江大学出版社，2002.

［29］靳诺，郑永廷，张澎军.新时期高校思想政治工作理论与实践［M］.北京：高等教育出版社，2003.

［30］曼纽尔·卡斯特.网络社会的崛起［M］.夏铸九，等译.北京：社会科学文献出版社，2001.

［31］曼纽尔·卡斯特.认同的力量［M］.曹荣湘，译.北京：社会科学文献出版社，2003.

［32］曼纽尔·卡斯特.千年终结［M］.夏铸九，等译.北京：社会科学文献出版社，2003.

［33］匡文波.网民分析［M］.北京：北京大学出版社，2003.

［34］劳伦斯·莱斯格.代码：塑造网络空间的法律［M］.北京：

中信出版社，2004.

［35］李彬.传播学引论［M］.北京：新华出版社，1993.

［36］李沛良.社会研究的统计应用［M］.北京：社会科学文献出版社，2002.

［37］李普曼.公众舆论［M］.阎克文，江红译.上海：上海人民出版社，2002.

［38］刘海燕.网络语言［M］.北京：中国广播电视出版社，2002.

［39］刘建明.舆论传播［M］.北京：清华大学出版社，2001.

［40］刘建明.社会舆论原理［M］.北京：华夏出版社，2002.

［41］陆庆壬.思想政治教育原理［M］.北京：高等教育出版社，1991.

［42］鲁洁，王逢贤.德育新论［M］.南京：江苏教育出版社，2000.

［43］马和民，高旭平.教育社会学研究［M］.上海：上海教育出版社，1998.

［44］马特拉.世界传播与文化霸权［M］.陈卫星译.北京：中央编译出版社，2001.

［45］麦克卢汉.理解媒介——论人的延伸［M］.何道宽译.北京：商务印书馆，2000.

［46］麦奎尔，温德尔.大众传播模式论［M］.祝建华，武伟译.上海：上海译文出版社，1997.

［47］梅罗维茨.消失的地域：电子媒介对社会行为的影响［M］.肖志军译.北京：清华大学出版社，2002.

［48］尼葛洛庞蒂.数字化生存［M］.胡泳，范海燕译.海口：海南出版社，1996.

[49] 诺顿 . 互联网从神话到现实 [M] . 南京，江苏人民出版社，2001.

[50] 邱伟光，张耀灿 . 思想政治教育学原理 [M] . 北京：高等教育出版社，1999.

[51] 任平 . 走向交往实践的唯物主义：马克思交往实践观的历史视域与当代意义 [M] . 北京：北京师范大学出版社，2017.

[52] 赛佛林，坦卡德 . 传播理论：起源、方法与应用 [M] . 郭镇之，等译 . 北京：华夏出版社，2000.

[53] 沙莲香 . 社会心理学 [M] . 北京：中国人民大学出版社，1987.

[54] 桑斯坦 . 网络共和国——网络社会中的民主问题 [M] . 上海：上海人民出版社，2001.

[55] 沈国权 . 思想政治教育环境论 [M] . 上海：复旦大学出版社，2002.

[56] 施拉姆，波特 . 传播学概论 [M] . 陈亮，周立方，李启译 . 北京：新华出版社，1984.

[57] 宋元林 . 网络思想政治教育 [M] . 北京：人民出版社，2012.

[58] 王敏 . 思想政治教育接受论 [M] . 武汉：湖北人民出版社，2003.

[59] 小约翰 . 传播理论 [M] . 陈德民，等译 . 北京：中国社会科学出版社，1999.

[60] 肖峰 . 信息主义：从社会观到世界观 [M] . 北京：中国社会科学出版社，2010.

[61] 肖峰 . 哲学视域中的信息技术 [M] . 北京：科学出版社，2017.

[62] 谢新洲. 网络传播理论与实践 [M]. 北京：北京大学出版社，2004.

[63] 谢维和. 教育活动的社会学分析：一种教育社会学的研究 [M]. 北京：教育科学出版社，2000.

[64] 熊澄宇. 新媒介与创新思维 [M]. 北京：清华大学出版社，2001.

[65] 熊澄宇. 信息社会4.0 [M]. 长沙：湖南人民出版社，2002.

[66] 徐建军. 大学生网络思想政治教育理论与方法 [M]. 北京：人民出版社，2010.

[67] 阎学通，孙学峰. 国际关系研究实用方法 [M]. 北京：人民教育出版社，2001.

[68] 杨静云. 毛泽东思想政治教育理论研究 [M]. 北京：中共中央党校出版社，1995.

[69] 杨立英. 网络思想政治教育论 [M]. 北京：人民出版社，2003.

[70] 严耕，陆俊，孙伟平. 网络伦理 [M]. 北京：北京出版社，1998.

[71] 闫方洁. 自媒体时代意识形态工作研究 [M]. 北京：人民出版社，2018.

[72] 曾国屏，等. 赛博空间的哲学探索 [M]. 北京：清华大学出版社，2002.

[73] 张国良. 传播学原理 [M]. 上海：复旦大学出版社，1995.

[74] 张国良. 20世纪传播学经典文本 [M]. 上海：复旦大学出版社，2003.

[75] 张耀灿，徐志远. 现代思想政治教育学科论 [M]. 武汉：湖

北人民出版社，2003.

[76] 张耀灿，郑永廷，刘书林，吴潜涛.现代思想政治教育学[M].北京：人民出版社，2001.

[77] 张怡.虚拟认识论[M].北京：学林出版社，2003.

[78] 张咏华.媒介分析：传播技术神话的解读[M].上海：复旦大学出版社，2002.

[79] 张再兴，刘涛雄.求索——新形势下高校德育中若干新课题的实践与思考[M].北京：清华大学出版社，2001.

[80] 张再兴，等.网络思想政治教育研究[M].北京：经济科学出版社，2009.

[81] 郑永廷.思想政治教育方法论[M].北京：高等教育出版社，1999.

[82] 郑永廷，叶启绩，郭文亮.社会主义意识形态研究[M].广州：中山大学出版社，1999.

[83] 北京市委教育工作委员会.互联网对高校师生的影响及对策研究[M].北京：首都师范大学出版社，2002.

[84] 中央教育科学研究所比较教育研究室编译.简明国际教育百科全书·人的发展[M].北京：教育科学出版社，1989.

[85] Bell，David. *An introduction to cybercultures* [M]. London and New York：Routledge，2001.

[86] Bryant，Jennings，Dolf Zillmann. *Media effects advances in theory and research* [M]. Hillsdale，New Jersey：Lawrence Erlbaum Associates，Inc.，Publishers，1994.

[87] Calcutt，Andrew. *White noise: An A-Z of the contradiction in cyberspace* [M]. New York：St.Martin's Press Inc，1999.

[88] Fulk, Janet, Charles W. Steinfield. *Orgnizations and communication technology* [M] . Newburg Park, London, New Delhi: Sage Publicationgs, 1990.

[89] Gattiker, Urs E. *The internet as a diverse community: cultruel, organizational and political issues* [M] . Mahwah, New Jersey: Lawrence Erlbaum Associates, 2001.

[90] Herring, Susan C (ed.) . *Computer-mediated communication: Lingustic, social and cross-cultural perspectives* [M] . Amsterdam, Philadelphia: John Benjanins Publishing Company, 1996.

[91] Hague, Barry N, Brian D. Loader (eds.) . *Digital democracy: Discourse and decision making in the information age* [M] . London and New York: Routledge, 1999.

[92] Jones, Steven G. (ed.) . *Cyberciety: Computer-mediated communication and Community* [M] . Thousand oak, London, New Delhi: Sage Publicationgs, 1994.

[93] Jones, Steven G. (ed.) . *Virtual culture: Identity and communication in cybersociaty* [M] . London, Thousand oak, New Delhi: Sage Publicationgs, 1997.

[94] Jordan, Tim. *Cyberpowwer: The culture and politics of cyberspace and the Internet* [M] . London and New York: Routledge, 1999.

[95] Kevin, Howley. *People, places and communication technologies: Studies in community-based media* [M] Ph.D.diss., Indiana University, 1997.

[96] Kellner, Douglas. *Media culture* [M] . London and New

York：Routledge，1995.

[97] Reheingold，Howard. *The virtual community: Finding connection in a computerized world* [M]. London：Secker and Warburg，1994.

[98] Smith A. and Peter Kollock (eds.) (1999). *Communities in cyberspace* [M]. London：Routledge，1999.

[99] Spinello，Richard A. *Cyberehtics: Morality and law in cyberspace* [M]. Sudbury，Massachusetts：Jones and Bartlett Publishers，2000.

[100] Turkle，Sherry. *Life on the screen: Identity in the age of Internet* [M]. London：Weidenfeid and Nicolson，1996.

后　记

本书是我关于高校德育视野下校园网络亚传播圈研究的延续和拓展。2004年，基于高校校园BBS的实证分析和理论研究，我提出了校园网络亚传播圈的概念并开展了相应的思想政治教育应用研究，以之为基础完成了博士学位论文，自此走入网络思想政治教育学术研究领域。在十余年的时间里，我在科研主攻方向上坚持网络思想政治教育这一研究主题，从博士后的科研工作选题，到先后承担三项北京市的哲学社会科学规划以及社会科学基金项目，从教育部人文社会科学研究立项，到主持国家社会科学基金项目，研究课题始终定位在网络思想政治教育方向，不断追踪和把握网络思想政治教育的前沿领域和发展趋势，取得了一系列的研究成果。在此过程中，我持续关注高校校园社交网络的发展演变及其相应的思想政治教育工作创新，于2009年、2013年、2017年连续开展了三次大样本的实证研究工作，跟踪研究网络媒介形式之“变”和网际交往规律之“不变”，力求深入挖掘网络思想政治教育的规律和方法。持续性的研究工作一方面深入探析了高校校园社交网络的独特性质及其蕴含的思想政治教育价值，同时也不断丰富了网络思想政治教育的理论建构和实践模式，提升了高校网络思想政治教育的有效性。本书正是对这一持续性研究工作的总结，在保持原有研究框架结构和部分内容观点的基础上，我对多次研究工作的成果进行了分析梳理和比较研究，深化了理论发现和研究结论，进一步阐释了网络思想政治教育的特点和规律，丰富了高校网络思想政治教育的理论与方法。本书的研究还有诸多不足之处，真诚希望得到学术同人、专家学者和广大读者的批评指正。

本书的研究内容得到了张再兴教授、刘书林教授、林泰教授、赵甲明教授的指导；金兼斌、沈阳、戴木才、朱效梅、覃川、欧阳沁等老师在相关课题工作中提供了热情帮助；沈若萌、王光海、谷永鑫、金哲、杨曼曼、王煜、贾经铭、郭志芃、韩旭、鞠镇毅、马也、王亚晋、徐铭拥等同学协助开展了网络调查研究工作；清华大学出版社的责任编辑宋丹青和唐涛为本书的出版付出了大量心血。本书的研究和出版得到了清华大学亚洲研究中心和清华大学学生工作指导委员会学生行为研究重点项目的资助。在本书即将付梓之际，一并表示衷心的感谢！

张　瑜
2019年10月
于清华大学善斋